红松活立木腐朽诊断与防治

徐华东　徐国祺　王立海　著

科学出版社

北　京

内 容 简 介

本书主要阐述了红松活立木腐朽诊断与防治的生态环境学意义、红松林空间布局及腐朽率调查方法、红松活立木腐朽快速诊断技术及应用，并以红松活立木腐朽防治为目标，系统解析了活立木自身特征、立地环境条件与红松活立木腐朽的相关性，最后从营林措施、化学防治、生物防治等角度探讨红松活立木腐朽综合防治技术，旨在降低红松活立木腐朽率，提高林分生长质量，促进森林生态效益发挥，为森林合理经营提供科学依据和技术支撑。

本书可为从事林学、林业工程学科相关研究的科研人员和相关专业的高等院校师生提供有益的参考。

图书在版编目 (CIP) 数据

红松活立木腐朽诊断与防治/徐华东，徐国祺，王立海著. —北京：科学出版社, 2020.6

ISBN 978-7-03-062799-5

Ⅰ. ①红… Ⅱ.①徐… ②徐… ③王… Ⅲ. ①红松–木腐病–病虫害防治 Ⅳ.①S763.712.47

中国版本图书馆 CIP 数据核字(2019)第 243051 号

责任编辑：张会格　白　雪 / 责任校对：郑金红

责任印制：吴兆东 / 封面设计：刘新新

科学出版社 出版

北京东黄城根北街 16 号

邮政编码: 100717

http://www.sciencep.com

北京虎彩文化传播有限公司 印刷

科学出版社发行　各地新华书店经销

*

2020 年 6 月第　一　版　开本：B5 (720×1000)

2020 年 6 月第一次印刷　印张：13

字数：262 000

定价：128.00 元

(如有印装质量问题，我社负责调换)

前　言

红松（*Pinus koraiensis*）林属于东北亚地区森林生态系统的顶级群落，对所属区域生态系统功能的发挥与调节具有决定性作用。地球上红松分布地域比较狭窄，红松总量较少，属于高价值、珍稀树种。但是，红松活立木是一种生物体，易发生腐朽。随着树龄的增加，天然林中红松腐朽非常普遍且严重。活立木腐朽影响林木健康，导致森林质量下降，影响森林生态效益发挥。目前，红松活立木腐朽诊断及防治已引起中国、韩国等多个国家专家的高度重视。学者们希望通过开展系列研究实现红松活立木干基腐朽程度的定量表征，揭示干基腐朽的主要影响因素和影响机理，构建干基腐朽防治技术，提高红松林林分生长质量，降低腐朽损失消耗。在上述科研背景下，著者所在课题组集多年试验数据和研究资料，撰写了本书，期望本书能够为从事林学、林业工程学科相关研究的科研人员和相关专业的高等院校师生提供有益的参考。

本书以小兴安岭地区凉水国家级自然保护区第18林班内的30hm^{2}阔叶红松林永久固定样地为研究区开展了系列试验，得到了国家自然科学基金面上项目（31570547和31870537）的资助，诚致谢忱。全书共7章：第1章介绍红松的地理分布，红松腐朽诊断与防治的研究现状及意义；第2章介绍原始阔叶红松林林分空间结构，以及主要种群的空间分布格局及空间相关性；第3章介绍不同立地条件下（坡度、坡向、坡位、海拔等）红松林腐朽率及掘根状况；第4章介绍基于无损检测技术（阻抗仪法、近红外光谱法、红外光谱法、应力波断层成像法、电阻断层成像法等）的红松活立木腐朽程度的表征方法及应用情况；第5章和第6章分别介绍红松活立木腐朽程度与其自身特征及立地环境之间（尤其是立地土壤环境）的关系，深入探讨腐朽程度与不同因子之间的内在联系，揭示它们之间的内在规律；第7章介绍红松活立木腐朽的综合防治技术，包括与红松活立木腐朽有关的病原菌分离、营林防治技术、化学防治技术和生物防治技术的最新研究进展，特别是有关植物源生物防腐剂的相关研究报道。

本书共7章：第1章由王立海撰写；第2、3、4、5章由徐华东撰写；第6、7章由徐国祺撰写。全书由王立海定稿和审定。本书的撰写得到了东北林业大学凉水实验林场、伊春市带岭林业实验局等单位的支持，东北林业大学的研究生（孙天用、曹延珺、侯红亚、葛晓雯、张新玲、时小龙、刘泽旭、王玉婷、陈文静）在外业测试、数据整理与分析工作方面提供了很多帮助，在此一并感谢。

限于水平，书中谬误之处在所难免，恳请读者批评赐教。

著　者

2019年6月

目　　录

1 绪　论

1.1 红松的地理分布

森林作为陆地生态系统的主体，具有重要的生态效益。红松（*Pinus koraiensis*）林属于东北亚地区森林生态系统的顶级群落，对所属区域生态系统功能的发挥与调节具有决定性作用。

但是，地球上红松分布地域比较狭窄，红松总量较少，属于高价值、珍稀树种。红松天然林主要分布在中国东北地区东部、俄罗斯远东地区南部及朝鲜半岛，日本的四国岛及本州岛也有零散分布。整个分布区的北界在 52°N（俄罗斯）；南界在 33°50′N（日本）；东界在 140°20′E（俄罗斯）；西北界在 49°28′N，126°40′E（中国）；西南界在 41°20′N，124°E（中国）。红松林的分布在中国以东北地区东部为中心，北到 51°N（俄罗斯），南至 39°N（朝鲜半岛），森林面积约 50km^2[1]。在世界红松总量中，中国东北地区的占 60%[2]。在中国境内，红松自然分布区北界为小兴安岭北坡的黑龙江省黑河市爱辉区胜山林场，南界为辽宁省丹东市宽甸满族自治县，东界为黑龙江省双鸭山市饶河县，西界为辽宁省本溪市平顶山森林公园邻近区域，蔓延的区域与长白山包括其支脉张广才岭、老爷岭、完达山，以及小兴安岭山系相一致，生长海拔为 150~1800m[3]。

1.2 红松腐朽诊断与防治的意义

红松活立木是一种生物体，易发生腐朽。随着树龄的增加，天然林中红松腐朽非常普遍且严重。前期研究表明，小兴安岭成过熟天然红松林腐朽率高达60%[4]。由于腐朽具有较强的隐蔽性，实际腐朽状况可能比调查的数字更严重。活立木腐朽影响林木健康，导致森林质量下降，影响森林生态效益发挥。对单一立木来说，它还造成立木材积损失。研究表明，瑞典每年因腐朽所造成的立木损失相当于当年木材生产量的 15% [5]。

根据腐朽部位，活立木腐朽分为梢头腐朽、树干腐朽、干基腐朽和根部腐朽等[6]。松树类干基腐朽高度一般为自地面向上延伸 1~2m[6]。干基腐朽是红松活立木腐朽中最常见、最严重的一种类型。调查表明，干基腐朽占活立木腐朽的 85%[7]，其损失树干上最好的一段木材，对立木生长和材积的破坏力极大[8]。

据黑龙江省森林工业总局官方数据可知，黑龙江省现有天然林红松纯林 7.24hm^2，蓄积量 1586m^3；红松人工林 34.4hm^2，蓄积量 2142m^3。由于树种单一，红松人工林对真菌侵染的抵抗能力较弱，红松易发生根朽病。研究表明，红松人工林根朽病发生率达到 24.5%[9]。随着林龄增加，相较于天然林，人工林发生干基腐朽的可能性更大。

因此，有必要就红松活立木腐朽诊断及防治开展系统研究，期望通过研究能够实现红松活立木干基腐朽程度的定量表征，揭示干基腐朽的主要影响因素和影响机理，构建干基腐朽防治技术，提高红松林林分生长质量，降低腐朽损失消耗。

1.3 相关研究概述

1.3.1 活立木腐朽成因

活立木腐朽的根本原因是木材腐朽菌（以下简称木腐菌）侵入活立木体内分解木材细胞壁。木材细胞壁由纤维素、半纤维素、木质素、木材抽提物和灰分物质组成。有的木腐菌只能分解纤维素和半纤维素，朽材中剩下红褐色的木质素，称为褐腐；有的木腐菌能同时分解半纤维素和木质素，朽材中剩下部分白色的纤维素，称为白腐。褐腐后的木材往往呈粉末状，白腐后的木材呈网状。由于木质素的分子结构比纤维素要复杂得多，性状比较稳定，所以难以被一般的微生物所分解，有些木腐菌只能部分地、不彻底地降解木质素。此外，木质素的分解机制也比纤维素复杂，目前仍有很多疑问。为了弄清楚这些疑问，国内外的科学家对木质素的降解机制做了大量的研究工作，并且随着木质素降解产物检测技术的发展，在该领域的研究取得了一定的突破。池玉杰[10-11]研究认为，对木质素的分解主要存在于侧链上。目前用于分析木质素降解产物的方法有气相色谱法（GC）、质谱分析法（MS）、高效液相色谱法（HPLC）、等速电泳法（ITP）和毛细管电泳法（CE）等，其中前 4 种方法主要用于分析芳香族化合物，最后一种方法用于分析酚类化合物。

在显微镜下可以从细胞水平上看到木材细胞壁被分解的过程：腐朽初期木材细胞的纹孔边缘被腐蚀，纹孔变大，细胞壁上没有纹孔的区域也因腐朽而形成孔洞，菌丝体在细胞腔内繁殖并通过孔洞、纹孔穿过细胞；随着腐朽的加剧，细胞壁上的小孔洞互相连接形成更大的孔洞或者沟槽，直到最后细胞壁完全消失。

木材腐朽是一个缓慢的过程，是多种细菌、真菌协同作用的结果。在腐朽的早期主要是细菌和一些生长较快的真菌侵蚀木材，它们分解木材中的水溶性物质、果胶等，中后期那些生长较慢的真菌开始分解木材，它们利用多种分解酶腐蚀木材中的纤维素和木质素等，最终使木材糟烂和解体。

活立木腐朽一般发生在长出心材以后。随着活立木年龄的增长，腐朽的概率越来越大，这是因为在刚长出心材时，心材被外面的边材很好地保护着，木腐菌很难有机会侵入活立木体内。随着活立木材积的增长，它受到外部伤害的机会越来越多，如大风和雷电造成的断枝，啄木鸟、蚂蚁等钻透树干，旁边的活立木倒下时造成的树皮擦伤等，使得边材或心材暴露在外面被木腐菌侵袭。此外，随着活立木的生长，它愈合伤口的速度也在减慢，心材抵抗腐朽的能力也在下降，所有这些都导致了更高的腐朽概率[12]。

研究表明，活立木体内有 4 道防线用来抵御木腐菌的侵袭：第 1 道防线形成于导管组织中，位于腐朽部位的上部和下部，阻止腐朽微生物在垂直方向上蔓延，主要由树胶、树脂和侵填体等组成，该防线最弱；第 2 道防线围绕着年轮形成，阻止腐朽向树心蔓延，由每一圈年轮最后生成的细胞形成，这道防线也很弱，只比第 1 道防线略强；第 3 道防线由射线细胞组成，阻止腐朽径向发展，在外伤刚刚发生时，这道防线最强；第 4 道防线由新生组织形成，当外伤发生后活立木又长出新生组织时，它成为抵御腐朽最强的防线，其中含有对木腐菌有毒性的物质，它把腐朽限制在外伤发生前长出的旧组织中，保护新生组织不被侵蚀[13]。不同的树种抵抗腐朽的能力是不同的，这是因为不同树种的组织结构和内含化学成分不同，有的树种即使到老龄阶段一般也不腐朽，如银杏、落叶松、铁刀木、槐树和枣树等，因为它们体内含有对木腐菌有毒性的物质[14-15]。

1.3.2 腐朽对木材性质的影响

生物腐朽到了晚期会使木材糟烂解体，无法使用，其破坏性是显而易见的。但是在此之前，腐朽中期和早期木材的很多特性就已经发生了很大的改变，使木材的使用价值显著下降。鉴于此，国内外对木材腐朽过程中物理力学和化学特性的变化都进行了相应的研究。

腐朽对木材力学性质的影响非常大。研究表明，在木材质量损失率为 5%~10%的早期腐朽中，其冲击韧性损失已经达到 60%~80%，抗弯强度损失 50%~70%，静曲强度和弹性模量损失 60%~70%。对人工林湿地松腐朽的研究也表明，早期褐腐对木材的力学强度影响特别大，在木材质量损失率低于 10%时，它的最大工作载荷、断裂强度和弹性模量损失率已经分别达到 34%、28%和 23%[16]。

腐朽过程中还伴随着木材理化性质的变化。对小兴安岭几个主要树种腐朽的研究表明，椴木腐朽程度与木材含水率相关性最大；核桃楸腐朽程度只与酸不溶木素的含量存在显著的相关关系（$P<0.01$）；色木槭与纤维素相对结晶度的相关关系最大，其他树种如水曲柳、红松等的腐朽程度也与不同的木材物理化学特性有较强的相关关系[17]。用褐腐真菌茯苓对木材进行降解，结果发现，腐朽初期，

综纤维素和戊聚糖的含量及纤维素相对结晶度都逐渐降低，木质素和 1% NaOH 抽提物的含量逐渐升高。随着腐朽时间的增长，这几个指标继续向着原来的方向变化，直到进行到 15 周后，木材的组成基本保持不变[18]。使用褐腐菌密褐褶孔菌（*Gloeophyllum trabeum*）和粉孢革菌（*Coniophora puteana*）等 4 种真菌分解木材，并观察木材理化性质的变化，结果表明，腐朽早期，所有木腐菌的分解均提高了部分木材的纤维素相对结晶度，但是结晶区和非结晶区纤维素的含量都下降了[19]。对 2 种变色真菌引起的变色白桦木材的化学成分进行分析，结果表明，变色木材中的半纤维素含量降低，α-纤维素和木质素含量基本未变，1% NaOH 抽提物和苯醇抽提物含量明显增加。

1.3.3 活立木腐朽检测技术

随着计算机科学、化学计量学、机械电子等领域的快速发展，目前应用于活立木和木材腐朽检测的技术多达几十种，如阻抗仪法、应力波法、射线法、核磁共振法、近红外光谱法、电阻法、雷达波法和超声波法等。各种检测技术都是利用木材物理化学特性的变化来实现腐朽的定性和定量测定的。

在各种腐朽检测技术中，阻抗仪法是最常用的方法之一。阻抗仪广泛用于活立木和古建筑木结构中腐朽、裂纹等缺陷的检测，具有操作简便、检测结果准确直观的特点。阻抗仪的主要组成部分是驱动电机、探针、微机系统和蓄电池。测量时把探针匀速刺入木材内部，利用微机系统把探针旋转刺入过程中所受的阻力记录下来，形成一张阻力曲线图。由于探针直径仅为 1.5mm，所以不会对木材造成很大的损伤。当探针钻入过程中经过腐朽区域时，由于该处木材的力学强度降低，探针所受阻力会明显下降，在曲线图上形成波谷。所以通过曲线图上的阻力变化可以判断出在探针经过的路径上腐朽部位的确切位置。利用阻抗仪对山海关海神庙木质立柱内部腐朽分布进行测定收到很好的效果，检测结果与应力波检测相吻合，据此对腐朽木材构件提出了解决方案[20]。在使用多种方法对美国红橡木内部腐朽进行检测时发现，阻抗仪能准确地确定腐朽位置，并能区分腐朽和裂纹缺陷[21]。

应力波法也是一种常用的木材无损检测方法，其基本原理是当应力波的传播路径上有腐朽或裂纹等缺陷时，其传播路径会由直线变为曲线，传播时间会相应地增大，因此通过测定应力波传播时间可以判断木材材质及是否有缺陷等。使用应力波对木材进行检测时，需要在木材上安装两个或多个传感器，每次敲击一个传感器，使其产生应力波，其他传感器则接受应力波，微机系统根据应力波发出和接收到的时间计算出传播时间。目前世界上常用的应力波检测仪器有美国 Metriguard 公司生产的便携式应力波计时器 Metriguard Model 239A Stress Wave

Timer、James Instrument 公司生产的 James V-Meter，匈牙利 FAKOPP Enterprise 生产的 FAKOPP Microsecond Timer，德国 IML 公司生产的电子锤 Impulse Hammer、Rinntech 公司研制的 ARBOTOM 和瑞士 Sandes SA 公司生产的 Sylva Test 等。其中 ARBOTOM 应力波断层成像仪除了能测量出传播时间外，还能根据传播时间生成一张反映木材内部腐朽分布的二维或三维图。使用 ARBOTOM 对直径在 20~40cm 的腐朽原木进行检测时发现，使用 6 个传感器就能准确判断原木是否有腐朽，使用 8 个传感器能确定腐朽的大致位置，使用 12 个传感器能使得生成的二维图像与实际断面形状拟合度接近 90%[22]。使用应力波断层成像技术对黑樱桃木的检测结果表明，当断面上只有腐朽缺陷时，应力波检测对腐朽区域的估计偏低；当断面上除了腐朽还有裂纹时，应力波检测对腐朽区域的估计则偏高，因为应力波检测区分不开腐朽和裂纹[23]。可见当活立木或木材构件内部含有多种缺陷时，仅用应力波检测并不能得到准确的结果，还需要使用其他检测方法（如阻抗仪法）加以验证。

除了应力波外，电阻法、超声波法和雷达波法也能生成检测断面的二维图像。同时使用应力波和电阻层析成像技术对北美 3 种阔叶树进行检测发现，两种方法都能准确地描绘出活立木内部空洞和腐朽区域，但是使用两种方法估计出的缺陷面积比使用任何一种方法得出的结果要更准确[24]。对超声波、电阻和地质雷达 3 种断层成像技术进行比较，结果表明，电阻检测能大致确定出腐朽的位置，腐朽区域电阻较低、木材含水率较高；超声波检测不仅能更准确地确定腐朽区域位置，还能估计出腐朽区域形状、大小和一些木材力学性质；地质雷达检测能更准确地确定腐朽部分和健康部分的分界线，因为这两个部分的电磁阻抗相差很大。电阻检测在确定腐朽区域上虽然不如应力波、超声波准确，却比这两种方法更敏感，能检测出比较早期的腐朽，因为在腐朽的早期木材内部的离子浓度就已经很高了，电阻随之下降很多，在图像上形成一个低电阻区即腐朽区[25]。射线、核磁共振等技术虽然检测准确，但是设备成本高，需要防护装置，而且不便于移动，所以在木材腐朽检测中的应用受到限制，尤其不适用于野外活立木的测量工作。

随着计算机科学和化学计量学的发展，近红外光谱技术在近几十年得到了快速的发展，并被应用于木材质量和缺陷检测。近红外光是指波长范围在 780~2526nm 的电磁波谱，介于可见光和中红外光之间。不同组分或结构的物质对近红外光不同波段的吸收强度不同，因此通过分析从被测物质反射或透射过来的近红外光不同波段的强弱即可预测物质的组分或力学性质等。近红外光谱检测的优点是快速高效，一次检测就能预测十几个指标，对被测物的预先处理要求也不高，且检测过程对被测物无损；缺点是属于一种二级分析方法，需要先采集足够数量的样本，用其他方法测定出待测指标，然后建立预测模型才能实现对未知样本的预测，其准确度与建模时使用的测定方法、定标采集的样品和数据处理方法有关。

使用近红外光谱预测人工林湿地松腐朽木材试件的质量损失率，预测值和实际值的相关系数 r 可达 0.93 以上[16]。近红外光谱技术结合主成分分析及反向传播神经网络（PCA-BP 神经网络）对冷杉及核桃楸进行腐朽分级，正确率可达 80%以上[26]。

1.3.4 腐朽与环境之间的关系

由于木腐菌是造成活立木腐朽的根本原因，所以一切能影响木腐菌繁殖的因素都能影响活立木腐朽的进程。对大多数木腐菌而言，最适宜它们繁殖的木材含水率在纤维饱和点以上，最佳温度在 21~32℃，适宜的酸碱性条件为弱酸性。此外，氧气和养分充足木腐菌才能正常生长。这几个条件有一个不满足，木腐菌的繁殖就会受到限制。家具和乐器上的木材很长时间都不会腐朽，就是木材干燥、缺乏水分的缘故；把木材泡在水里也不容易腐朽，这是因为木材内缺少氧气。许多木材防腐技术都是通过改变某些条件，使其向着不利于木腐菌生存的方向发展，从而达到防腐的目的。

在研究欧洲赤松（*Pinus sylvestris*）和花旗松（*Pseudotsuga menziesii*）试件腐朽与木材含水率和温度的关系时发现，这两个条件不同时，试件腐朽速度和程度有明显不同：处于干燥、高温或寒冷的试件腐朽较慢、程度较轻，但是无法确定腐朽程度和木材温度、含水率之间的定量关系，说明三者之间的关系比线性关系和常见的曲线关系更加复杂，这跟木材温度和含水率之间的交互作用有关[27]。使用木腐菌感染柠檬树枝，然后实时观察腐朽圆柱区域的长度和试验地点的气温，结果表明腐朽区域的长度和气温之间存在极显著的线性关系（$P<0.0001$）[28]。对山杨（*Populus davidian*）木材腐朽进行研究表明，在北方和温带林区，干燥林分内的木材试件腐朽比潮湿林分内的试件慢，而在热带林区情况刚好相反。由此可见，水分条件对木材腐朽有很大的影响，而且这种影响很可能是非线性的，水分过高或过低都会抑制腐朽的蔓延[29]。利用木材含水率和木材温度预测腐朽木材释放 CO_2 的速率，决定系数 r^2 最高可达 0.57。木材腐朽后释放 CO_2 的速率实际上就是腐朽速率，因为 CO_2 的释放来自木腐菌对木材的分解，含水率和温度与此速率有这样显著的关系，足见这两个因素对腐朽的重要作用[30]。当在不同的氧气浓度下研究木材含水率对木材腐朽的影响时发现，氧气浓度低的情况下较高的木材含水率反而使得腐朽变慢；氧气浓度跟空气中的氧气浓度相同时，提高木材含水率往往使腐朽加快，具体还与木材树种和木腐菌种类有关，分析认为氧气浓度对腐朽的影响比木材含水率更重要[31]。

养分条件对木材腐朽的影响也很明显。分别把木材试件埋进肥沃的耕地土壤和贫瘠的荒原土壤中，结果表明耕地土壤中的木材试件腐朽严重得多，耕地与荒原土壤之间的主要区别在于耕地土壤中养分更为充足；该研究还发现，往木材试件中额外添加 N 元素会加速木材的腐朽[32]。关于 N 元素与木材腐朽的关系目前尚未得到一致的结论，原因是 N 元素影响木材腐朽的机理很复杂，使得在不同的地区、使用不同的树种和木腐菌等进行实验得出的结果有很大差异。在一个为期 6 年的凋落物分解实验中发现，施加无机 N 肥反而使凋落物分解速率减慢，通过观测凋落物剩余质量及 N 元素、纤维素和木质素浓度等指标并结合数学方法分析认为，造成这一结果是 3 个方面的变化共同作用的结果：施加无机 N 肥后分解者（真菌、细菌等）的分解效率提高了；一些抵抗腐朽的毒性物质的形成速率提高了；分解者的繁殖速率降低了。其中第一个变化会加快腐朽分解，后两个变化会减慢腐朽分解，最终使凋落物分解速率降低[33]。得出增加 N 元素会加快凋落物分解的研究人员则认为，N 元素的增加使正在快速生长中的真菌和细菌不受 N 元素缺乏的限制，因而分解凋落物的速率提高了[34]。丛枝菌根真菌是一种寄生于植物根系的真菌，在研究其适应性时发现，土壤肥力和 pH 都对它的生长有很大的影响：随着土壤肥力的升高，透光球囊霉菌株 *Glomus diaphanum*（简称 G.d）的侵染率和菌丝量下降，地表球囊霉菌株 *Glomus versiforme*1（简称 G.v1）则是先上升后下降；随着土壤 pH 的升高，菌株 G.d 的侵染率升高，菌株 G.v1 的侵染率下降[35]。由此可见，土壤养分和 pH 对真菌繁殖的影响并不总是线性的、单向的，而且还跟真菌种类有关[35]。

活立木是一个活的生命体，有自己的生理活动，所以其腐朽与周围环境之间的关系同木材腐朽相比更为复杂。立地条件不仅能影响木腐菌的繁殖速度，也能影响活立木的生长状况，以及抵御腐朽的能力，在各种环境因子、木腐菌群落和活立木体内环境之间存在一个广泛、复杂的相互作用关系网，因此要得到其中的确定关系并不容易。根朽病是一种世界闻名的树木传染性病害。在对红松根朽病研究时发现，阳坡的病害比阴坡严重，山中、下腹比上腹严重，低洼潮湿的林地病害较重。分析认为，阳坡的温度较高，适宜真菌生长蔓延，所以病害严重；山中、下腹土壤湿度较大，有利于真菌繁殖，所以病害也严重，而低洼潮湿的林地也因为水分充足而发病较重。关于活立木腐朽和立地条件之间的关系目前尚缺乏系统、全面的研究，这个领域对于活立木腐朽的防治具有很好的指导意义，而且能加深人们对森林生态环境中各个因素之间相互作用的认识，可以为森林经营措施提供有用的理论依据。

1.4　主要研究内容

活立木腐朽成因比较复杂，它主要是由木腐菌（包括白腐菌和褐腐菌）的侵染引起的。影响木腐菌生存的因素众多，既包括活立木自身因素（立木含水率、温度和 pH 等），又包括外部因素（立地环境条件等）。这些因素相互影响，综合作用下决定了活立木腐朽的发生及发展。研究活立木腐朽实际应包括活立木腐朽成因、腐朽影响因素、腐朽诊断及腐朽防治等诸多内容，限于作者的知识背景及研究范畴，本书主要探讨活立木腐朽诊断及防治的相关内容，仅少量内容涉及腐朽成因及影响因素。

因此，本研究以位于小兴安岭地区的凉水国家级自然保护区内的阔叶红松林为研究区，沿着红松活立木腐朽的发生、诊断和防治这一主线，设计研究方案，开展科学研究。研究过程中，首先介绍典型阔叶红松林的林分空间分布结构，了解红松在典型区域内的分布情况及空间结构特征；然后，对红松的腐朽状况（腐朽率）及掘根情况进行专题调查，掌握典型区域内红松腐朽的真实情况（第一手资料）；在此基础上，选取典型红松活立木样本，重点探讨基于无损检测技术的红松活立木腐朽程度定量表征方法，同时深入分析活立木腐朽程度与自身特征（含水率、胸径），立地土壤因素（物理、化学、微生物特性等）、地形条件、微气候等因素之间的内在关系，确定其主要的影响因素；最后，针对红松腐朽的实际状况，研究红松活立木腐朽的防治技术。基于上述内容，将本书的主要章节划分如下。

第 1 章为绪论。概括介绍红松的地理分布，当前红松腐朽诊断与防治领域的研究现状及研究意义等内容。

第 2 章为原始阔叶红松林林分空间结构研究。以小兴安岭地区凉水国家级自然保护区第 18 林班内的阔叶红松林永久固定样地为研究区，介绍包括红松在内的主要树种的林分空间结构，以及主要种群的空间分布格局及空间相关性。

第 3 章为红松林活立木掘根特征与腐朽率调查研究。利用活立木腐朽的外观表征指标，调查研究不同立地条件下（坡度、坡向、坡位、海拔等）红松的腐朽率及掘根状况。

第 4 章为红松活立木腐朽程度定量表征。主要介绍基于几种无损检测技术（阻抗仪法、近红外光谱法、红外光谱法、应力波断层成像法、电阻断层成像法等）的红松活立木腐朽程度的表征方法，并通过与真实腐朽程度相对比，分析不同方法的适应性和优缺点。

第 5 章和第 6 章分别介绍红松活立木自身特征与腐朽程度的关系和立地环境与红松活立木腐朽程度的关系。通过统计学方法，深入探讨腐朽程度与不同因子之间的内在联系，揭示它们之间的内在规律，为红松腐朽防治提供基础依据。

第 7 章为红松腐朽综合防治技术研究。介绍了与红松活立木腐朽有关的病原菌分离、营林防治技术、化学防治技术和生物防治技术的最新研究进展，特别是有关植物源生物防腐剂的相关研究报道，为红松腐朽防治提供了一定的参考依据。

参考文献

[1] 马建路, 庄丽文, 陈动, 等. 红松的地理分布. 东北林业大学学报, 1992, (5): 40-48.

[2] 闵长林, 马华文. 加快伊春红松果林产业发展的研究. 中国林业经济, 2009, 98: 29-35.

[3] 王殿波, 李颖, 王春英. 红松的综合利用与资源增殖. 国土与自然资源研究, 1999, (1): 75-77.

[4] 王玉婷, 徐华东, 王立海, 等. 小兴安岭天然林红松活立木腐朽率的调查研究. 北京林业大学学报, 2015, 37(8): 97-104.

[5] Larsson B, Bengtsson B, Gustafsson M. Non destructive detection of decay in living trees. Tree Physiology, 2004, 24: 853-858.

[6] 杨旺. 森林病理学. 北京: 中国林业出版社, 1996.

[7] 周静, 郝成山. 原条心材腐朽规律探讨. 科技创新与应用, 2013, 13: 300.

[8] 池玉杰, 刘智会, 鲍甫成. 木材上的微生物类群对木材的分解及其演替规律. 菌物研究, 2004, 2(3): 51-57.

[9] 鞠国柱, 项存梯, 季良杞, 等. 红松根朽病的研究. 东北林业大学学报, 1979, 2: 52-59.

[10] 池玉杰, 闫洪波. 6 种白腐菌腐朽前后的山杨木材酚酸种类和含量变化的高效液相色谱分析. 林业科学, 2008, 44(2): 116-123.

[11] 池玉杰. 6 种白腐菌腐朽后的山杨木材和木质素官能团变化的红外光谱分析. 林业科学, 2005, 41(2): 136-140.

[12] Wagener W W, Davidson R W. Heart rots in living trees. The Botanical Review, 1954, 20(2): 61-134.

[13] Fraedrich B R. Compartmentalization of decay in trees. Pineville: Bartlett Tree Research Laboratories, 1982.

[14] Baietto M, Wilson A D. Relative *in vitro* wood decay resistance of sapwood from landscape trees of southern temperate regions. Hort Science, 2010, 45(3): 401-408.

[15] 周明. 我国主要树种的木材(心材)天然耐腐性试验. 林业科学, 1981, 02: 145-154.

[16] 杨忠. 近红外光谱预测人工林湿地松木材性质与腐朽特性的研究. 中国林业科学研究院博士学位论文, 2005.

[17] 张新玲. 小兴安岭地区主要树种化学指标对腐朽程度的响应. 东北林业大学硕士学位论文, 2011.

[18] 李改云, 任海青, 秦特夫, 等. 茯苓褐腐过程中木材化学成分的变化. 林业科学研究, 2009, 22(4): 592-596.

[19] Howell C, Hastrup A C S, Goodell B, et al. Temporal changes in wood crystalline cellulose during degradation by brown rot fungi. International Biodeterioration & Biodegradation, 2009, 63: 414-419.

[20] 安源, 殷亚方, 姜笑梅, 等. 应力波和阻抗仪技术勘查木结构立柱腐朽分布. 建筑材料学报, 2008, 04: 457-463.

[21] Wang X P, Allison R B. Decay detection in red oak trees using a combination of visual inspection, acoustic testing, and resistance microdrilling. Arboriculture & Urban Forestry, 2008, 34(1): 1-4.

[22] 王立海, 徐华东, 闫在兴, 等. 传感器的数量与分布对应力波检测原木缺陷效果的影响. 林业科学, 2008, 40(5): 115-121.

[23] Liang S Q, Wang X P, Wiedenbeck J, et al. Evaluation of acoustic tomography for tree decay

detection//Ross R J, Wang X P, Brashaw B K. Proceedings of the 15th International Symposium on Nondestructive Testing of Wood, September 10-12, 2007. Duluth: Forest Products Society: 49-56.
[24] Brazee N J, Marra E R, Göcke L, et al. Non-destructive assessment of internal decay in three hardwood species of northeastern North America using sonic and electrical impedance tomography. Forestry, 2010: 1-7.
[25] Nicolotti G, Socco L V, Martinis R, et al. Application and comparison of three tomographic techniques for detection of decay in trees. Journal of Arboriculture, 2003, 29(2): 66-78.
[26] 曲志华. 基于近红外技术的木材腐朽理化性质变化及腐朽分级研究. 东北林业大学博士学位论文, 2011: 62-70.
[27] Brischke C, Rapp A O. Influence of wood moisture content and wood temperature on fungal decay in the field: Observations in different micro-climates. Wood Science and Technology, 2008, 42: 663-677.
[28] Matheron M E, Porchas M, Bigelow D M. Factors affecting the development of wood rot on lemon trees infected with *Antrodia sinuosa*, *Coniophora eremophila*, and a *Nodulisporium* sp. Plant Disease, 2006, 90(5): 554-558.
[29] Gonzalez G, Gould W A, Hudak A T, et al. Decay of aspen (*Populus tremuloides* Michx.) wood in moist and dry boreal, temperate, and tropical forest fragments. Ambio, 2008, 37(7): 588-597.
[30] Liu W J, Schaefer D, Qiao L, et al. What controls the variability of wood-decay rates? Forest Ecology and Management, 2013, 310: 623-631.
[31] Kazemi S M, Dickinson D J, Murphy R J. Effects of initial moisture content on wood decay at different levels of gaseous oxygen concentrations. Journal of Agricultural Science and Technology, 2001, 3: 293-304.
[32] Van der Wal A, De Boer W, Smant W, et al. Initial decay of woody fragments in soil is influenced by size, vertical position, nitrogen availability and soil origin. Plant Soil, 2007, 301(1-2): 189-201.
[33] Agren G I, Bosatta E, Magill A H. Combining theory and experiment to understand effects of inorganic nitrogen on litter decomposition. Oecologia, 2001, 128: 94-98.
[34] Fog K. The effect of added nitrogen on the rate of decomposition of organic matter. Biological Reviews, 1988, 63: 433-462.
[35] 张旭红. 丛枝菌根真菌在不同土壤环境因子下的适应性研究. 河北农业大学硕士学位论文, 2003: 5-10.

2 原始阔叶红松林林分空间结构研究

2.1 研究区概况与研究方法

2.1.1 研究区概况

1. 地理位置

黑龙江凉水国家级自然保护区，位于我国小兴安岭山脉的东南段——达里带岭支脉的东坡，黑龙江省伊春市带岭区境内，地理坐标为北纬 47°6′49″~47°16′10″，东经 128°47′8″~128°57′19″。距带岭区北约 25km 处，东西宽 13.0km，南北长 17.0km，总面积为 12 133hm²。保护区位于带岭区北部的中心地带，以公路为界分别在东、北、西三面与带岭林业实验局的红光、寒月、北列、明月四个林杨相邻，以永翠河为界在南部与碧水实验林场相邻。

2. 地形与水文

该区为典型的低山丘陵地貌，主山脉为南北走向，次山脉多为东西走向，地形总趋势是北、东、西三面较高、中央和西南部较低，其中部分核心区及部分实验区位于盆地上。保护区的最高山峰是位于北部的岭来东山，海拔为 707.3m，向南逐渐降至该区的西南端永翠河北岸，海拔仅为 280m，全区海拔平均为 400m 左右，相对高度在 80~300m。一般南坡短而陡，北坡缓而长，平均坡度为 10°~15°，局部地段可出现 20°~40°的陡坡。区内最大河流为凉水河，由北至南贯流全境。境内雨量充沛、溪流众多、地下水资源丰富。河流一年四季无干枯现象，一般 11 月至翌年 4 月为封冻期，冻冰厚 0.6~1.0m。全区的土壤共划分为 4 个土纲（淋溶土纲、半水成土纲、水成土纲、有机土纲）、4 个土类（暗棕壤、草甸土、沼泽土、泥炭土）和 14 个亚类。因区域海拔不高，无明显高山，土壤的垂直分布不明显，只有地域性分布规律。

3. 气候条件

该区在地理位置上处于欧亚大陆东缘，具有明显的温带大陆性季风气候特征。冬季气候严寒、干燥而多风雪。夏季降水集中，气温较高。春秋两季气候多变，春季多大风，降水量小，易发生干旱；秋季降温急剧，多出现早霜。年平均气温只有–0.3℃，年平均最高气温 7.5℃，年平均最低气温–6.6℃。年平均降水量 676.0mm ，积雪期 130~150 天，年平均相对湿度 78% ，年平均蒸发量 806mm，无霜期 100~120 天。全年的主风向为西南风，一般春、夏多西南风，秋、冬多西北风。

4. 森林资源及植被

该区的主要保护对象是以红松为主的温带针阔叶混交林生态系统，属森林和陆生野生动物类型的自然保护区。区域的森林类型多样，物种丰富，其中既有从未采伐过的原始林相，也有经采伐和火烧后发生演替的次生林相；既有森林发生、演变各个阶段的状态，又有人工营造的红松、云杉、樟子松和各种不同方式的混交林。地带性植被是以红松为主的温带针阔叶混交林，属典型阔叶——红松林分布亚区，素有“小红松故乡”之称。区内有原始成熟林、过熟林面积 4100hm^2，其中红松林面积占 80%，森林蓄积量 100 万 m^3，是我国目前保存下来最为典型和完整的原始红松针阔叶混交林分布区之一，也是中国和亚洲东北部很具代表性的温带原始红松针阔叶混交林区。

保护区植物区系属泛北极植物区、中国—日本森林植物亚区东北地区、长白植物亚区小兴安岭南部区。植物区系组成比较丰富，种属分布广泛。据多年的调查研究统计，有枝叶状地衣 12 科 90 种，苔类植物 11 科 17 种，藓类植物 28 科 95 种，蕨类植物 12 科 36 种，裸子植物 1 科 9 种，被子植物 70 科 445 种。在 602 种高等植物中有维管植物 490 种，种子植物 454 种。全区主要树种有红松（*Pinus koraiensis*）、紫椴（*Tilia amurensis*）、红皮云杉（*Picea koraiensis*）、鱼鳞云杉（*Picea jezoensis*）、白桦（*Betula platyphylla*）、枫桦（*Betula costata*）、水曲柳（*Fraxinus mandschurica*）、色木槭（*Acer mono*）、青楷槭（*Acer ginnala*）、蒙古栎（*Quercus mongolica*）、春榆（*Ulmus propinqua*）、核桃楸（*Juglans mandshurica*）、黄檗（*Phellodendron amurense*）等，植被种类纷繁，层层叠叠地相互依存在林内，共同构成了完整的红松林生态系统。

2.1.2 样地设置

在黑龙江省伊春市带岭林业实验局辖区凉水国家级自然保护区（隶属东北林业大学）的第 18 林班内，选取典型的原始阔叶红松林，参照热带森林科学中心（Center for Tropical Forest Science，CTFS）样地建设技术规范，建立矩形固定监测样地。该样地基准点坐标为东经 128°52′47″，北纬 47°10′38″，海拔为 377m，位于样地的东北角，记为点 0000，作为样地的原点。东西方向为横轴（*x* 轴），南北方向为纵轴（*y* 轴）。样地面积为 30hm^2，东西长 380m，南北长 800m，测点间距为 20m，共布置测点 790 个（包含边界点、控制点等特殊测点），布置 20m×20m

样方 750 个。利用全站仪将样地划分为 20m×20m 的连续样方，每个样方的四个边界点埋设一水泥桩，以备长期使用。以每个样方东北角的坐标点作为该样方号。野外调查时，为方便测量，将每个 20m×20m 的样方再次划分为 16 个 5m×5m 的网格单元，记录在每个网格单元内胸径（diameter at breast height，DBH，树干 1.3m 处的胸高直径）≥1cm 的全部乔木的树种、相对坐标、树高、东西和南北冠幅、枝下高及生长状况，钉挂上铝制编号牌。在数据处理时把相对坐标转换为大样地的全局坐标。

在样地的南侧边缘部分，缺失部分打点坐标数据，故选取的样地东西长 380m，南北长 780m，样地示意图见图 2-1。

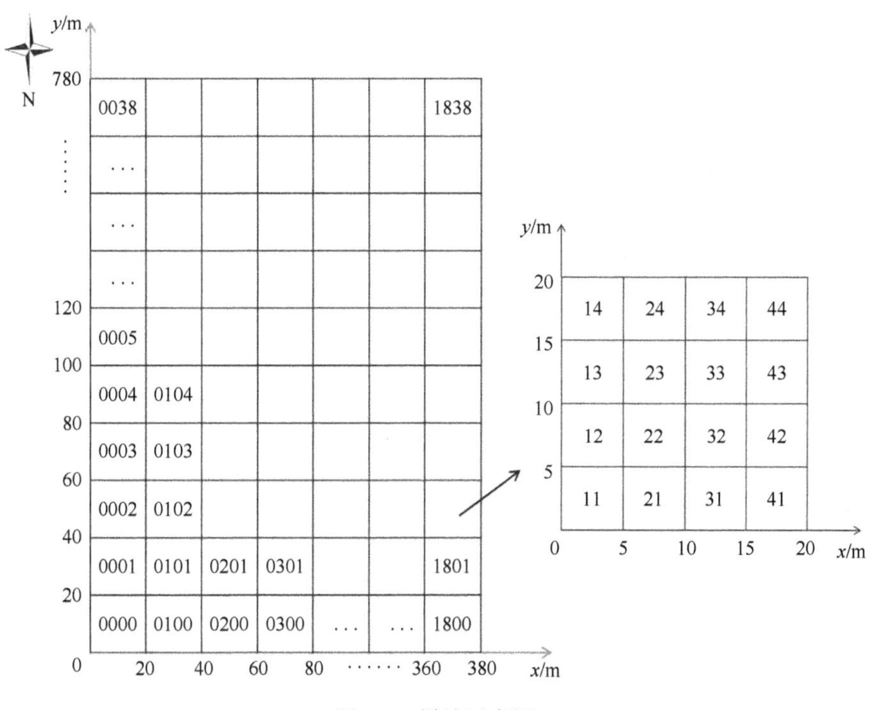

图 2-1　样地示意图

样地中的阔叶红松林主林层林龄约 250 年，高 20~30m，垂直结构明显，是典型的复层异龄林。平均海拔 391.5m，最低海拔 366.4m，最高海拔 432.1m，最大高差为 65.7m。样地地势平缓，平均坡度 7°，在局部地区有一些小的起伏（图 2-2）。

2.1.3　研究方法

1. 种群结构组成分析

统计各样方中的个体总数、物种数及各物种的相对多度、相对显著度和相对

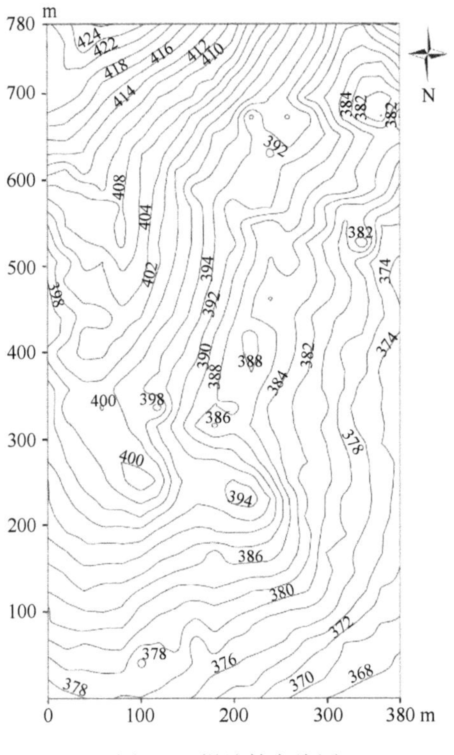

图 2-2 样地等高线图

频度。重要值既是表示物种在群落中地位和作用重要性的数量化指标，也是其生态位的度量指标。选择重要值作为表示物种在群落中的相对重要性的指标。在种群结构组成分析中采用的公式如下：

相对多度=某个种的个体数/所有种的个体数×100%

相对显著度=某个种的胸高断面积/所有种的总胸高断面积×100%

相对频度=某个种的频度值/所有种的频度值×100%

重要值=（相对多度+相对显著度+相对频度）/3

2. 林分空间结构参数

角尺度可用来描述林木个体的水平分布格局，林分混交度可用来描述林木在空间的配置情况，大小比数可用来描述林木的生长状况。

角尺度被定义为参照树与任意两株最近相邻木之间的两个夹角中，较小的角 α 小于标准角 α_0（α_0=72°）的个数占 4 株最近相邻木的比例。角尺度（W_i）的表达式为：

$$W_i = \frac{1}{4}\sum_{j=1}^{4} Z_{ij} \tag{2-1}$$

式中，当第 j 个 α 角小于标准角 α_0 时 Z_{ij} 为 1，否则为 0；i 为任一参照树，j 为参照树 i 的 4 株最近相邻木；W_i 取值为 0、0.25、0.5、0.75、1 时代表 4 株最近相邻木在参照树周围分布很均匀、均匀、随机、不均匀、聚集分布。

平均角尺度的计算公式为：

$$\overline{W} = \frac{1}{n}\sum_{i=1}^{n} W_i \tag{2-2}$$

式中，n 表示林分中所有林木株数；W_i 表示第 i 株树的角尺度。

混交度（M_i）用来说明混交林中树种的空间隔离程度。它被定义为参照树的 4 株最近相邻木中与参照树不属同种的个体所占的比例，用公式表示为：

$$M_i = \frac{1}{4}\sum_{j=1}^{4} v_{ij} \tag{2-3}$$

式中，当参照树 i 与第 j 株相邻木非同种时，v_{ij}=1，否则，v_{ij}=0。M_i 取值为 0、0.25、0.5、0.75、1 时，代表在该结构单元中，4 株最近相邻木中分别有 0 株、1 株、2 株、3 株和 4 株与参照树非同种，对应于零度、弱度、中度、强度、极强度（完全）混交。

平均混交度的表达式为：

$$\overline{M} = \frac{1}{n}\sum_{i=1}^{n} M_i \tag{2-4}$$

式中，n 表示林分中所有林木株数；M_i 表示第 i 株树的混交度。

大小比数（U_i）被定义为大于参照树的相邻木数占所考察的 4 株最近相邻木的比例，用公式表示为：

$$U_i = \frac{1}{4}\sum_{j=0}^{4} k_{ij} \tag{2-5}$$

式中，如果相邻木 j 比参照树 i 小，k_{ij}=0，否则，k_{ij}=1。U_i 取值为 0、0.25、0.5、0.75、1 时，表示在该结构单元中，参照树周围的 4 株最近相邻木中分别有 0 株、1 株、2 株、3 株和 4 株对照木比参照树大。

平均大小比数的表达式为：

$$\overline{U} = \frac{1}{n}\sum_{j=1}^{n} U_i \tag{2-6}$$

式中，n 表示林分中所有林木株数；U_i 表示第 i 株树的大小比数的值。

以上 3 个参数都是针对一个空间结构单元而言的，在分析整个林分的空间结构时，需要计算林分内所有结构单元的参数平均值，并将其作为分析的基础。

3. 点格局分析

点格局是把物种的每个个体在空间中的坐标分布，作为二维空间中的点，以物种分布点图为基础进行的格局分析方法。定量分析种群的空间分布格局及其形成过程，已成为生态学家的重要目标。点格局分析方法是定量分析空间格局的最常用、最重要的研究方法之一。点格局分析的统计学理论充分利用了点与点之间的距离信息，能够清楚、全面地反映不同尺度上的种群分布格局，因而点格局分析方法广泛应用在生态学研究中。

在林分空间格局的研究中，Ripley's *K* 函数考虑到了所有树木之间的距离，因此可以对树木分布格局进行不同尺度上的研究，从而能更好地说明森林林分的动态变化及其相互影响，是目前分析种群空间分布格局最常用的方法。Ripley's *K* 函数是一个累积分布函数，$K(r)$是以某点为圆心，以 r 为半径的圆内的期望点数。它包含了以某一距离为半径的圆内的所有信息，随着尺度的增大，在每个大尺度上的量度结果包括了全部小尺度上的信息，具有一定的累积效应。

因此，学者们开始逐渐探索和应用其他二阶统计方法。成对相关函数 *O*-ring 统计是以圆环代替了 Ripley's *K* 函数中的圆，计算圆环内点的平均数目，从而孤立了特殊的距离等级，克服了尺度累积效应的缺点，是 Ripley's *K* 函数的重要补充。*O*-ring 统计分为单变量和双变量统计。分析单一对象（如某个种群）的分布格局时可以使用单变量 *O*-ring 统计，分析两个对象（如两个种群）分布格局的空间相关性时则可以使用双变量 *O*-ring 统计。根据 Wiegand 和 Moloney[1]的定义，双变量 *O*-ring 统计值 $\hat{O}_{12}{}^{w}(r)$的表达式为：

$$\hat{O}_{12}{}^{w}(r)=\frac{\dfrac{1}{n_1}\sum_{i=1}^{n_1}\text{Points}_2[R_{1,i}^{w}(r)]}{\dfrac{1}{n_1}\sum_{i=1}^{n_1}\text{Area}[R_{1,i}^{w}(r)]} \tag{2-7}$$

式中，n_1 为双变量统计中的对象 1 即格局 1 的点的数量；$R_{1,i}^{w}(r)$表示以格局 1 中的第 i 个点为圆心，半径为 r，宽为 w 的圆环；$\text{Points}_2[X]$计算了区域 X 中双变量统计中的对象 2 即格局 2 的点的数量；$\text{Area}[X]$是区域 X 的面积。

$$\text{Points}_2[R_{1,i}^{w}(r)]=\sum_{\text{all}x}\sum_{\text{all}y}S(x,y)P_2(x,y)I_r(x_i,y_i,x,y) \tag{2-8}$$

$$\text{Area}[R_{1,i}^{w}(r)]=z^2\sum_{\text{all}x}\sum_{\text{all}y}S(x,y)I_r(x_i,y_i,x,y) \tag{2-9}$$

$$I_r(x_i,y_i,x,y)=\begin{cases}1,\text{if } r-\dfrac{w}{2}\leqslant\sqrt{(x-x_i)^2+(y-y_i)^2}\leqslant r+\dfrac{w}{2}\\ 0，\text{其他}\end{cases} \tag{2-10}$$

式中，(x_i, y_i)是格局 1 中第 i 个点的坐标；$S(x, y)$是一个变量，如果坐标(x, y)在研究区域内，$S(x, y)=1$，否则，$S(x, y)=0$。$P_2(x, y)$表示格局 2 的点落在每个单元格内的数目；$I_r(x_i, y_i, x, y)$是随格局 1 中第 i 个点为中心、r 为半径的圆而变化的变量；

z^2表示一个单元格的面积大小。

单变量格局的研究中，设定格局 1 等于格局 2 来计算 O-ring 统计值 $\hat{O}_{11}^{w}(r)$。

点格局分析把所有研究个体作为空间中的点，关注的是单个个体，而缺乏对种群内部或种群之间差异性的关注。因此，一般采用高度级或径级或二者相结合区分大小级的方法，来分析种群分布格局的特征。在本书中，用单变量 O-ring 统计分析样地中主要种群整体上及其分别在各个林层的空间分布格局，用双变量 O-ring 统计分析主要树种两两之间的空间相关性及树种在不同林层间的空间相关性。

运用 O-ring 统计分析解决生态学问题的关键是选择合适的零模型，以避免空间格局的误判。对于单变量 O-ring 统计，根据对物种分布点图的直观认识，如果物种没有明显的聚集性分布，则采用完全空间随机零假设，若物种表现出明显的空间异质性分布，则采用异质性泊松点过程的零假设。在本书中，分析主要树种的空间分布格局及其在各林层的分布格局时，采用完全空间随机零假设。对于双变量 O-ring 统计，分析同一林层中两个物种之间相关性时，采用完全随机零假设，即认为两个种群的分布互相独立，让两个种群的分布格局都随机变化；比较不同林层的物种相关性时，采用前提条件零假设，假定高林层的物种对低林层物种的生长和建成有影响，而低林层对高林层没有影响，保持高林层的物种位置不变，低林层物种的位置随机变化。

根据 Monte Carlo 空间随机模拟的结果，在某一距离处，对于单变量 O-ring 统计，如果函数值 $\hat{O}_{11}^{w}(r)$大于包迹线的上限，说明该物种在该距离处是聚集分布；$\hat{O}_{11}^{w}(r)$小于包迹线下限，则是均匀分布；如果位于包迹线之间，则说明该物种在该尺度下是随机分布。对于双变量 O-ring 统计，在某一距离处，如果函数值 $\hat{O}_{12}^{w}(r)$大于包迹线的上限，说明两物种之间呈正关联；小于包迹线下限，说明物种间呈负关联；位于包迹线之间，说明物种间没有显著的相关性。

数据分析过程由德国 Helmholtz 环境研究中心（UFZ）生态模拟系的 Thorsten Wiegand 博士提供的点格局分析软件 Programita for Point Pattern Analysis（Thorsten Wiegand 2010 版）完成。Programita 软件提供了多种零模型进行空间格局的分析。图 2-3 为 Programita 软件的运行结果图。采用的最大距离尺度为 100m，步长为 1m，采用相应的零模型，Monte Carlo 随机模拟 99 次，得到 99%的置信区间。

4. 多物种间总体相关性检验

多物种空间点格局的方法及理论依然处于探索阶段，采用方差比率（VR）法来检验多个物种之间的总体相关性，首先做群落中多物种之间没有显著相关性的零假设。计算公式为：

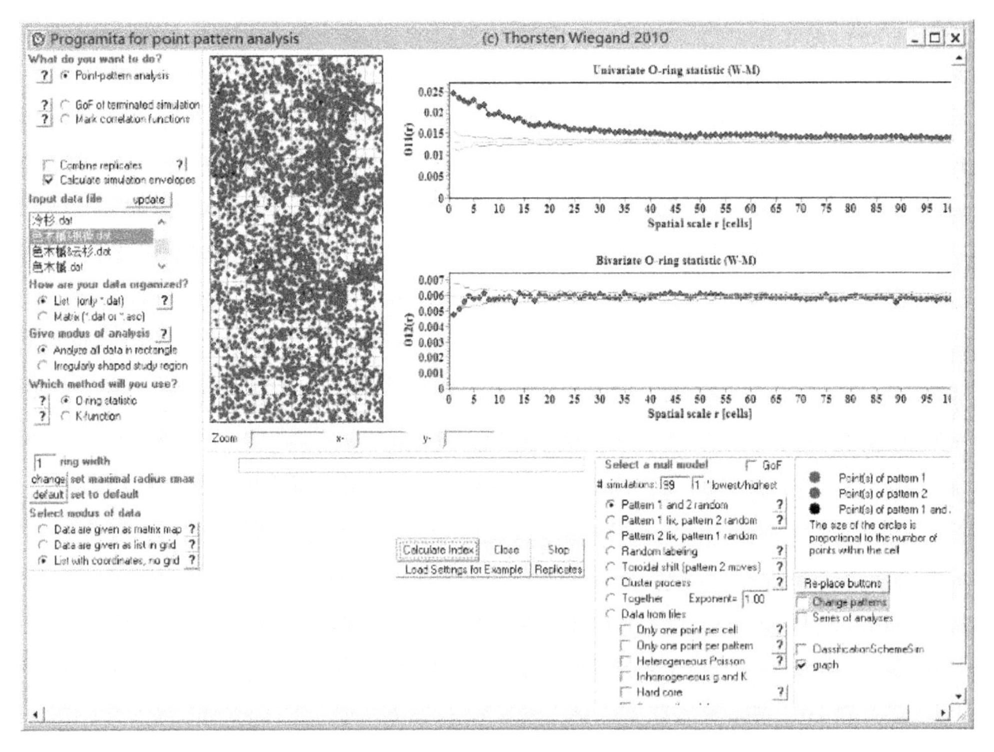

图 2-3 Programita 软件的分析过程图（彩图请扫封底二维码）

$$VR = \frac{S_{\mathrm{T}}^2}{\delta_{\mathrm{T}}^2} = \frac{(1/N)\sum_{j=1}^{N}\left(T_j - t\right)^2}{\sum_{i=1}^{s} P_i(1-P_i)} \qquad P_i = n_i / N \tag{2-11}$$

式中，S_{T}为所有样方内出现物种的偏差总和；N为总样方数；T_j为样方j内出现的物种数；n_i为物种i出现的样方数；t为样方中种的平均数；P_i为物种i出现的频度；δ_{T}所有物种出现频度的方差。

在独立性假设条件下，VR期望值为 1，若$VR>1$，表明物种间呈现净的正关联，若$VR<1$，表明物种间呈现净的负关联，若$VR=1$，表明种间无关联。采用统计量$W=N\times VR$来检验VR偏离 1 的显著程度。若物种不显著相关联，则W落入χ^2分布界限$\chi^2_{0.95}(N)<W<\chi^2_{0.05}(N)$内的概率有 90%。

5. 数据处理

使用 ArcGIS 绘制样地地形图和物种的分布点图，使用 Programita 软件完成点格局分析过程，使用林分空间结构软件 Winkelmass 计算林分大小比数和混交度。采用 Excel 2010 完成所有数据的统计和图表绘制。

2.2 阔叶红松林林分空间结构

2.2.1 物种组成

物种组成是群落形成的基础，也是植物群落最基本的特征之一。对群落组成与结构的分析可以进一步揭示物种共存规律及其形成机制。

表 2-1 是样地内阔叶红松林中乔木种组成的基本数量特征，按照重要值的大小进行了排序。根据调查结果，样地内所有胸径≥1cm 的乔木树种共有 23 种，树种种类较多，物种丰富，独立个体株数共有 29 353 株，林分平均密度为 978 株/hm²。

表 2-1 样地内树种的基本结构特征

树种	胸径/cm		多度/株	相对多度/%	胸高断面积/（m²/hm²）	相对显著度/%	相对频度/%	重要值/%
	平均值	标准差						
红松	35.5	24.1	2 691	9.17	13.14	36.80	10.12	18.70
冷杉	16.7	11.3	5 858	19.96	6.33	17.72	10.45	16.04
紫椴	16.3	11.9	4 460	15.19	5.46	15.30	10.66	13.72
色木槭	11.4	7.9	3 876	13.20	1.97	5.51	10.15	9.62
红皮云杉	19.4	16.0	1 338	4.56	2.25	6.30	8.04	6.30
枫桦	15.4	9.9	1 758	5.99	1.56	4.38	8.28	6.22
青楷槭	9.3	5.1	2 131	7.26	0.63	1.77	7.81	5.61
花楷槭	6.4	3.4	2 114	7.20	0.29	0.82	7.45	5.16
毛赤杨	11.3	6.1	1 651	5.62	0.72	2.02	7.33	4.99
水曲柳	19.7	8.0	1 143	3.89	1.36	3.82	5.84	4.52
白桦	16.7	10.0	768	2.62	0.77	2.15	3.87	2.88
暴马丁香	6.5	3.5	511	1.74	0.07	0.21	3.03	1.66
榆树	12.3	9.8	333	1.13	0.22	0.61	2.18	1.31
山杨	23.4	12.1	294	1.00	0.54	1.51	1.28	1.27
山桃	15.3	7.9	169	0.58	0.13	0.37	1.31	0.75
鱼鳞云杉	27.4	10.1	64	0.22	0.14	0.40	0.67	0.43
稠李	6.9	3.6	85	0.29	0.01	0.04	0.67	0.33
榛树	4.4	2.7	35	0.12	0.00	0.01	0.33	0.15
蒙古栎	14.6	10.4	38	0.13	0.03	0.09	0.15	0.12
黄檗	19.2	5.0	15	0.05	0.02	0.04	0.21	0.10
大青杨	27.3	16.3	17	0.06	0.04	0.13	0.12	0.10
山槐	10.9	5.3	3	0.01	0.00	0.00	0.04	0.02
核桃楸	34.5	—	1	0.00	0.00	0.01	0.01	0.01
平均值/合计	16.6	13.9	29 353	100.00	35.68	100.00	100.00	100.00

针叶树种主要是红松、冷杉、红皮云杉，阔叶树种主要有紫椴、枫桦、白桦及槭属类的色木槭、青楷槭、花楷槭等，也有黄檗、水曲柳、核桃楸等珍贵的阔叶用材种和毛赤杨等存留于东北地区北部及东部的西伯利亚植物。

林木个体数超过 1000 株的物种有 10 种（冷杉、紫椴、色木槭、红松、青楷槭、花楷槭、枫桦、毛赤杨、红皮云杉、水曲柳），它们的相对多度之和已达到了 92.04%，而剩余 13 个树种的相对多度之和还不到样地的 8%，可见该阔叶红松林乔木种的分布组成相对集中。个体数最多的是冷杉，占样地总个体数的 19.96%。个体数最多的前 4 个物种，相对多度之和达到了 57.52%。按照稀有种和偶见种的定义，即单位面积上小于或等于 1 株/hm^2的为稀有种，1~10 株/hm^2的为偶见种。样地中共有稀有种 4 种，偶见种 6 种，相对多度分别占样地的 0.12%和 2.34%。可见，样地中稀有种和偶见种所占比例非常低。

样地中所有乔木树种的胸高断面积之和为 35.68m^2/hm^2，其中胸高断面积大于 1m^2/hm^2的树种依次为红松、冷杉、紫椴、红皮云杉、色木槭、枫桦、水曲柳 7 个物种，相对显著度之和占样地总和的 89.83%，重要值之和为 75.12%。无论从相对多度，还是相对频度和相对显著度上来看，7 个树种的排序基本一致，树种的优势程度表现出了一致的规律性。说明这 7 个物种在群落中占据了绝对的优势地位。

样地中所有个体的平均胸径为 16.6cm，而红松的平均胸径达到了 35.5cm，远远高于样地的平均水平，虽然相对多度所占优势不是最大的，但其胸高断面积为 13.14m^2/hm^2，相对显著度达到了 36.8%，重要值排在第一位。其胸径的标准差较大，说明样地中红松的胸径大小差异较大。红松作为当地的建群种和顶级树种，在林分中占据着绝对优势。冷杉的林分密度最大，但是平均胸径和红松相差很多，相对显著度和重要值仅次于红松，也是当地的优势树种。红皮云杉的个体数虽然不是很多，但在其他各指标的对比上也位于前列。针叶树种红松、冷杉和红皮云杉在林分中占据着重要的地位，它们是在顶级群落中稳定存在的物种，代表地带性建群种，体现气候生产力、立地生产力和林木生产力的统一，控制着林分结构及林分的抵抗力、抗逆性和恢复力。

紫椴和色木槭作为阔叶红松林重要的伴生树种，和顶级树种之间保持着密切的互利共生的关系。紫椴和色木槭的个体数仅次于冷杉，是林分中主要的组成树种。色木槭虽然相对多度较大，但是由于径级较小，其胸高断面积远远小于红松、冷杉和紫椴。还有青楷槭和花楷槭等槭树类，多为中小乔木，主要生长于林下层，对林分未来的发展影响不大，其用材价值和经济价值都不高，但是对于维持阔叶红松林的稳定性和物种多样性具有重要意义。枫桦、白桦、蒙古栎等先锋树种中，枫桦的重要值位于第 6 位，其余的先锋树种不占优势，随着森林的演替，由于它们的生物学特性，在顶级群落的郁闭林冠中，这些先锋树种将逐渐退出优势地位。

鱼鳞云杉、大青杨、水曲柳和核桃楸等树种，在林分中其个体数较少，平均胸径较大，在群落中不具优势。其他一些稀有种和偶见种的出现，对丰富森林的物种多样性具有重要意义。

2.2.2　林分直径结构

林分直径分布即林分株数按径阶分布的状态，是林分结构的基本规律之一，与林木的树高、材积等紧密相关，是森林经营技术与测树制表的重要依据。由图2-4可见，样地中所有个体的径级分布呈明显的倒“J”形曲线。胸径在4~6cm的个体数最多，占个体总数的13.3%，胸径≤10cm的个体数占42.3%，随着胸径的增大，林木个体株数逐渐减少。该阔叶红松林中林木的胸径分布范围很广，最大胸径为117cm，出现在紫椴中。在1~100cm的胸径中呈连续分布，没有断层，可见该阔叶红松林保持了较为完整的状态。群落中小径木和中径木占绝大多数，又有一定数量的大树存在，体现了群落的稳定性和正常的生长状态。

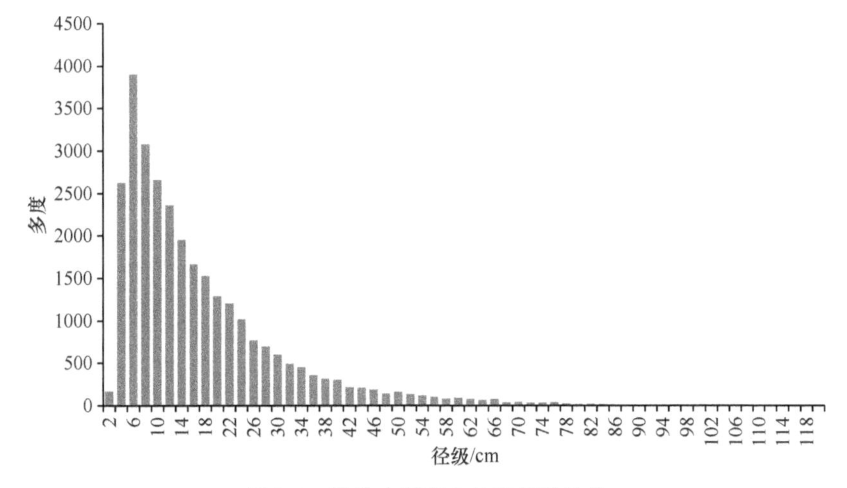

图2-4　样地中所有个体的径级结构

进一步对主要树种的径级结构进行分析，选取重要值处于前6位的红松、冷杉、紫椴、色木槭、红皮云杉和枫桦为研究对象，图2-5为主要树种的径级结构分布图。可以看出，各树种的径级结构各异。红松的径级分布呈近似的正态分布，在2~10cm的小径木数量较多，占红松个体总数的21.4%，说明红松林下更新较好，在44~50cm出现了峰值，然后数量向两侧逐渐递减。冷杉、色木槭和红皮云杉的径级结构均呈近似的倒“J”形分布，冷杉在4~6cm径阶内的个体数最多，占个体总数的11.4%，随着径阶的增大，个体数逐渐减少，主要集中在中小径木上，40cm以上的大径木数量很少。色木槭在2~10cm径阶范围内的个体数占

56.5%，在小径级上的数量较多。红皮云杉在 2~6cm 的径级内个体数最多，占总数的 28.6%，然后随着胸径增大，数量逐渐减少。紫椴和枫桦的径级结构很类似，呈偏左正态分布，分别在 6~18cm 出现了明显的峰值，说明这两个种群处于向上的生长时期，且有趋向于正态分布的趋势。

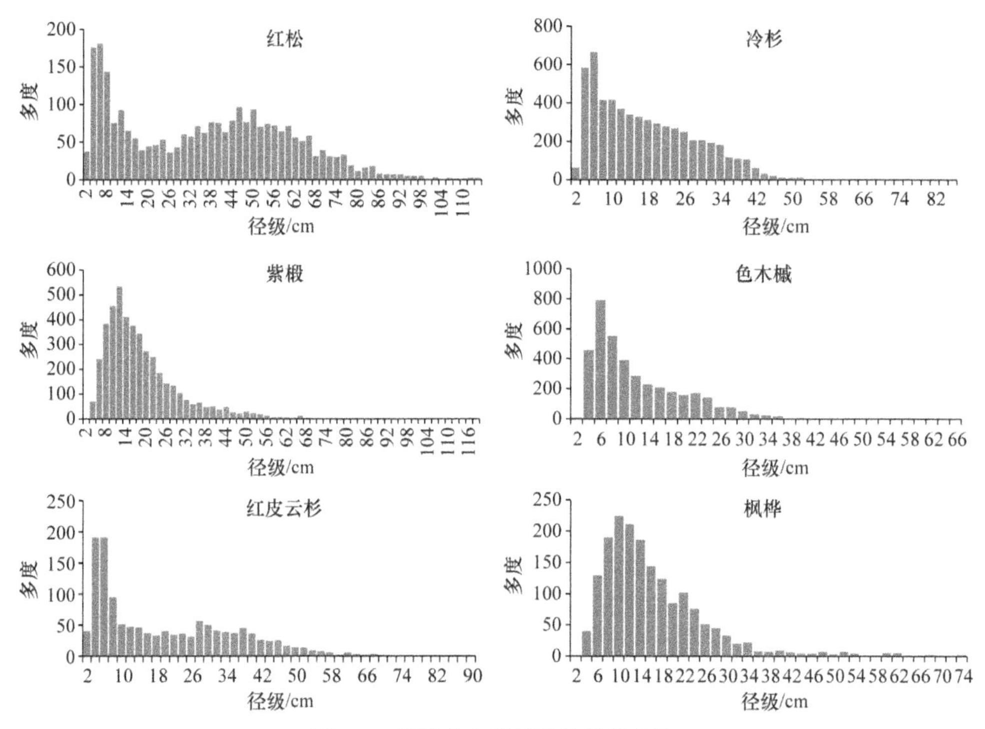

图 2-5　样地内主要树种的径级结构

从样地中所有个体的径级分布来看，整个林分呈明显的倒“J”形分布，径阶株数分布合理，直径分布比较理想，符合复层异龄林直径分布规律。各主要树种的径级结构呈近似的倒“J”形或偏正态分布，说明各树种均有足够的幼苗或幼树来维持自我更新，群落处于增长型或稳定型。

2.2.3　林分空间结构

林分的空间结构可以从林木的水平分布格局、树种之间的空间隔离程度及树种的生长优势程度来表达，采用惠刚盈等[2]提出的三个空间结构参数即角尺度、混交度和大小比数来描述该阔叶红松林的空间结构，说明天然林非规则性、非同质性和非均一性的特点。

角尺度、混交度和大小比数的计算过程采用空间结构软件 Winkelmass 1.21 来完成。为避免样地的边缘效应，将距样地每条边界 5m 的区域作为缓冲区，其余部分为核心区。在缓冲区内的林木只作为相邻木，不参与空间结构参数的统计。经计算，落入核心区的林木共有 28 165 株。

该阔叶红松林样地中，树种种类较多，有一些稀有种和偶见种的出现，在缓冲区内的相邻木也不能参与结构参数的统计，所以在各树种混交度和大小比数的频率分布中，只选取了密度在 10 株/hm^2 的树种进行统计。

1. 林木水平分布格局

根据惠刚盈等[2]对角尺度的判定方法，随机分布的角尺度取值范围为[0.475, 0.517]，若平均角尺度小于 0.475，林木水平分布格局即均匀分布，若大于 0.517，则为聚集分布。通过计算可知，该阔叶红松林的平均角尺度为 0.523，说明该样地中林木整体呈聚集分布。

角尺度（W_i）取值越大，代表参照树周围的相邻木分布越不均匀。由图 2-6 可以看出，角尺度各个取值的频率分布接近于正态分布。W_i=0 的比例非常低，说明样地中林木呈绝对均匀分布的结构单元非常少。同样，林地中出现绝对不均匀的情况即 W_i=1 的频率也较低。可以认为是群落长期自然演替的结果。W_i=0.25 的比例稍高于 W_i=0.75 的比例，说明样地中均匀分布的结构单元多于分布不均匀的结构单元。而随机分布的结构单元即 W_i=0.5 的比例最高，每株林木周围的相邻木出现随机分布的情况最多。样地的平均角尺度稍大于随机分布的取值边缘，说明林分处于不稳定的聚集状态。这也符合天然林自然演替的过程中，如果不受严重的干扰，其林木分布格局从聚集分布到随机分布的演替规律。

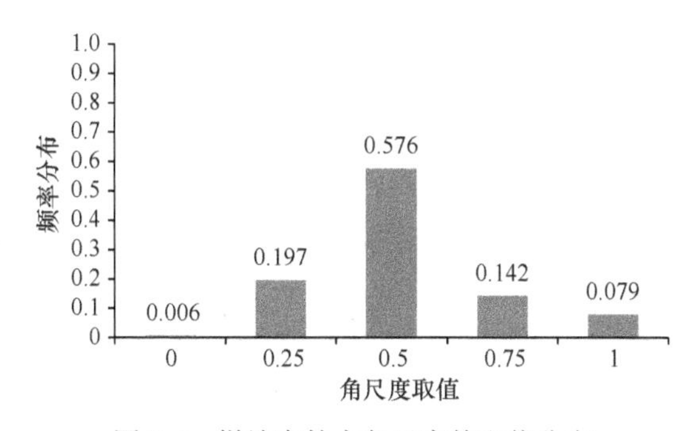

图 2-6 样地中林木角尺度的取值分布

2. 树种的混交状态

从样地中所有树种的混交度取值分布（图 2-7）可以看出，混交度从 0 到 1 的取值频率逐渐上升，属于强度混交和极强度混交的比例超过了 70%，零度混交和弱度混交的比例还不到 10%，说明样地中每株参照树周围有 3~4 株非同种相邻木的情况较多，而有 3 株或全部为同种的结构单元很少。林地中同种聚集的情况很少，大部分与非同种的为伴。样地的平均混交度为 0.756，介于强度混交和极强度混交之间的状态，树种之间的隔离程度较大，呈现出一个由不同树种组成的强度混交的复杂森林群落。

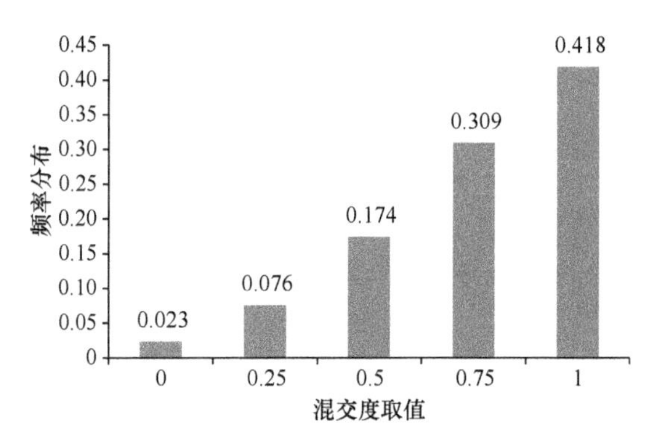

图 2-7 样地中树种混交度的取值分布

进一步分析样地中各树种的混交度，从表 2-2 可以看到，各树种的平均混交度在 0.66~0.90，都处于强度混交到极强度混交的过渡阶段。

表 2-2 样地中各树种混交度取值及其频率分布

树种	混交度取值					平均混交度
	0	0.25	0.5	0.75	1	
白桦	0.02	0.04	0.11	0.28	0.56	0.83
暴马丁香	0.07	0.03	0.14	0.26	0.50	0.78
枫桦	0.00	0.02	0.10	0.29	0.58	0.86
红皮云杉	0.00	0.01	0.06	0.21	0.71	0.90
红松	0.01	0.03	0.11	0.31	0.56	0.85
花楷槭	0.04	0.09	0.22	0.29	0.36	0.71
冷杉	0.03	0.13	0.25	0.32	0.26	0.66
毛赤杨	0.06	0.07	0.18	0.27	0.42	0.73
青楷槭	0.02	0.07	0.15	0.34	0.41	0.77
色木槭	0.02	0.09	0.18	0.33	0.39	0.75
山杨	0.03	0.11	0.21	0.26	0.39	0.72
水曲柳	0.00	0.02	0.09	0.31	0.57	0.86
榆树	0.03	0.05	0.10	0.18	0.64	0.84
紫椴	0.02	0.09	0.20	0.35	0.34	0.72

各树种的混交度取值频率分布和样地中整体的取值分布具有一致性，零度混交和弱度混交的比例较少。枫桦、红皮云杉和水曲柳都没有出现零度混交的情况。在顶级树种中，红皮云杉和红松强度混交和极强度混交的比例分别达到了 92%和

87%，优势比较明显。冷杉的混交水平相对较低，平均混交度只有 0.66，处于中度混交向强度混交过渡的状态；弱度混交比例在各树种中最大，达到了 13%，中度、强度和极强度混交的比例相当，在 25%~32%。冷杉在林地中的数量最多，而且中小径木居多，容易形成局部聚集的小斑块，这可能是冷杉作为参照树所构成的结构单元中同种树种比例较多的原因。伴生树种中的紫椴、花楷槭等槭树类的混交度取值也主要分布在中度到极强度混交之间，中度、强度和极强度混交的比例之和都达到了 87%以上，各树种平均混交度均在 0.7 以上。白桦、枫桦、水曲柳、榆树等阔叶树种的混交度较高，其中度、强度和极强度混交的比例之和都超过了 92%，各树种平均混交度超过了 0.8。

多树种混交是群落在发育过程中种群之间、种群与环境等相互作用、协同进化的结果，群落的混交度越大，群落结构越稳定。群落向顶级群落发展的过程中，各树种构成的结构单元中零度、弱度和中度混交的比例越来越少，而逐渐趋向于强度和极强度混交，各树种同种聚集的情况减少，组成的结构单元越多样，林分的稳定性也就越好。在稳定阶段的阔叶红松林，应是一个由多个树种组成的高度混交的复杂群落，其中的树种形成协调互利的关系，以维持群落的稳定。

3. 林木的大小分化程度

林木的大小分化程度，可以以某一指标，如林木的胸径、树高或冠幅的差异比较来说明。本章在计算大小比数时，对林木的胸径和树高的大小分化程度都进行了分析。根据大小比数（U_i）的定义，U_i 的值越小，代表参照树在该指标的比较上越占优势。

在胸径的比较指标上来看（表 2-3），各树种的胸径大小比数为 0.27~0.72，表明各树种在胸径的大小比较上有很大差异。按胸径优势程度排序为：山杨＞水曲柳＞红松＞白桦＞枫桦＞紫椴＞红皮云杉＞冷杉＞榆树＞毛赤杨＞青楷槭＞色木槭＞花楷槭＞暴马丁香。样地的胸径平均大小比数为 0.487，接近中庸状态，说明样地中各结构单元中的 4 株最近相邻木中有一半比参照树小。从表 2-3 可以看出，红松在 U_d=0 的比例最高，达到了 48%，说明红松在胸径上占据了绝对优势。处于优势和亚优势地位的结构单元高达 65%，最近相邻木中有 3~4 株都比红松胸径小，其平均胸径大小比数为 0.31，在样地中位于前列。红皮云杉和冷杉在优势和亚优势的结构单元相对红松较少，分别达到了 46%和 41%，其平均大小比数分别为 0.47 和 0.49，接近中庸状态，说明样地中红皮云杉、冷杉的胸径所占优势中等，最近相邻木中有一半稍多的林木比其胸径小。阔叶树种中，山杨的胸径平均大小比数最小为 0.27，这可能与山杨的数量较少有关，且主要以大径木的形式存在，造成其处于优势和亚优势地位的结构单元多达 68%。水曲柳和白桦位于优势和亚优势地位的比例也超过了 60%，胸径平均大小比数分别为 0.30 和 0.33，在胸径对比上也占有很大优势。紫椴在大小比数从 0 到 0.75 的各个取值上的比例比较均一，平均大小比数为 0.44，在胸径上稍占优势。毛赤杨在大小比数从 0.25 到 1 的各个取值上的比例比较均一，平均大小比数为 0.56，在胸径上稍占劣势。青楷槭等槭树类及暴马丁香主要是以中小径木存在，其处于劣态和绝对劣态的结构单元比例较大，在 54%~68%，它们在胸径的比较上处于劣势，由于这些树种自身的生长特性，决定了它们在林分中不会在胸径上占据优势地位。

表 2-3　各树种胸径大小比数取值及频率分布

树种	胸径大小比数（U_d）取值					平均大小比数
	0	0.25	0.5	0.75	1	
白桦	0.34	0.26	0.19	0.13	0.08	0.33
暴马丁香	0.04	0.11	0.17	0.28	0.40	0.72
枫桦	0.24	0.25	0.22	0.18	0.11	0.42
红皮云杉	0.29	0.17	0.15	0.15	0.24	0.47
红松	0.48	0.17	0.10	0.10	0.14	0.31
花楷槭	0.03	0.11	0.20	0.27	0.38	0.71
冷杉	0.20	0.21	0.21	0.19	0.20	0.49
毛赤杨	0.13	0.19	0.22	0.23	0.23	0.56
青楷槭	0.08	0.15	0.24	0.27	0.27	0.62
色木槭	0.08	0.16	0.20	0.25	0.31	0.64
山杨	0.38	0.30	0.20	0.08	0.04	0.27
水曲柳	0.35	0.30	0.19	0.13	0.04	0.30
榆树	0.14	0.20	0.22	0.23	0.20	0.54
紫椴	0.21	0.24	0.24	0.19	0.12	0.44

从树高的比较指标上来看（表 2-4），各树种的树高大小比数取值范围为 0.27~0.72，可见各树种在树高的对比上也存在很大差异。按照树高的优势程度排序为：山杨＞水曲柳＞白桦＞红松＞枫桦＞紫椴＞红皮云杉＞冷杉＞毛赤杨＞榆树＞青楷槭＞色木槭＞花楷槭＞暴马丁香。样地中树高的平均大小比数为 0.492，接近中庸状态，说明各结构单元中有近一半的相邻木比参照树矮。红松在 U_h=0 的比例在各树种中也是最高的，达到 44%，树高处在优势和亚优势地位的结构单元达到 63%，平均树高大小比数为 0.34，表明红松在树高上也占有很大优势。红皮云杉和冷杉的优势和亚优势的结构单元比例都在 40%以上，树高平均大小比数为 0.49 和 0.50，处于中庸状态。山杨、水曲柳、白桦和枫桦的优势和亚优势结构单元比例都在 60%左右，树高平均大小比数为 0.27~0.35，表明其周围相邻木中较高树木较少，这些树在结构单元中经常占有优势。紫椴在大小比数的各个取值的变化不大，其树高平均大小比数为 0.47，在树高上略占优势。毛赤杨和榆树的结构单元比例相近，大小比数分别为 0.57 和 0.58，在树高的对比上略占劣势。青楷

槭等槭树类和暴马丁香在劣势和绝对劣势的结构单元比例较大，说明其作为参照树时，最近相邻木中有 3~4 株比参照树高的情况比较常见，树高大小比数为 0.64~0.72，花楷槭和暴马丁香的树高大小比数是最大的，这些树种在阔叶红松林中适应的生态位总是占据林分的下层空间，它们的树高在林地中处于劣势。顶级树种的红松在胸径和树高上都占据了很大的优势，红皮云杉和冷杉则呈中庸的状态，山杨、水曲柳、白桦等阔叶树在两项指标的对比上也占据了非常大的优势，这可能与树种的数量、径级结构及分布方式有关。青楷槭、色木槭等槭树类和暴马丁香由于它们自身的生物学特性，常以中小乔木居于林下层，无论在胸径和树高上都处于劣势。紫椴作为阔叶红松林良好的伴生树种，在胸径和树高上略占优势，榆树和毛赤杨等树种则略占劣势。

表 2-4　各树种树高大小比数取值及频率分布

树种	树高大小比数（U_h）取值					平均大小比数
	0	0.25	0.5	0.75	1	
白桦	0.34	0.30	0.20	0.12	0.05	0.31
暴马丁香	0.04	0.09	0.19	0.31	0.37	0.72
枫桦	0.29	0.29	0.22	0.13	0.07	0.35
红皮云杉	0.26	0.18	0.13	0.15	0.27	0.49
红松	0.44	0.19	0.11	0.11	0.15	0.34
花楷槭	0.04	0.10	0.20	0.29	0.37	0.72
冷杉	0.20	0.21	0.20	0.18	0.21	0.50
毛赤杨	0.12	0.18	0.24	0.24	0.23	0.57
青楷槭	0.06	0.15	0.24	0.28	0.27	0.64
色木槭	0.06	0.13	0.22	0.28	0.31	0.66
山杨	0.39	0.29	0.19	0.08	0.04	0.27
水曲柳	0.36	0.32	0.18	0.10	0.04	0.28
榆树	0.13	0.16	0.21	0.25	0.25	0.58
紫椴	0.18	0.25	0.24	0.21	0.13	0.47

从以上的分析可以看出，胸径和树高的大小比数在反映各树种胸径和树高上的优势程度方面具有较强的一致性。二者的大小比数的排序基本一致，其取值范围相同，从图 2-8 可以看到，各树种在二者的平均值上也非常接近，波动很小。除白桦、枫桦、水曲柳的树高大小比数低于其胸径大小比数外，大部分树种的胸径大小比数略高于或等于相应的树高大小比数，说明各树种在垂直层次上的竞争比水平方向的生长竞争更激烈。

从图 2-9 可以看出，各树种在胸径大小比数上的取值频率分布与胸径的频率分布表达上基本是一致的。树高大小比数在反映树种垂直空间的利用程度上更直观，但从信息采集的方便性和精确度上来看，在实际的森林调查中，由于树高、

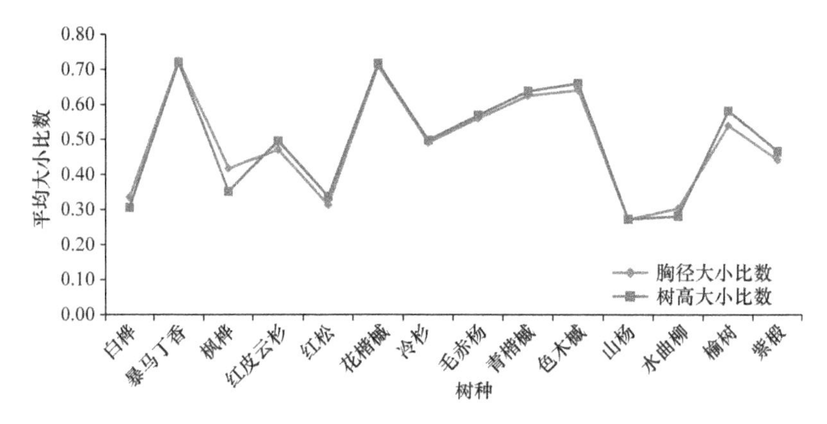

图 2-8 各树种胸径平均大小比数和树高平均大小比数对比

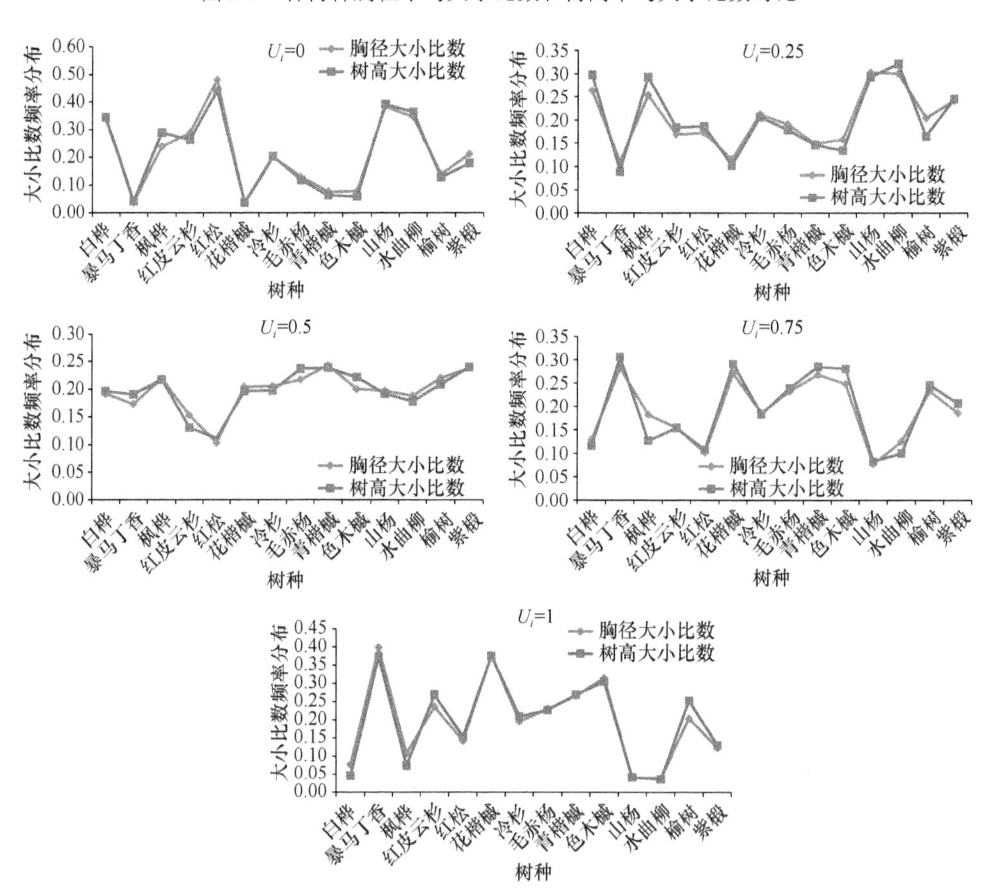

图 2-9 各树种胸径和树高大小比数在 U_i 取值上的频率分布

冠幅等测树因子不易准确获取，而胸径是林分最基本、最易精确获取的测量因子，而且胸径和树高的相关关系非常密切，胸径大小比数和树高大小比数取值及频率分布很相似，所以在实践中，经常采用胸径大小代替树高来表达林木在垂直方向的分化研究参数。张春雨、赵秀海等[3-4]对长白山阔叶红松林的研究结果也表明了用胸径大小比数代替树高大小比数来表达林分垂直方向上的异质性的可行性。

2.3 主要种群的空间分布格局

样地阔叶红松林中主要树种在样地中的分布情况见图 2-10，利用 Mark 相关

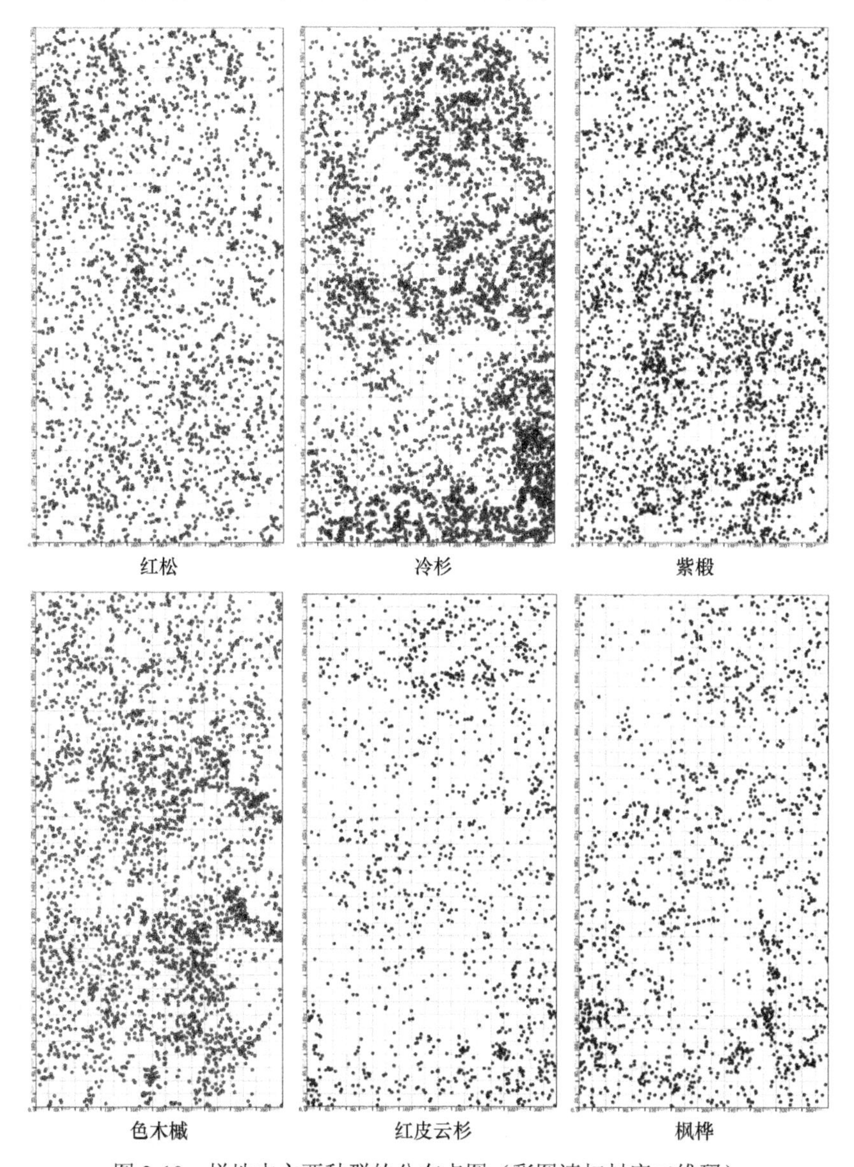

图 2-10 样地中主要种群的分布点图（彩图请扫封底二维码）

函数 O-ring 统计分析主要树种的空间分布格局的结果见图 2-11。通过主要树种的分布点图可知，红松、紫椴、红皮云杉和枫桦在整个样地中都有一定数量的分布，没有表现出明显的空间异质性。而冷杉和色木槭在局部地域有聚集现象，这可能与样地的地形有关。徐丽娜、丁胜建等[5-6]对阔叶红松林的群落结构的研究表明，不同的物种对生境有不同的偏好，它们的分布与生境紧密相关，冷杉主要分布在缓坡，色木槭偏好低海拔、向阳坡生境。

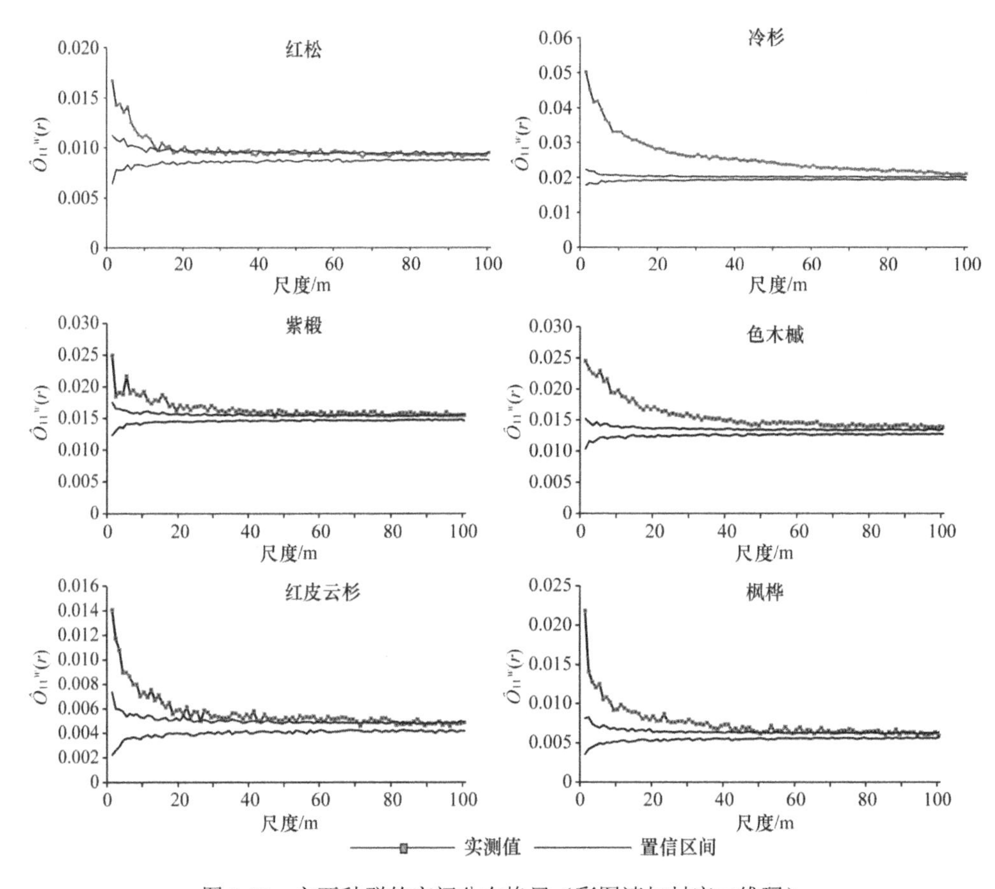

图 2-11 主要种群的空间分布格局（彩图请扫封底二维码）

运用点格局分析方法的 O-ring 统计可以看出（图 2-11），各主要物种随尺度的增大，其分布格局表现出了一致性。即各种群主要表现为聚集分布，随着研究尺度的增大，逐渐趋向于随机分布。同种个体易于聚集在同种个体周围，符合自然界植物种群聚集分布的一般规律。红松在 1~16m 的尺度上始终表现为聚集分布，在 17~100m 的尺度上主要表现为随机分布，偶尔交替出现聚集分布。冷杉和色木槭的分布格局类似，在所有的研究尺度上均表现为聚集分布，但是随着尺度的增大，聚集强度逐渐降低，逐渐趋向于随机分布。紫椴在所有研究尺度上主要表现出聚集分布的特点，聚集强度不大，一直趋近于随机分布，在尺度（r）≥47m 后，在个别尺度上呈随机分布。红皮云杉和枫桦的分布格局也比较类似，小尺度上表现为聚集分布，随着尺度的增大，分别在 r≥71m 和 r≥49m 后，随机分布和聚集分布交替出现。

当种群表现为聚集分布时，聚集强度即偏离置信区间的最大值，聚集尺度即相对应的尺度。各种群的最大聚集强度都出现在 r=1m 时，冷杉的聚集强度最大，为 $\hat{O}_{11}^{w}(r)=0.05$。说明样地中各优势种群主要分布在同种邻木附近，而随着距离的增大，目标植物周围同种个体的密度急剧下降。由于各树种都有维持自身更新的充足的幼苗和幼树库，并且这些幼年个体多表现为聚集分布，所以在小尺度上影响整个种群的分布格局，随着尺度的增大，聚集强度逐渐减小，并且逐渐趋向于随机分布，说明这些幼树形成的小斑块散落在林地中，在水平方向上呈镶嵌分布。

通过以上分析，可见该阔叶红松林中所有主要种群的分布格局都是聚集分布。聚集分布是自然界中大多数种群普遍的分布形式，有利于发挥种群的群聚效应，抵御外来干扰，形成适合自身生长的环境，从而保持种群的稳定发展，是种群生长、存活、竞争及适应环境异质性的结果。样地中各种群在小尺度上聚集强度较大，随着尺度增大，聚集强度逐渐减小，趋向于随机分布，这可以用种群扩散限制和生境异质性来解释。种群由于种子的传播或扩散方式，大部分更新个体聚集在成年树周围，而成年树周围通常是适于种群生长的环境，导致在小尺度上的聚集效应很强。不同种群有不同的生境偏好，由聚集效应产生的生境斑块，在大尺度上物种之间相互隔离或互不关联，趋向于随机分布。

2.4 主要种群的空间相关性

进一步对主要种群之间的空间相关性进行分析，由图 2-12 可知，总体来看，种群之间的关系差异很大。红松和冷杉在 1~6m 和 10m 的尺度上表现为正关联，在 7~9m、11~17m 的尺度上无显著相关性，在 r≥18m 的尺度上基本表现为负相关。红松和红皮云杉则在绝大部分尺度上的相关性都不显著，仅在 r=5m 时呈正相关，在 r≥22m 的个别尺度上开始出现负相关。红松和冷杉是喜光耐阴的顶级树种，是阔叶红松林的共建种，对环境资源的利用都具有明显优势。由于冷杉中小径木较多，而红松主要是大径木的存在形式，由冷杉幼树形成的小斑块，与红松在小尺度上呈正相关关系，随着尺度的增大，冷杉和红松互相争夺环境资源，种间关系竞争加大，表现为负相关关系。而红松和红皮云杉则在大部分尺度上没有明显相关性，并未表现出竞争关系。红松和紫椴在 1~5m 的尺度上表现为正相关，在 11~31m 的尺度上无显著相关性，在其余尺度上则正相关和无关联的情况交替出现。红松和色木槭在所有研究尺度上基本表现为显著正相关，仅在个别尺度上没有显著相关性。冷杉和紫椴在 1~6m 的尺度上没有显著相关性，在 7~23m

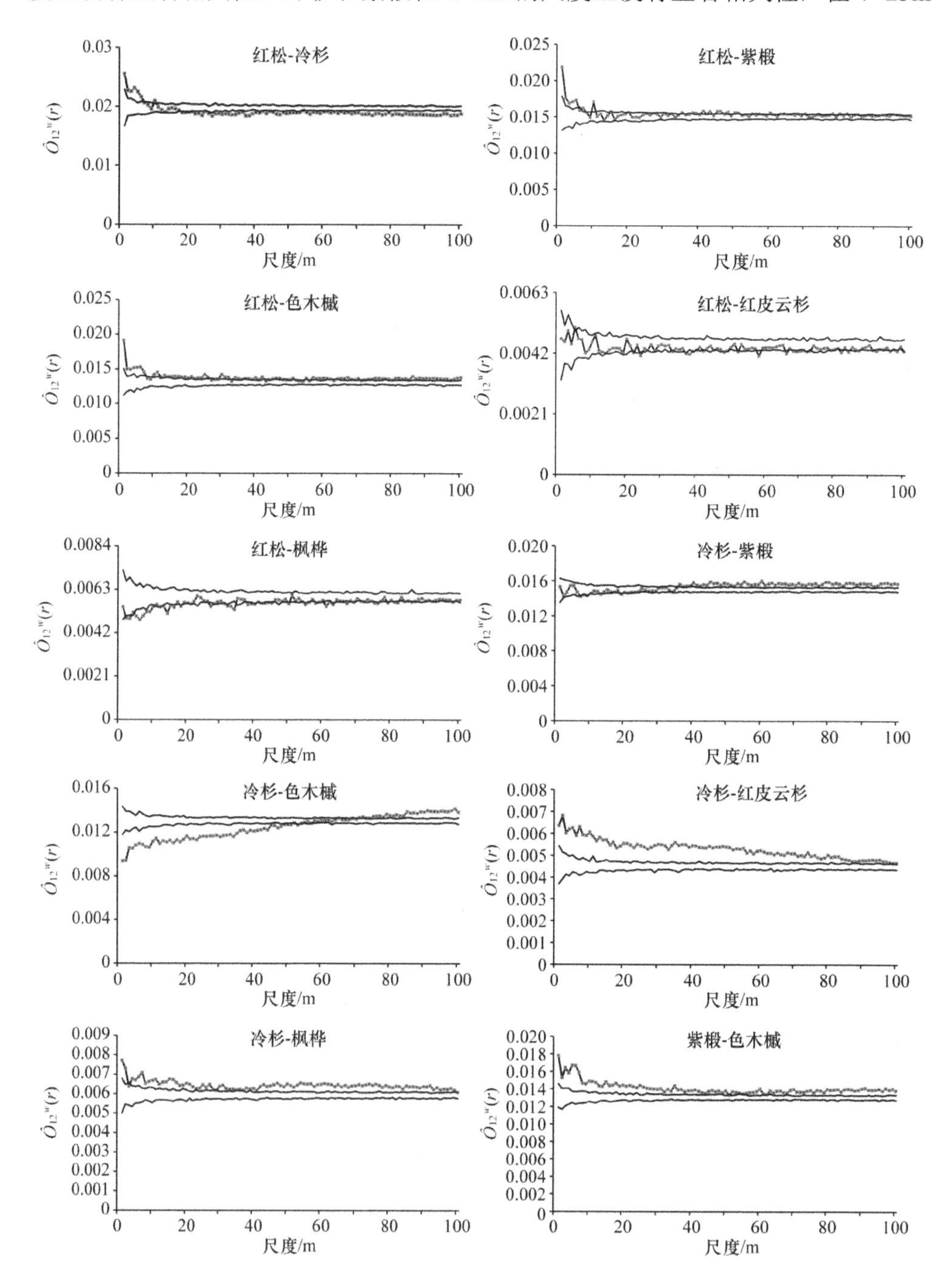

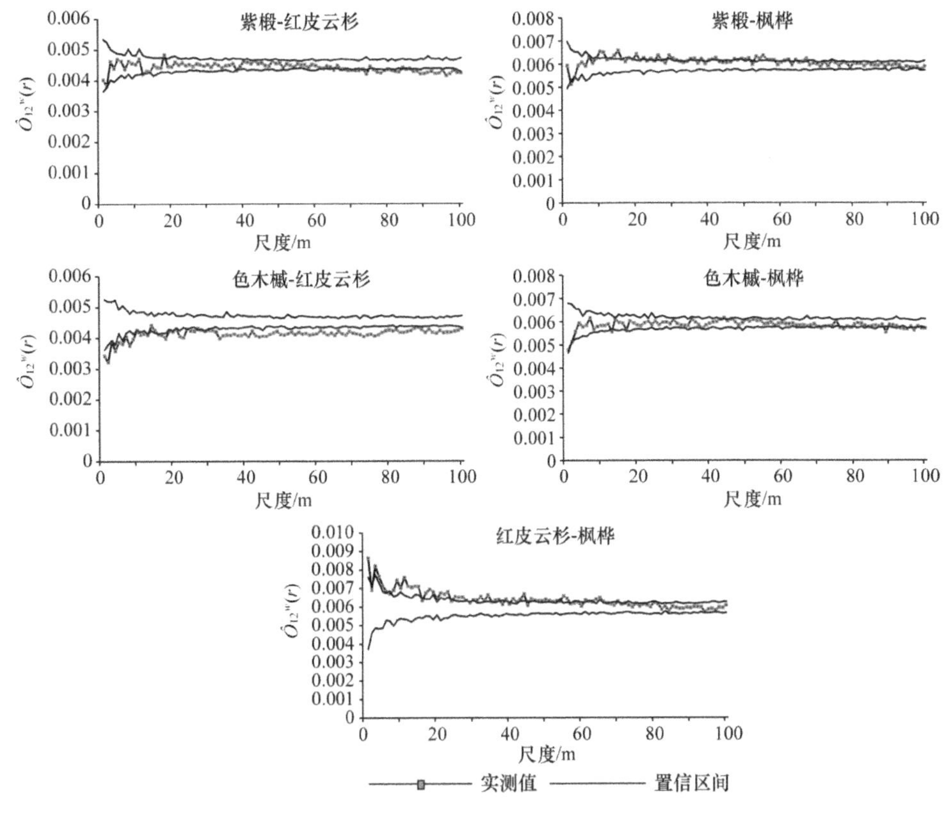

图 2-12 主要种群之间的空间相关性（彩图请扫封底二维码）

的尺度上负相关和无相关性交替出现，在 $r\geqslant$24m 的尺度上呈现显著正相关。冷杉和色木槭在研究尺度上出现了三种分布格局，在 1~51m 的尺度上显著负相关，在 52~70m 的尺度上主要呈现无显著相关性，在大于 70m 的尺度上呈现显著正相关。冷杉在小尺度上的负相关可能是由于二者的中小径木较多，在小尺度上的聚集称为争夺生存空间的竞争关系，随着尺度的增大，这种竞争逐渐减弱。紫椴和色木槭作为阔叶红松林良好的伴生树种，和顶级树种之间保持着互利共生的关系。红松和枫桦之间的相关性一直在负相关和无相关性之间交替出现。枫桦是阔叶红松林中的先锋树种，是在发生林窗等干扰的地带首先发展起来的物种，优势树种红松形成的林冠将会抑制枫桦的生长，但是这种抑制作用并不明显，二者之间的关系始终保持在负关联和无关联边缘。冷杉和红皮云杉及紫椴和色木槭则在所有研究尺度上都呈显著正相关。冷杉和枫桦也仅在 r=3m 和 r=100m 时无显著关联，在其余所有尺度上都是显著正相关。紫椴和红皮云杉在 1~67m 的尺度上，在 r=18m 时出现正相关，个别尺度上负相关，大部分尺度上基本没有显著相关性，在 $r\geqslant$68m 的尺度上主要呈负相关，仅在个别尺度上出现无相关性。紫椴和枫桦仅在

2~3m 的尺度上出现负相关，在 $r \geqslant 68$m 的尺度上没有显著相关性，在其余尺度上一直在置信区间的上限附近，在显著正相关和无相关性之间交替出现。色木槭和红皮云杉在极个别尺度上没有显著相关性，在绝大部分尺度上呈显著负相关。色木槭和枫桦在个别尺度上有正、负相关性的出现，但是主要是无显著相关性。红皮云杉和枫桦在 1~72m 的尺度上，显著正相关和无相关性交替出现，随着尺度的增大，呈现为无显著相关性。

通过以上分析可以看出，在顶级树种之间，只有红松和冷杉在较大尺度上出现负相关，红松和红皮云杉之间基本没有显著相关性，冷杉和红皮云杉之间则一直都是正相关关系，说明顶级树种之间的竞争不大，它们常常处于林木上层，起到稳定群落的作用。在群落中占据绝对优势的红松和伴生树种紫椴、色木槭之间保持着良好的互利共生的关系，在所有尺度上都呈正相关或是无关联，能够长期的共存下去。顶级树种中冷杉和红皮云杉与伴生树种的关系较为复杂，冷杉与紫椴和色木槭从小尺度上的负关联到无关联，随着尺度增大，又呈现出正相关关系，这可能与冷杉的径级结构有关，冷杉中小径木较多，种群处于向上生长的阶段，与伴生树种在小尺度上争夺空间环境资源，但在大尺度上总体和伴生树种保持着相互促进生长的关系。红皮云杉和伴生树种之间主要呈现无关联或是负相关关系，它们之间存在着一定的竞争关系，但是也有相互独立的倾向。伴生树种以其自身的竞争策略和生物学特性，占据各自有利的生态位，稳定地存在于顶级群落中。先锋树种枫桦和红松保持在负相关和无相关性之间，和冷杉始终是正相关关系，和红皮云杉从小尺度上的正相关，逐渐趋向于无相关性，说明枫桦对顶级树种的竞争不大，甚至有互利共生的关系。色木槭和紫椴之间呈正关联，色木槭和枫桦之间主要表现为没有显著相关关系。如果没有大强度的自然及人为干扰，天然阔叶红松林能长期保持顶级树种、先锋树种和伴生树种之间的协调比例，维持这种稳定的结构状态，实现多树种之间的互利共生。

各种群的空间分布格局及其空间相关性随尺度的变化而变化，反映了空间分布格局和相关性对尺度的依赖性。这种对尺度的依赖性涉及种群的耐阴程度、繁殖及更新特征等许多潜在的、复杂的生物学特征和光照、湿度、土壤理化性质等生态学过程。

2.5 不同林层中物种的空间格局及其相关性

阔叶红松林树种组成和层次结构复杂，不同的林层有不同的优势种。以往的研究表明，阔叶红松林中树高小于 10m 的为林下层，树高在 10~20m 的为次林层，树高在 20m 以上的为主林层。本书采用该划分林层的方法，将重要值位于前 6 位的主要种群划分为三个林层，各个林层中的种群数量如图 2-13 所示。从图 2-13

可知，红松主要位于主林层，冷杉和紫椴在次林层的比例最多，色木槭主要处于林下层，处于主林层的数量非常少。由于红皮云杉和枫桦的总体数量相对较少，划分到各个林层的个体数也较少，进行空间分布格局和相关性分析的意义不大，所以对色木槭的主林层、红皮云杉和枫桦没有进行分析。

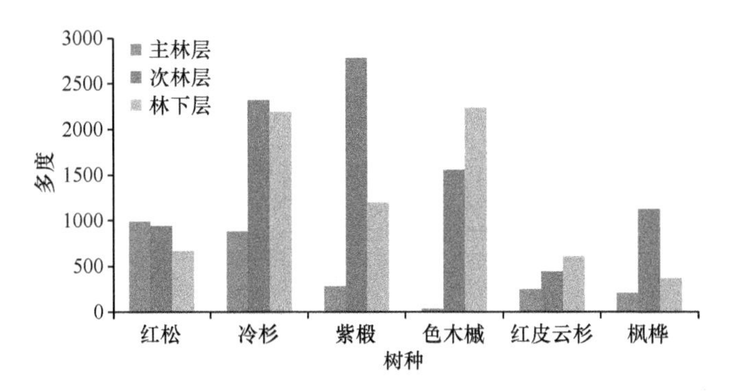

图 2-13 样地中主要树种在各林层的分布数量

2.5.1 各种群在不同林层中的分布格局

各种群在不同林层中的分布格局如图 2-14 所示。红松在三个林层中，开始呈聚集分布，随着尺度增大，逐渐呈现随机分布。主林层中，红松在 1~26m 的尺度上一直都是聚集分布，随后在个别尺度上出现随机分布，但还是聚集分布居多。红松在次林层中，1~23m 尺度上表现为聚集分布，在大于 24m 的尺度上主要呈随机分布。在林下层，红松在 1~65m 的尺度上都表现为聚集分布，在更大尺度上开始主要呈现随机分布。主林层中的冷杉在 1~32m 的尺度上呈聚集分布，在其余尺度上，随机分布和聚集分布波动出现。次林层中的冷杉主要呈聚集分布，在大于 82m 的个别尺度上呈随机分布。林下层的冷杉则在所有研究尺度上都呈聚集分布。主林层的紫椴在 3~14m 的尺度上主要呈聚集分布，在其他尺度上出现聚集分布和随机分布的波动，但随机分布居多。次林层的紫椴在 r=69m 的尺度为随机分布，在其余所有尺度及林下层的紫椴在所有研究尺度上都是聚集分布。次林层中的色木槭主要呈聚集分布，在大于 72m 的个别尺度上开始有随机分布出现，林下层的色木槭一直都呈聚集分布。

各种群在不同林层中的分布格局存在的差异较小。主林层中，各个种群的分布格局都由开始的聚集分布逐渐趋于随机分布的趋势。次林层中，除红松在大于 24m 尺度上是随机分布，其余三个种群都主要表现为聚集分布，在较大尺度上出现随机分布。林下层中，红松主要呈聚集分布，在较大尺度上呈随机分布，其余种群则都呈聚集分布。

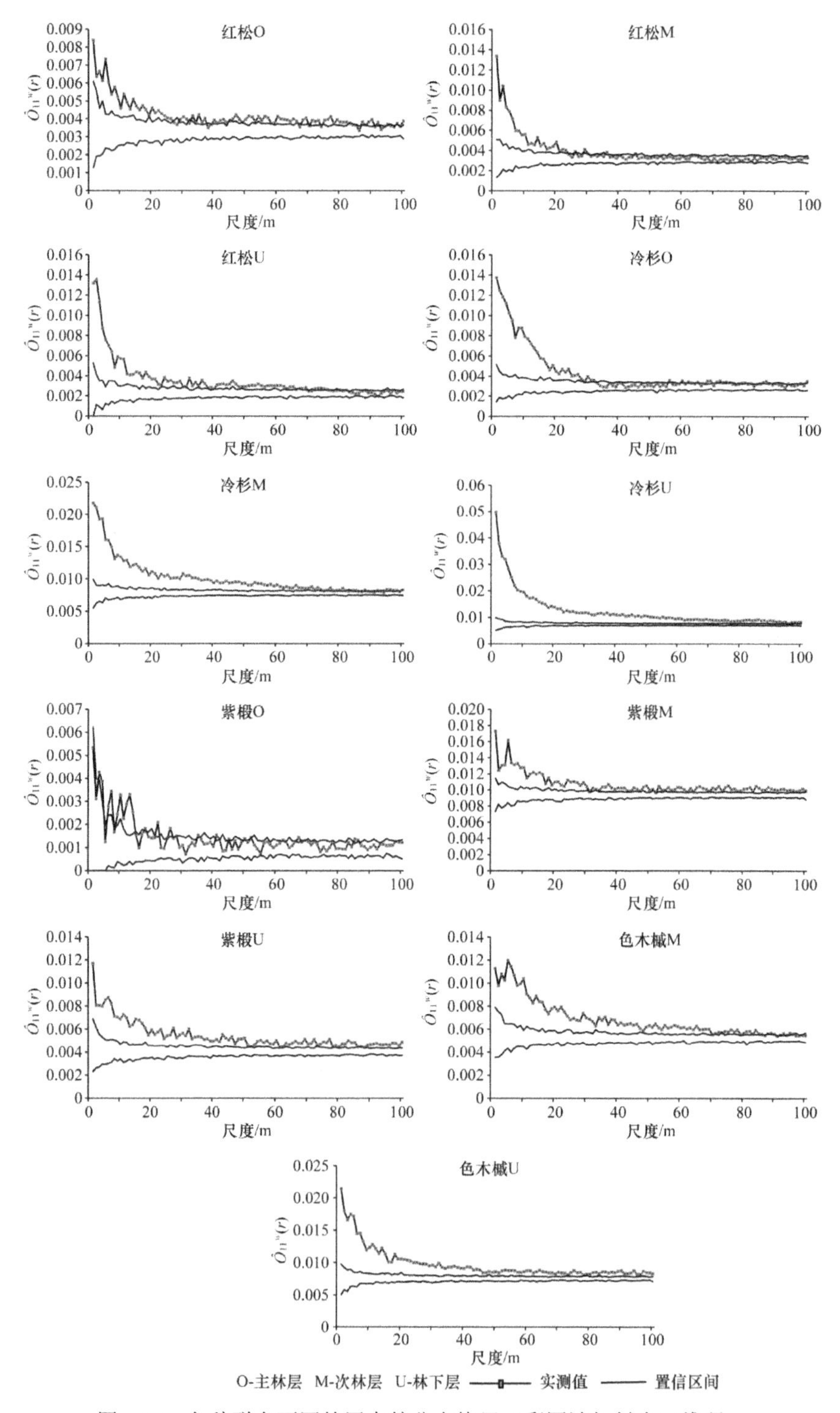

图 2-14 各种群在不同林层中的分布格局（彩图请扫封底二维码）

2.5.2 同一林层中种群之间的相关性

由图 2-15 可以看出，在同一林层中的各个种群的空间相关性各异，各个种群在不同的林层中表现出不同的空间相关性。

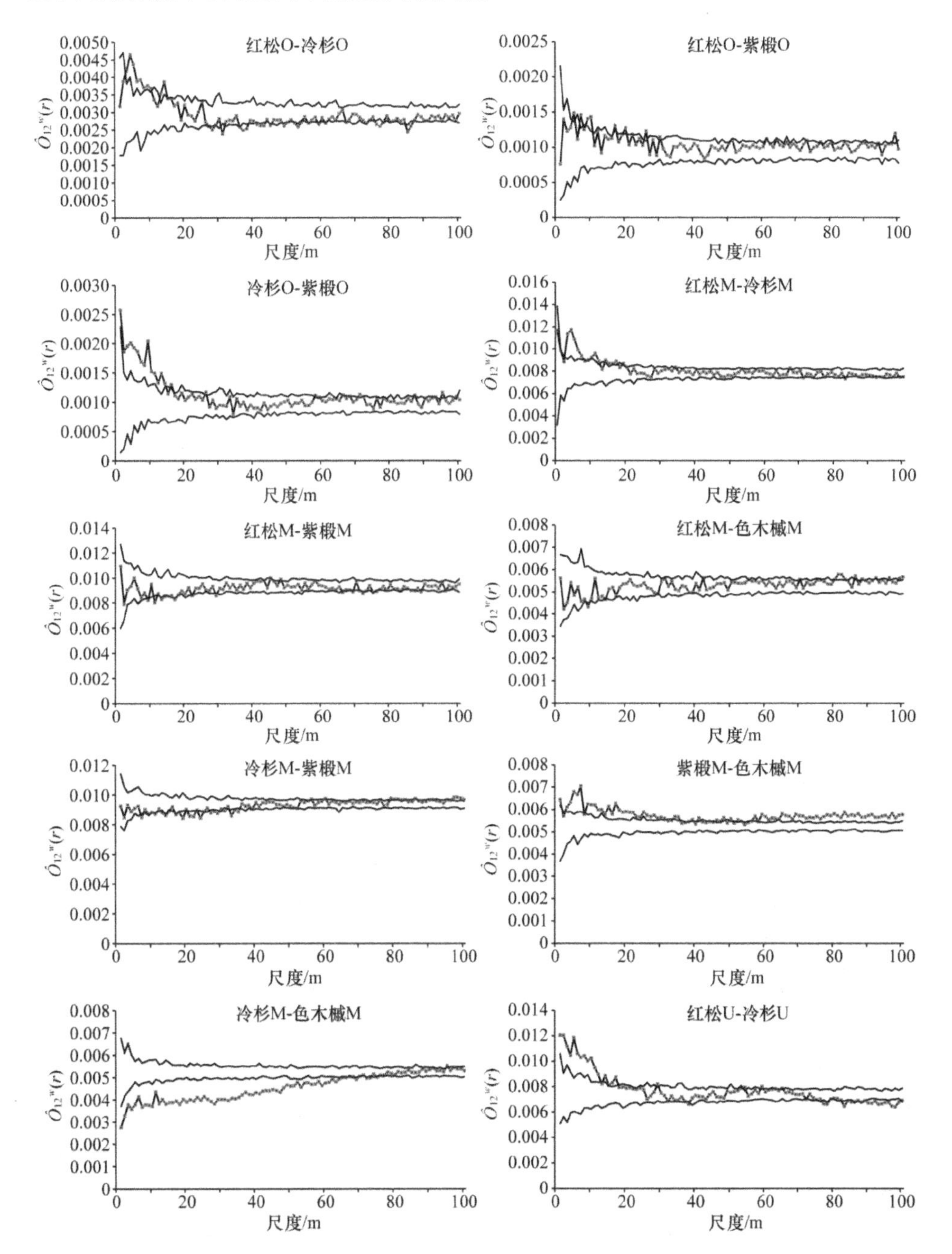

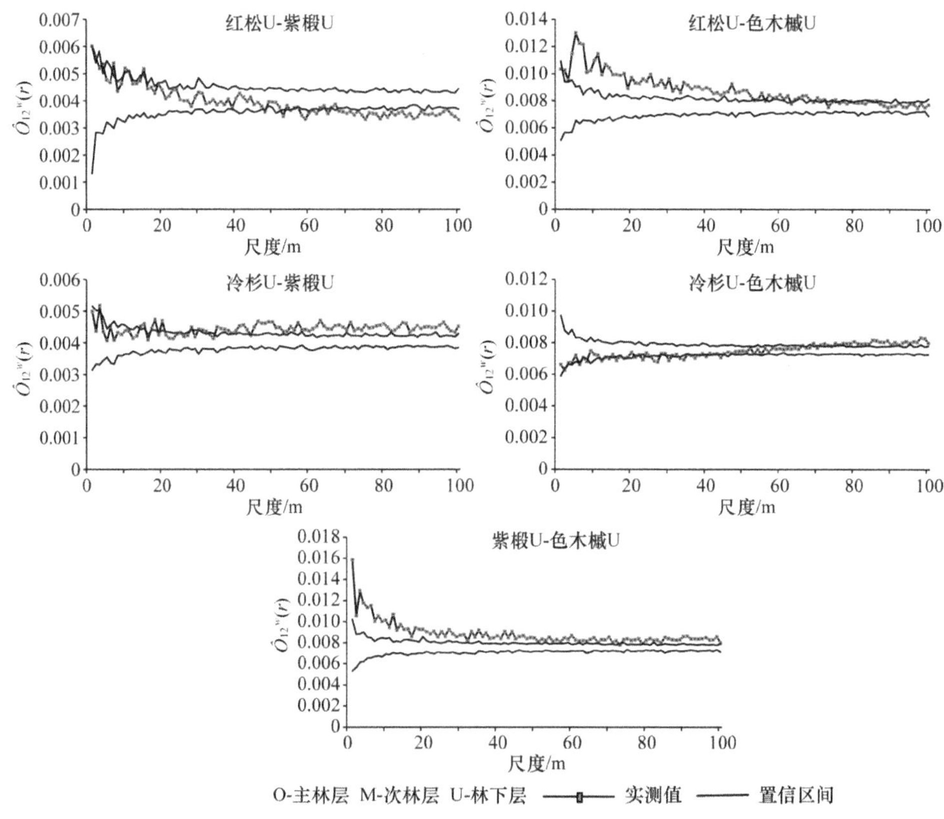

图 2-15　同一林层中种群之间的空间相关性（彩图请扫封底二维码）

主林层中，红松和冷杉在 3~10m、13~14m 的尺度上呈正相关，在 1~2m、11~12m 及大于 15m 的尺度上既有无相关性又有负相关性的出现，但是没有显著相关性的尺度较多。冷杉在群落个体高大，数量较多，是地带性顶级群落的优势树种，对红松有一定的竞争强度。红松和紫椴在 7m、9~10m、17m 等个别尺度上呈正相关，其余尺度上的相关性并不显著。说明红松和紫椴在主林层中能够互利共生，占据各自有利的生态位，共存在阔叶红松林中。冷杉和紫椴在 1~14m、16m、26m 等离散尺度上呈正相关，其余尺度上主要呈无相关性。总之，在主林层中的各个种群之间主要呈无相关或正相关性，只有红松和冷杉在个别尺度有负相关出现，但是这种竞争并不激烈。说明阔叶红松林林冠上层的各种群能够共同利用资源环境，通过生态位在高度和生境上的分化，减少相互之间的竞争，在林分上层良好的共存。

在次林层中，红松和冷杉在 1~20m 的尺度上主要呈正相关，在大于 20m 的尺度上主要呈现无相关性。红松和紫椴在 9m、11m、13~15m 等尺度上呈负相关，在 43m、48m 尺度上呈正相关，在其余尺度上主要无显著相关性。红松和色木槭在 9m、14m、27m 的尺度上呈负相关，其余尺度则主要呈无相关或正相关。冷杉和紫椴在 7~35m 尺度上在负相关和无相关之间波动，在大于 55m 的尺度上主要呈无相关，偶尔出现正相关间，其余尺度上都是无相关性。紫椴和色木槭主要呈正相关，在个别尺度上无显著关联。冷杉和色木槭在 1~67m 尺度上呈显著负相关，随着尺度的继续增大，主要呈无显著相关，在大于 95m 尺度上则呈正相关。在次林层中，各种群之间的相关性比较复杂，红松和冷杉、紫椴、色木槭之间没有明显的竞争，冷杉和紫椴在小尺度上有竞争，随着尺度增大，竞争减弱甚至互相促进生长，伴生树种色木槭和紫椴在林分中层互利共生，色木槭在次林层中的数量最多，对冷杉形成了很大的竞争，在较大尺度内都呈显著负相关关系。

在林下层中，红松和冷杉在 1~12m、14~17m 等尺度上呈显著正相关，在 18~76m 尺度上主要呈无显著相关性，在更大尺度上主要呈负相关关系。红松和紫椴在 1~47m 尺度上主要呈无相关性，在个别尺度也有正相关性，在大于 47m 的尺度上主要呈负相关。红松和色木槭在 1~72m 尺度上主要呈显著正相关，在更大尺度上无显著相关性。冷杉和紫椴在 1~13m 尺度上主要呈无相关性，在其余尺度上主要呈显著正相关性。冷杉和色木槭在 1~44m 尺度上在负相关和无相关性之间波动，剩余尺度上在正相关和无相关性之间波动。紫椴和色木槭在所有研究尺度上呈显著正相关性。林下层有很多中上层种群的幼树，又和上层灌木的重叠度较高，该层应该是竞争最激烈的层次。但是各主要种群的林下层的竞争并不明显，只有红松和冷杉、紫椴在较大尺度上出现负相关，冷杉和色木槭在小尺度上有显著负相关。林下层光照较弱，而大多数物种的幼树都具有一定的耐阴性，所需的环境相近，生态位相似，群落中各主要种群之间的幼树易于混生，共同利用资源并形成良好的共存关系，虽然出现生态位重叠但形成相互利用性的竞争，最终可以稳定的在群落中共存。

2.5.3 不同林层中种群之间的空间相关性

乔木各层之间的树种并不是孤立存在的，无论是同一林层的树种之间，还是不同林层之间的树种，都存在着竞争或协作的关系，不同层次优势树种间的关联关系反映了优势树种间空间关系的依赖性。

1. 主林层和次林层种群的空间相关性

通过图 2-16 可以看到，各种群在主次林层间的种内和种间的空间相关性。主林层和次林层的红松只有在 13m、17~18m 的尺度上呈显著负相关，其余所有尺度上都没有显著相关性。主林层和次林层的冷杉在 2~55m 的尺度上主要呈正相关，在其余尺度上主要呈无显著相关性。主林层和次林层的紫椴在小尺度 1~10m 上没有显著相关性，随着尺度增大，在无相关性和显著正相关性之间波动。可见，各种群主林层和次林层之间的种内的空间相关性主要为正相关或无相关性，相互独立或是相互促进生长的情况普遍。

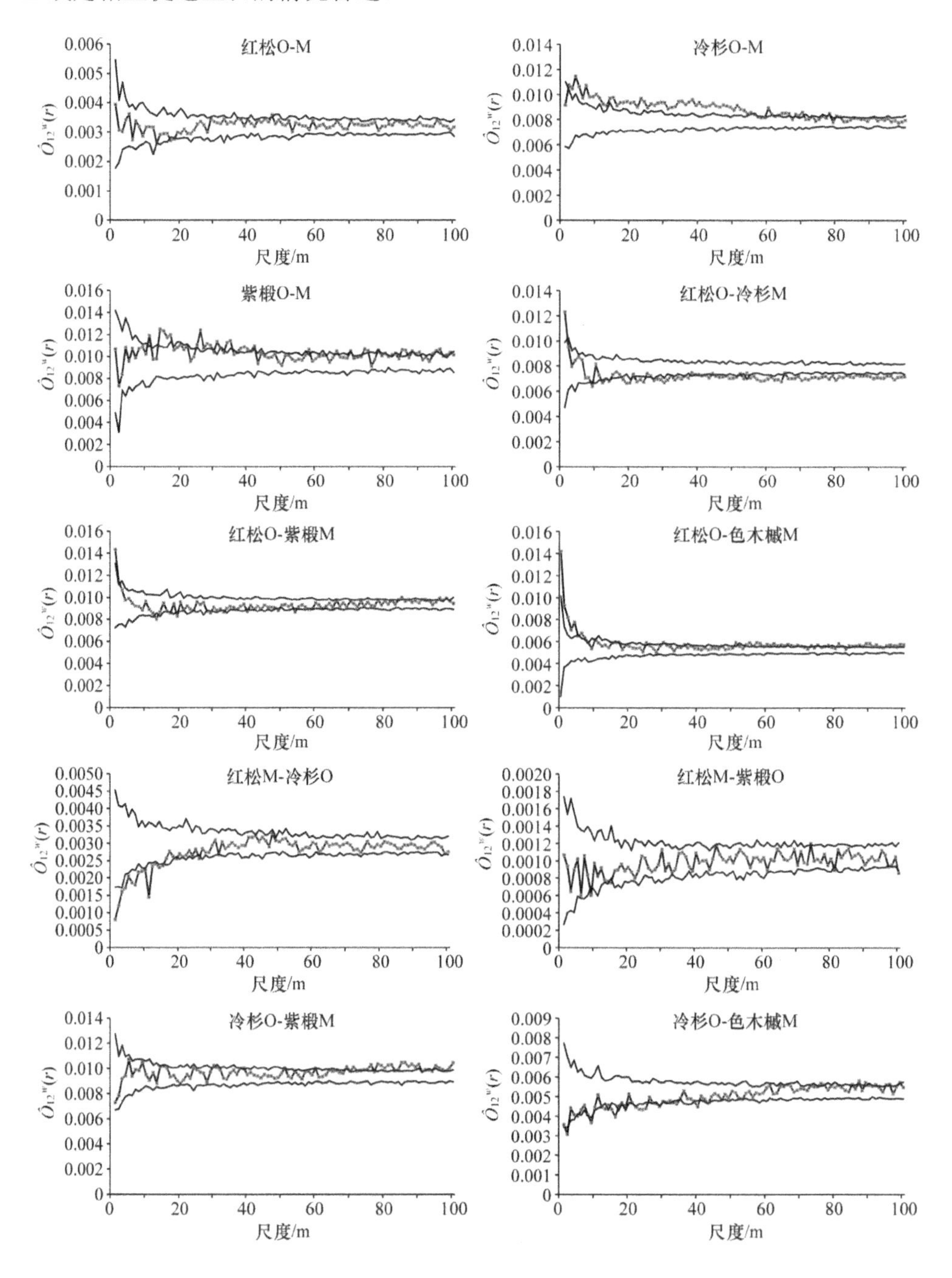

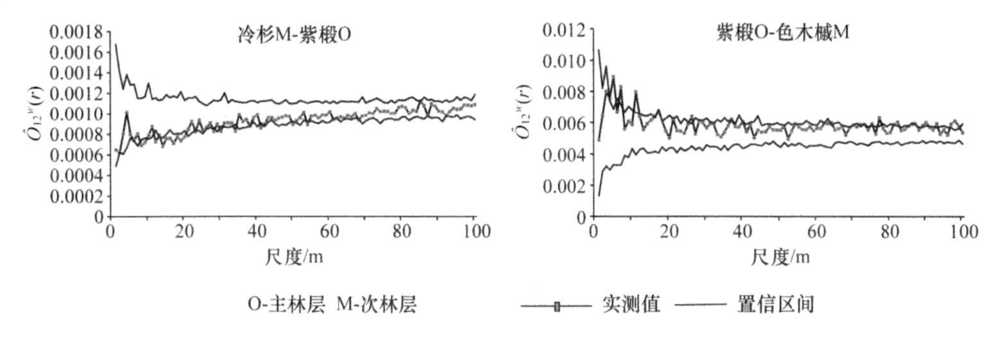

图 2-16　主林层和次林层种内种间的空间相关性（彩图请扫封底二维码）

主林层的红松和次林层的冷杉在 1m 的尺度上呈显著正相关，在 2~17m 尺度上主要呈无显著相关性，在其余尺度上主要呈显著负相关。说明主林层的红松在小尺度上对次林层的冷杉生长没有影响，但在大尺度上对其生长有一定抑制作用。而主林层的冷杉和次林层的红松的相关性恰好相反，在 1~15m 的尺度上呈显著负相关，在随后的尺度上主要呈无显著相关性。说明主林层的冷杉在小尺度上对次林层的红松生长有抑制作用，而在更大尺度上这种影响减弱，呈相互独立的关系。主次林层的红松和紫椴在所有研究尺度上主要呈无显著相关性，在个别尺度有显著负相关或正相关的出现。说明二者的生长并不互相依赖。主林层的红松和次林层的色木槭以显著正相关居多，也在无相关性之间波动，色木槭是耐阴性的树种，说明它在红松的林冠下生长良好。主林层的冷杉和次林层的紫椴在 1~68m 主要呈无显著相关性，在更大尺度上主要呈显著正相关。主林层的紫椴和次林层的冷杉在 2~20m 的小尺度也有显著负相关性的出现，在所有尺度上以无显著相关性居多。说明次林层紫椴的紫椴可以在冷杉的林冠下良好的生存，但主林层的紫椴对次林层冷杉的生长在小尺度上有抑制作用，但随着尺度增大，二者之间的生长互不影响。次林层的色木槭与主林层的冷杉在 1~32m 的尺度上在负相关和无相关性之间波动，随着尺度增加，逐渐变成无相关性和正相关性之间波动，与主林层的紫椴之间无显著相关性居多，偶尔交替出现正相关关系。说明次林层的色木槭与主林层的冷杉在小尺度上有一定竞争关系，和主林层的紫椴之间相互独立或是促进生长。

2. 主林层和林下层种群的空间相关性

从图 2-17 可以看出，主林层的红松对林下层的红松在 1~35m 的尺度上主要呈显著负相关，在剩余尺度上主要呈无显著相关性。表明主林层的红松对林下层红松的生长有明显的抑制作用，许多学者的研究证明，红松苗难以在红松树冠下更新成活。主林层和林下层的冷杉在 1m 和 3m 尺度上呈显著负相关，在 20~47m、76~86m 的尺度上主要呈显著正相关，其余尺度上则主要呈无显著相关性，说明主

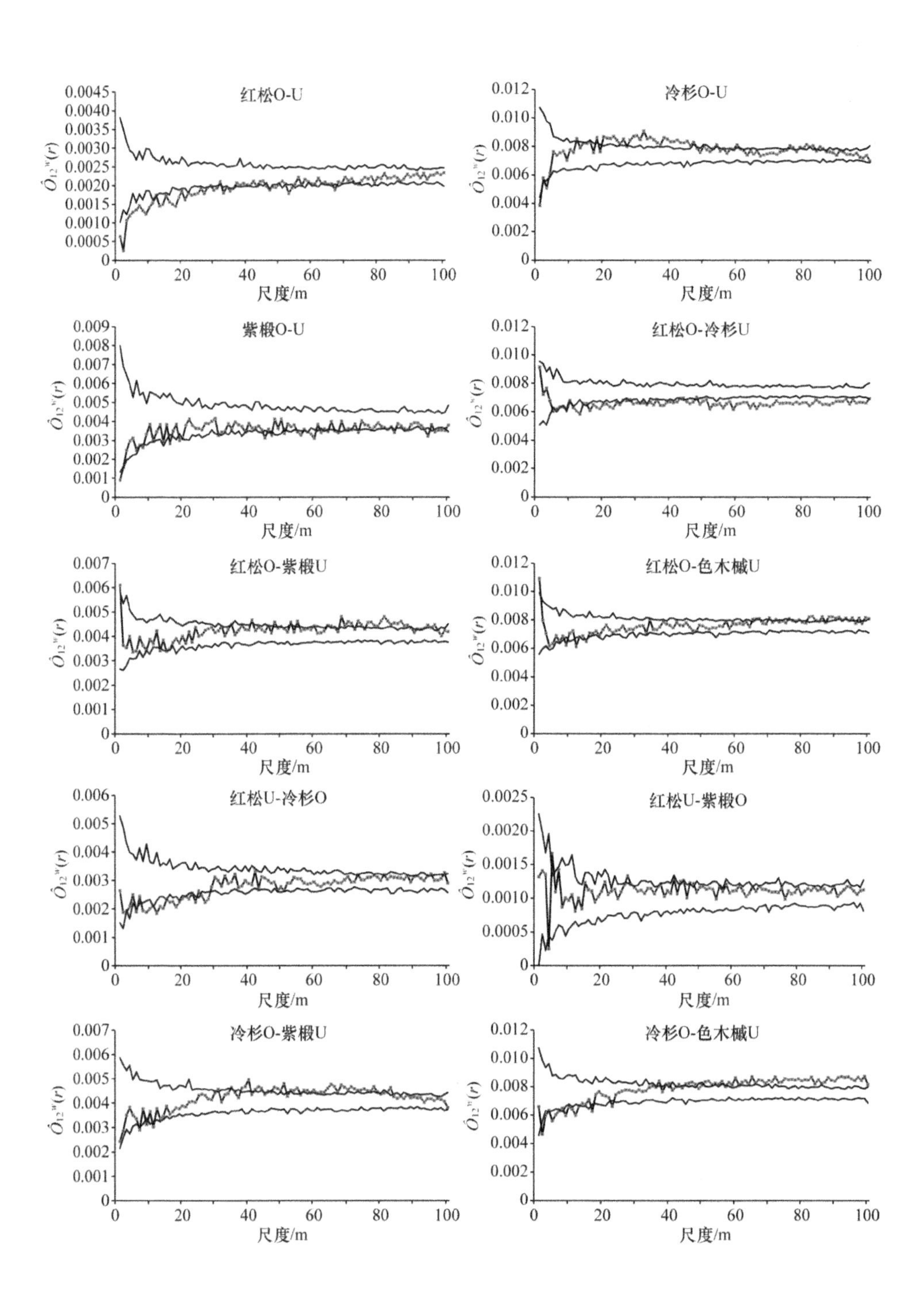
红松O-U
冷杉O-U
紫椴O-U
红松O-冷杉U
红松O-紫椴U
红松O-色木槭U
红松U-冷杉O
红松U-紫椴O
冷杉O-紫椴U
冷杉O-色木槭U
$\hat{O}_{12}^{w}(r)$
尺度/m

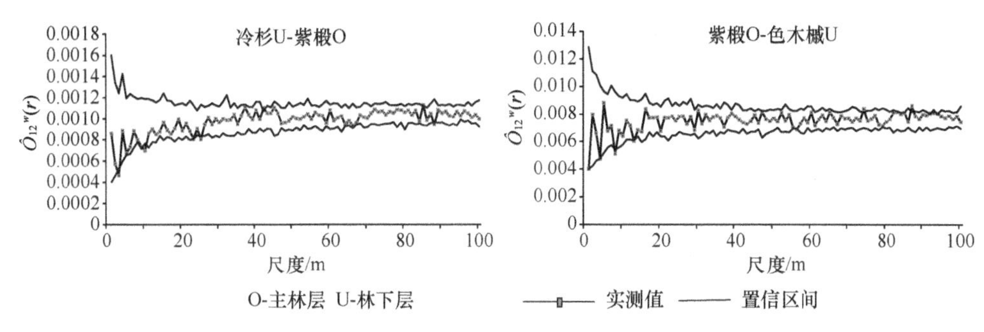

图 2-17　主林层和林下层种内种间的空间相关性（彩图请扫封底二维码）

林层的冷杉在 1~3m 很小的尺度上对林下层的冷杉的生长有抑制作用，但绝大多尺度上，林下层的冷杉可以在冷杉的林冠下很好的生长。主林层和林下层的紫椴在所有尺度上主要呈无显著相关性，在 1m、8m、16m 等个别尺度呈显著负相关，可能由于紫椴相对较弱的耐阴性，使其在同种大树下的生长受到抑制。

主林层的红松和林下层的冷杉在 1~10m 的尺度上主要呈无显著相关性，随着尺度增加，主要呈显著负相关。主林层的红松和林下层的紫椴在 1~63m 的尺度上无显著相关性，在更大的尺度上主要呈显著正相关。主林层的红松和林下层的色木槭在 1~64m 尺度上主要呈无关联关系，在 9m、13m、15m 等个别尺度上呈显著负相关，在大于 65m 的尺度上在无关联和正关联之间波动。林下层的冷杉在小尺度上可以在红松林冠下成活，在其他尺度上其生长受到上层红松的影响，伴生树种紫椴和色木槭的幼树可以在红松林冠下很好的生长。

林下层的红松与主林层的冷杉在 3~28m 的尺度上主要呈显著负相关，在其余尺度没有显著相关性，与主林层的紫椴主要呈无显著相关性，个别尺度有显著正相关性。这可以用相关的实验发现给出解释，与红松伴生的针阔叶树种紫椴的凋落叶的浸提液对红松苗的生长有明显的促进作用，而云冷杉等针叶树的浸提液对其有明显的抑制作用。

主林层的冷杉与林下层的紫椴在 38~79m 的尺度上主要呈显著正相关，在其余尺度主要呈无显著相关性，说明紫椴可以在冷杉的林冠下较好的生长和存活。与林下层的色木槭在 1~13m 主要呈显著负相关，在 14~42m 尺度上主要呈无显著相关性，在剩余尺度上主要呈显著正关联，色木槭幼树在不同的尺度上对上层冷杉的空间依赖性不同。主林层的紫椴与林下层的冷杉和色木槭在所有研究尺度上都主要表现为无显著相关性，说明冷杉和色木槭可以紫椴林冠下很好的存活。也有研究表明，色木槭幼树多分布在红松、紫椴的林冠下。

3. 次林层和林下层种群的空间相关性

从图 2-18 可以看出，次林层和林下层的红松在 5~6m、9~10m 等尺度上呈显著正相关，其余尺度上没有显著相关性，说明红松幼树与次林层的红松之间互不影响，相互独立。次林层和林下层的冷杉在所有研究尺度上呈显著正相关性，说明两个林层中的冷杉有相似的生态位，次林层对下林层的冷杉生长有正的促进作

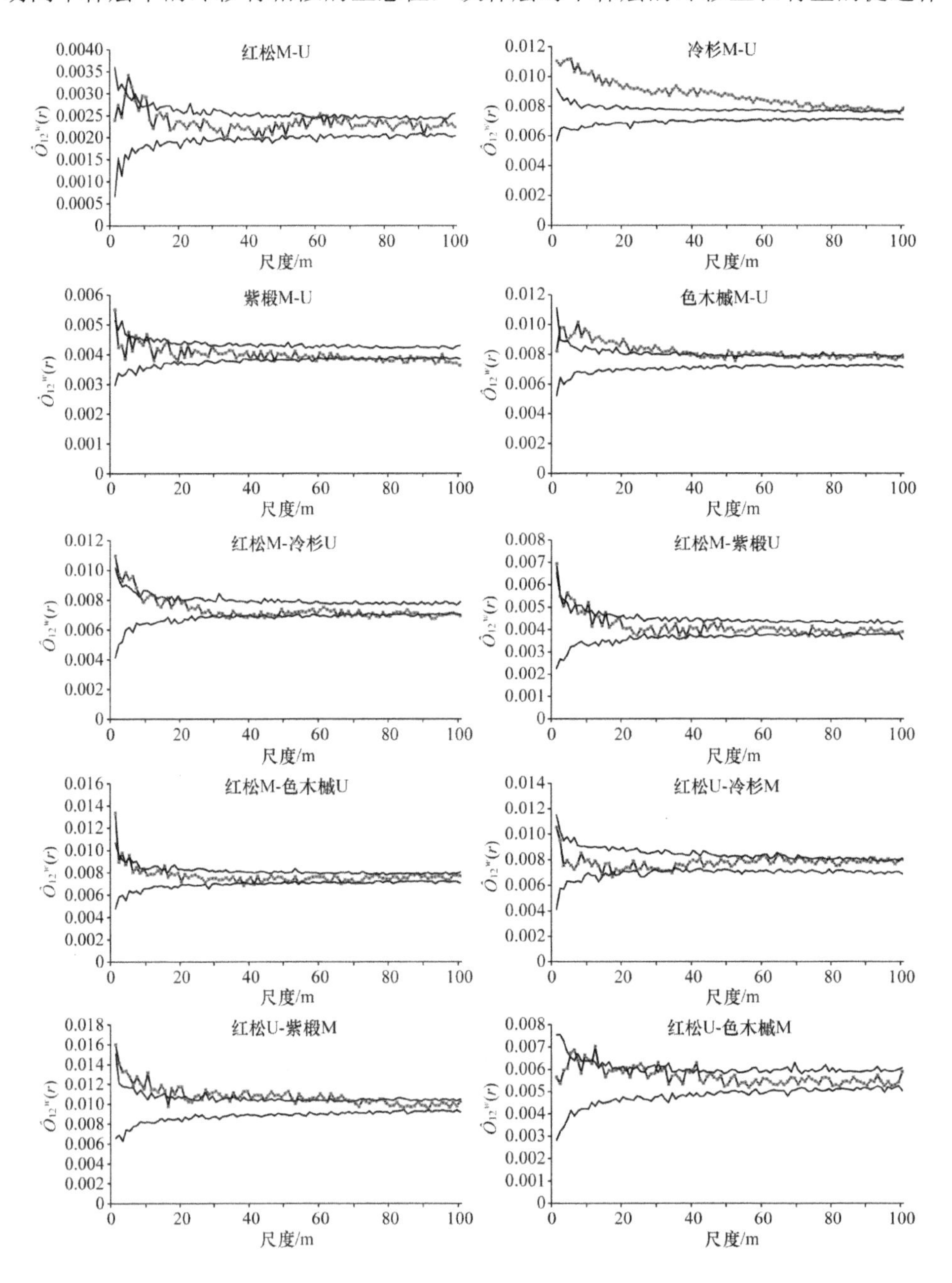

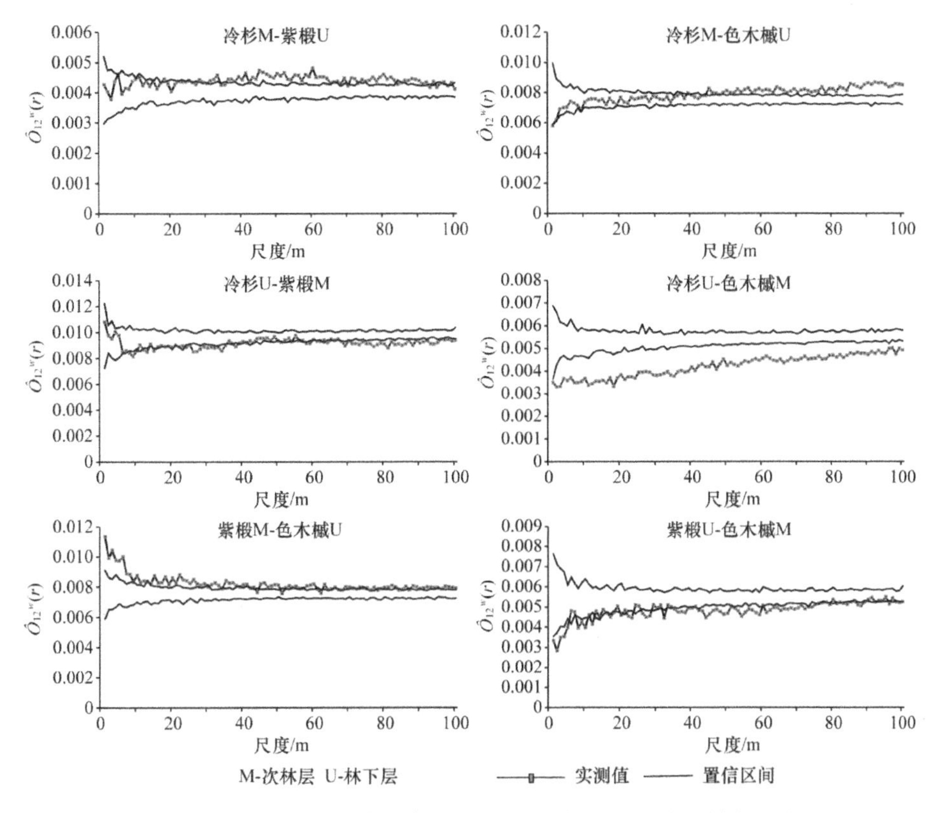

图 2-18 次林层和林下层种内种间的空间相关性（彩图请扫封底二维码）

用。次林层和林下层的紫椴在 1~71m 的尺度上主要呈无显著相关性，可能由于其较强的萌蘖特性，总是多株同时出现，而掩盖了其相对较弱的耐阴性，而在更大尺度上主要呈显著负相关，可能是其幼树对环境适应能力差的结果。次林层和林下层的色木槭在所有研究尺度上主要呈显著正相关关系，个别尺度无明显相关性，说明次林层的色木槭可以为其幼树提供良好的生长环境，促进其生长。

次林层的红松和林下层的冷杉、紫椴、色木槭的空间相关性非常相似。与林下层的冷杉在 1~8m 的尺度上呈显著正相关，在其余尺度上主要呈无显著相关性，个别尺度也有显著负相关性。与林下层的紫椴在 1~15m 的尺度上在无相关性和正相关之间波动，在其余尺度上主要呈无显著相关性，极个别尺度有显著负相关性。与林下层的色木槭在 1m、3m、5m、9m 等尺度上呈显著正相关，在其余尺度上主要无显著相关性，偶尔有显著负相关性的出现。说明次林层的红松对林下层的物种在小尺度上有一定的促进作用，随着尺度增大，各种群之间的相关性减弱，呈相互独立的关系。

次林层的冷杉对林下层的红松在所有研究尺度上基本没有显著相关性，只有在 17m、29m、33~34m 的尺度上呈显著负相关，在 65m、79m、94~96m 等尺度上呈显著正相关，说明次林层的冷杉对林下层红松的生长影响不大。在 1~27m 的尺度上对林下层的紫椴主要呈无显著相关性，在 28m 以上的尺度上主要呈显著正相关。在 2~42m 尺度上与林下层的色木槭无显著相关性，在剩余尺度上主要呈显著正关联。说明紫椴和色木槭幼树可以在次林层的冷杉下良好的存活，在大尺度上对其生长有促进作用。

次林层的紫椴与林下层的红松在 1~69m 尺度上主要呈正相关关系，在剩余尺度上主要呈无显著相关性，说明次林层的紫椴对红松幼树的生长有促进作用。与林下层的冷杉在 1~7m、42~49m 的尺度上无显著相关性，在其余大多数尺度上呈显著负相关，说明次林层的紫椴在一定程度上抑制了林下层冷杉的生长。与林下层的色木槭在所有研究尺度上主要呈显著正相关，说明林下层的色木槭可以在次林层的紫椴下正常的生长。

次林层的色木槭与林下层的红松在所有研究尺度上基本没有显著的相关性，在个别尺度呈显著正相关性。与林下层的冷杉在所有研究尺度上呈显著负相关，说明对冷杉的生长有强烈的抑制作用。与林下层的紫椴主要呈显著负相关，在个别尺度上与无显著相关性交替出现，说明对林下层的紫椴的生长也具有抑制作用。

2.6 多物种间的总体相关性检验

通过统计样方中的平均物种数可知，每个样方中的平均物种数为 9 个。由于一些稀有种和偶见种的比例非常低，在这里选取重要值≥1 的 14 个物种进行种间相关性检验，可以认为涵盖了样方中所有的优势种。应用方差比率法进行多物种总体相关性检验的统计结果见表 2-5。VR=1.362＞1，物种间呈净的正关联。检验统计量 W=1008.965，没有落在 χ^2检验的区间（678.836，805.438）的范围内，说明该阔叶红松林中多物种之间呈显著的正关联。表明群落中的所有物种没有明显的竞争资源，种群处于相对稳定的发展阶段，种群结构和种群组成将逐渐趋向于完善和稳定。有研究表明，植物群落在森林演替过程中，各树种之间的总体相关性由不显著正相关过渡为显著正相关关系。

表 2-5 多物种间总体相关性

	方差比率（VR）	检验统计量（W）	χ^2临界值	
			$\chi^2_{0.95}$（741）	$\chi^2_{0.05}$（741）
测定结果	1.362	1008.965	678.836	805.438

2.7 结论

本章以黑龙江省凉水自然保护区内的典型原始阔叶红松林为研究对象，对其林分组成、径级结构、林分空间结构及主要种群的空间分布格局及其相关性进行了分析，主要得到以下结论。

从群落组成来看，样地中 DBH≥1cm 的乔木树种共有 23 种，树种组成多样，树种密度差异很大。样地中所有个体的平均胸径为 16.6cm，而红松的平均胸径达到了 35.5cm，远远高于样地的平均水平，虽然相对多度所占优势不是最大的，但其胸高断面积为 $13.14m^2/hm^2$，相对显著度达到了 36.8%，重要值排在第一位。红松作为当地的建群种和顶级树种，在林分中占据着绝对优势。冷杉的林分密度最大，但是平均胸径和红松相差很多，相对显著度和重要值仅次于红松，也是当地的优势树种。红皮云杉的个体数虽然不是很多，但在其他各指标的对比上也位于前列。针叶树种红松、冷杉和红皮云杉在林分中占据着重要的地位，它们是在顶级群落中稳定存在的物种，代表地带性建群种，体现气候生产力、立地生产力和林木生产力的统一，控制着林分结构及林分的抵抗力、抗逆性和恢复力。

样地中所有个体的径级结构整体上呈典型的倒“J”形分布，径级分布合理。但就红松个体而言，其径级分布呈近似正态分布，在 2~10cm 的小径木数量较多，占红松个体总数的 21.4%，说明红松林下更新较好，在 44~50cm 出现了峰值，然后数量向两侧逐渐递减。

样地属于原始阔叶红松林，各树种之间的胸径和树高大小分化明显，是一个由不同树种组成的处于强度混交向极强度混交过渡的复杂森林群落。各种群的空间分布格局表现出了一致的规律性，主要呈现聚集分布，在小尺度上的聚集强度较大，随着尺度的增大，聚集强度减小，逐渐趋向于随机分布。对群落中多树种之间的总体相关性进行分析发现，物种之间呈显著的正相关关系，各个物种共同分享生境资源，互利共生，表现出对环境资源利用的协调性，说明该群落处于稳定的发展阶段。

参 考 文 献

[1] Wiegand T, Moloney K A. Rings, circles and null-models for point pattern analysis in ecology. Oikos, 2004, 104: 209-229.

[2] 惠刚盈, 李丽, 赵中华, 等. 林木空间分布格局分析方法. 生态学报, 2007, (11): 4717-4728.

[3] 张春雨, 赵秀海, 王新怡, 等. 长白山自然保护区红松阔叶林空间格局研究. 北京林业大学学报, 2006, 28(增刊 2): 45-51.

[4] 王蕾, 张春雨, 赵秀海. 长白山阔叶红松林的空间分布格局. 林业科学, 2009, 45(5): 54-59.

[5] 徐丽娜, 金光泽. 小兴安岭凉水典型阔叶红松林动态监测样地: 物种组成与群落结构. 生物多样性, 2012, 20(4): 470-481.

[6] 丁胜建. 老龄阔叶红松林主要树种空间分布及生境关联分析. 北京林业大学硕士学位论文, 2012.

3　红松林活立木掘根特征与腐朽率调查研究

3.1　红松活立木掘根特征

树木掘根是森林生态系统中普遍存在的一种自然现象，它是伴随部分或全部根系从土体中被扭断的树木倾翻过程[1]。早在 1939 年 Lutz 和 Griswold[2]就指出树木掘根对林地土壤有着强烈的干扰作用，而且这种作用效果与农业上的翻耕十分类似，故认为其有一定的生态学价值。Schaetzl 等先后对森林系统中掘根树木的生态效应[3]及其对林地土壤的干扰情况进行了全面综述[4]。之后，越来越多的学者投身于掘根树木的研究。

掘根通常被认为是雨/雪/风灾害中树木遭受的最严重的机械损伤类型[5-6]，因此相关的研究较多体现在雨/雪/风灾害的灾后调查、成因探讨及影响分析中。Phillips 等[7]对美国沃希塔国家森林公园内的龙卷风侵袭区域进行调查，研究了掘根树木根系、根部土壤及基岩之间的相互影响，并引入“能量法”量化台风通过掘根树木对土壤的扰动效果。曹帮华等[8]探究了黄河三角洲刺槐人工林的风害成因，发现风倒是主要的受灾形式，且以胸径 15~20cm 的树木受害最严重；随径级的增加，树形因子增大、根系生长受抑是刺槐风倒的重要原因。许涵等[9]研究发现，达维台风使海南尖峰岭热带雨林内产生大量倒木，使群落郁闭度减小、透光性增强、群落组成结构发生显著变化。此外，Peltola[10]对树木进行静力学分析时认为，掘根往往都不是瞬间发生的，而是在外力作用下，树木先产生一定角度的倾斜，随后在树冠和倾斜树干重力的作用下，逐渐拔根而倒。杜珊等[11]通过研究掘根产生的坑丘微立地特征发现坑或丘的大小与掘根树木的体积和胸径显著相关。总之，立木掘根是内因和外因综合作用的结果，对森林生态系统具有多方面的影响。

关于立木掘根的研究，目前主要是从风/雪灾后调查与成因探讨、掘根机理研究及微立地的变异特点等三个方面展开。基于此，以小兴安岭红松针阔叶混交林固定样地为研究区，对样地内的掘根树木进行全面调查，探讨造成掘根分布差异的影响因素及树木掘根对根部土壤的影响情况。这既有助于理解林内倒木的形成方式，又可为该地区天然次生林的合理经营和林内林地条件的改善提供理论依据。

3.1.1 研究地区与研究方法

1. 样地选取

2014 年 10 月，在红松针阔叶混交林 $30hm^2$ 的固定监测样地内，经全面踏查后随机选取了存在掘根树木的样方共 76 个进行测量调查，样方空间分布如图 3-1 所示，横坐标为东西方向，纵坐标为北南方向。判断一株掘根树木属于哪一个样方以其处于活立木状态时根部中心所处的空间位置为准。

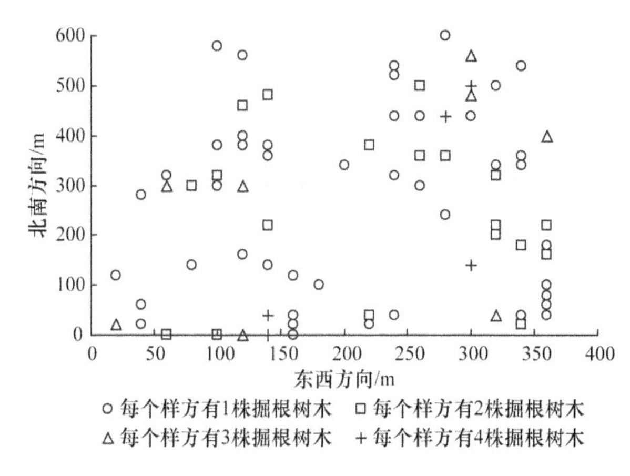

图 3-1 调查样方的空间分布

2. 测定项目与方法

在试验样方内，对于胸径≥5cm 的掘根树木：①鉴别树种并记录牌号（样地建立伊始进行过全面调查，并对每株树都钉挂了铝制号牌），以便对照样地资料进行树种确认；②利用胸径尺测量胸高直径（DBH）；③利用 VertexIII超声波测高仪测定树高（H）和枝下高（H_0）；④利用布卷尺测定聚集根盘的厚度（d）、宽度（a）和高度（b）及树冠冠幅（R）；⑤利用罗盘仪测定所在样方的坡向；⑥利用手持 GPS 测定倒木所处的地理坐标和海拔；⑦在每株倒木根部的三个方向（左侧、右侧和正前方）共取约 200g 混合土样，装入密封袋，用于测定土壤含水率。

3. 数据处理与分析

定义书中树冠特性指标的计算公式如下：

$$尖削度=DBH / H \tag{3-1}$$

$$树冠相对高度=H_0 / H \tag{3-2}$$

$$树冠投影面积=\pi R^2/4 \tag{3-3}$$

定义掘根率为掘根株数占被调查总株数的百分比，可以反映不同树种的抗掘根性能；掘根个体比例为掘根株数占总掘根株数的百分比，掘根材积比例则为掘根树木材积占总掘根材积的百分比，个体比例和材积比例可以反映掘根程度的大小。

由于多数掘根树木的聚集根近似呈半椭球形，故采用下列公式计算根盘面积（S）和聚集根体积（V）：

$$S=\pi ab \tag{3-4}$$

$$V=\frac{2}{3}\pi\left(\frac{abd}{2}\right) \tag{3-5}$$

对于掘根树木材积的计算参考了东北地区主要乔木树种的二元材积公式。

利用 SPSS19.0 对数据进行正态性检验，对不同树种掘根数量进行 χ^2 检验，利用 Mann-Whitney U 检验方法对不同树种类（针叶和阔叶）的掘根树木胸径、树高和材积进行分析，利用 Kruskal-Wallis 单向秩方差分析和多重比较的方法对不同掘根树种的外形特性之间的差异进行分析，利用曲线拟合探究掘根树木的树体参数（胸径、树高和材积）与根部土壤参数（厚度、面积和体积）之间的回归关系；利用 Excel 2003 进行图表的绘制。

3.1.2 结果与分析

1. 不同树种的掘根情况

调查样方内，共有 127 株掘根树木，涵盖了 10 个乔木树种，包括 3 个针叶树种和 7 个阔叶树种（表 3-1）。从表 3-1 可知，各树种的掘根率表现出红松＞冷杉＞毛赤杨＞白桦＞榆树＞云杉＞枫桦＞花楷槭＞青楷槭＞椴树，红松掘根率最高，为 9.22%，椴树掘根率最低，为 1.04%。针、阔叶总体的掘根率分别为 7.93%和 3.12%，前者较后者高 154.2%，可见阔叶树种的抗掘根性能比针叶树种强。从掘根株数看，冷杉掘根最多，为 60 株，将近总体的一半，其次为红松；阔叶树中毛赤杨掘根较多，为 15 株，不同树种的掘根数量间差异极显著（χ^2=218.7，P=0.000）。特别是树种组之间，针叶总体的掘根株数是阔叶总体的 2 倍还多。这是因为调查样地是以红松为优势树种的针阔叶混交林，冷杉和红松等针叶树种的数量居多，相关分析得到某树种的掘根株数与样地内该树种的总株数之间呈显著正相关（r=0.865**）。

掘根树木中，针叶树种的平均胸径和树高分别为 32.27cm 和 21.06m，材积比例占 88.28%；阔叶树种的平均胸径和树高分别为 18.62cm 和 14.47m，材积比例为

11.72%。无论胸径、树高还是材积，针叶树种都极显著地大于阔叶树种（概率值均为 P=0.000）。

表 3-1 不同树种掘根树木的基本信息

树种类型	树种	调查株数	掘根株数	掘根率/%	胸径/cm		树高/m		材积	
					均值	最大值	均值	最大值	总和/m³	比例/%
针叶树种	冷杉	729	60	8.23	28.34±10.14	63.5	20.11±4.66	27.9	42.929	46.02
	红松	217	20	9.22	45.18±11.90	67.5	24.30±5.14	32.2	34.196	36.66
	云杉	138	6	4.35	28.60±14.50	51.5	19.73±8.18	27.7	5.228	5.60
	针叶总体	1084	86	7.93	32.27±12.93	67.5	21.06±5.30	32.2	82.353	88.28
阔叶树种	毛赤杨	217	15	6.91	18.85±5.54	34	13.99±2.44	17.3	3.195	3.42
	白桦	108	7	6.48	19.10±6.69	28.5	15.69±2.47	19.1	1.8	1.93
	枫桦	174	6	3.45	18.02±12.47	43	15.33±6.69	27.9	2.212	2.37
	椴树	384	4	1.04	26.88±11.55	44	18.03±7.27	26.4	2.359	2.53
	花楷槭	190	4	2.11	12.15±5.77	20.4	9.80±1.83	12.4	0.314	0.34
	青楷槭	204	3	1.47	11.53±6.09	18.3	11.10±3.73	14.3	0.257	0.28
	榆树	39	2	5.13	24.05±6.43	28.6	18.55±1.77	19.8	0.8	0.86
	阔叶总体	1316	41	3.12	18.62±8.28	44	14.47±4.38	27.9	10.936	11.72
总体		2400	127	5.29	27.87±13.25	67.5	18.93±5.88	32.2	93.289	100.00

2. 掘根树木的径级与高度级分布

将被调查掘根树木的胸径从 8cm 开始，按 4cm 径阶距划分为 16 个径级。各径级的掘根株数如图 3-2 所示。总的看来，在 8~68cm 的各个径级内基本都有掘根树木分布，说明在红松针阔叶混交林生长发育的各个时期都有树木发生掘根。但掘根树木最为集中于 12~32cm 的中等径级，比例高达 67.7%。整体上，掘根树木径级呈左偏单峰状分布，20cm 径级的掘根株数最多。掘根树木的树高从 7m 开始，按 3m 的间隔划分为[7,10]、[10,13]、…、[31,34）9 个高度级，每个高度级以该高度范围中间的整数作为代号，即 8、11、…、32。各高度级的掘根株数如图 3-3 所示，随着高度级的增加，掘根株数先快速增加后逐渐减少，在 14m 高度级处掘根株数达到最多。

综上可知，树木的胸径和树高过小或过大时（即幼龄和老龄阶段）都不易遭受掘根之害，但在中龄和（近）成熟阶段掘根现象较为普遍。树木对掘根之害的抗性随胸径和树高的增加呈现先快速降低后逐渐升高的变化趋势，且分别在 20cm 径级和 14m 高度级处达到最低。

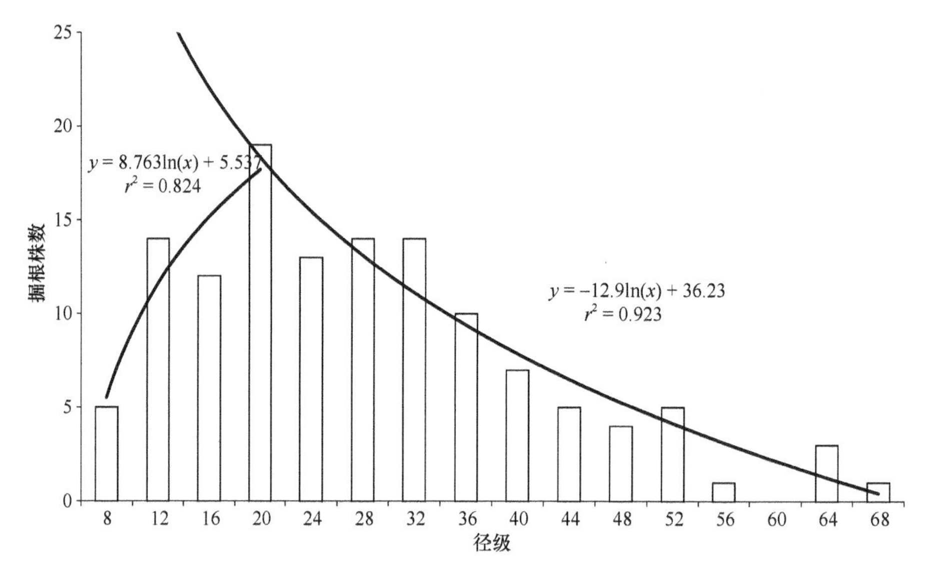

图 3-2 径级与掘根株数的关系

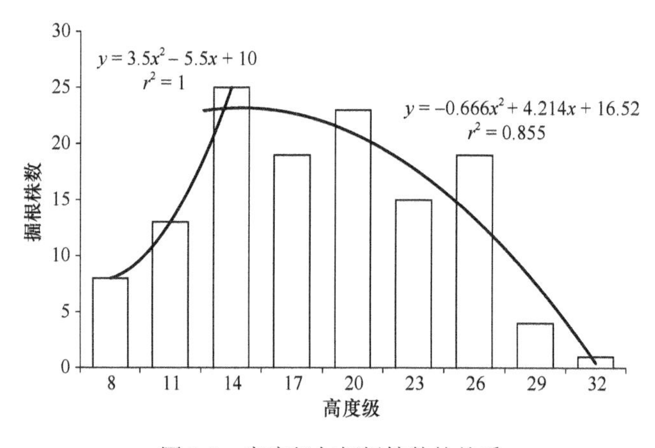

图 3-3 高度级与掘根株数的关系

3. 尖削度和树冠特性与立木掘根的关系

对不同树种掘根树木的尖削度、树冠投影面积和树冠相对高度进行 Kruskal-Wallis 单向秩方差分析，结果显示三个指标在不同树种之间的差异均达到了显著水平（概率值均为 P=0.000）。继而进行 Dunn 多重比较，结果如表 3-2 所示。可以看出，在尖削度方面，红松明显大于其他树种，达 1.877，分别与冷杉、毛赤杨、白桦、枫桦和青楷槭差异显著。在树冠投影面积方面，红松最大，为 56.08m^2，分别与冷杉、白桦、云杉、花楷槭、青楷槭和椴树差异显著。在树冠相对高度方面，红松极显著地大于冷杉（P<0.01），红松和花楷槭及花楷槭与椴树之间差异

达显著水平（$P<0.05$）。综上可知，尖削度和树冠投影面积越小，树种掘根率越低，越有利于提高树木的抗掘根性能。

表 3-2　不同树种掘根树木的尖削度和树冠特性

树种	掘根率/%	尖削度	树冠投影面积/m^2	树冠相对高度
红松	9.22	1.877[a]	56.08[a]	0.51[a]
冷杉	8.23	1.403[b]	23.41[b]	0.35[bc]
毛赤杨	6.91	1.328[b]	21.66[ab]	0.45[abc]
白桦	6.48	1.192[b]	13.16[b]	0.53[abc]
榆树	5.13	1.319[ab]	38.34[ab]	0.39[abc]
云杉	4.35	1.401[ab]	13.78[b]	0.39[abc]
枫桦	3.45	1.108[b]	34.72[ab]	0.54[abc]
花楷槭	2.11	1.194[ab]	9.99[b]	0.22[b]
青楷槭	1.47	1.008[b]	10.76[b]	0.52[abc]
椴树	1.04	1.727[ab]	8.04[b]	0.58[ac]

注：表中各列数字后面不同字母表示差异显著，多重比较的显著性水平 $P<0.05$。

4. 林分密度与掘根率的关系

将 76 个调查样方按掘根率从小到大排列后以一定间隔划分为 6 组，求出每组的平均掘根率和林分密度，二者的关系如图 3-4 所示。可以看出，掘根率与林分密度之间呈显著的线性负相关关系（$r=0.914^*$）。说明林分密度越低，林木掘根程度越严重。这是因为林分密度小，树冠重叠度低，增加了受风面积，加之林木侧枝之间的支撑作用减少，从而在一定程度上增大了掘根风险。

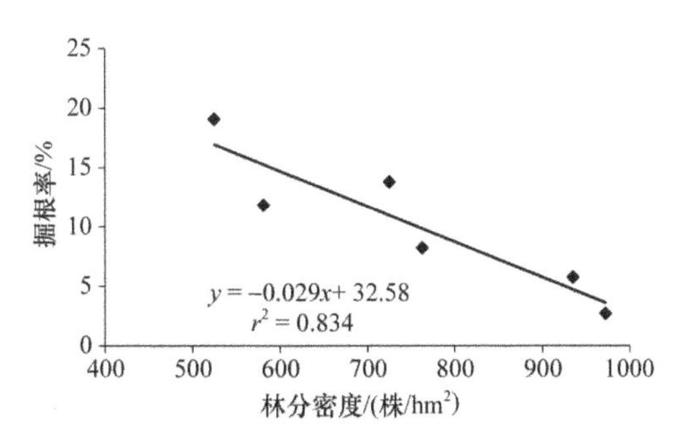

图 3-4　林分密度与掘根率的关系

5. 地形条件与立木掘根的关系

（1）地形条件概况

在被调查掘根树木立地的地形条件中，土壤含水率在 21.5%~396.8%，平均

132.7%，海拔在 329~402m，平均 360.5m，坡度在 2°~20.3°，平均 5.7°；掘根树木分布的坡向主要有西北、北、西、西南和东北。为了便于后续分析，分别将土壤含水率、坡度和海拔划分为三组，如表 3-3 所示。

表 3-3　主要地形因子分组情况

组别	土壤含水率/%		坡度/（°）		海拔/m	
	范围	均值	范围	均值	范围	均值
1	≤50（干）	36.6	2~8（缓坡）	3.8	329~352（低）	342
2	50~100（湿）	77.2	8.5~13（中坡）	10	355~377（中）	365
3	＞100（过湿）	187.5	14.5~20.3（陡坡）	17.4	383~402（高）	390

（2）土壤含水率、坡度及海拔与掘根的关系

从表 3-4 可以看出，随着土壤含水率的增加，掘根树木的个体比例与材积比例总体上呈不断增大的趋势。这是因为过高的土壤含水率减小了根土界面的摩擦系数，使根土间的锚固力减小、树木更易发生掘根。干燥、湿润和过湿地带的掘根株数比例约为 1∶2∶4，掘根树木材积比例约为 1∶1∶1.3。其中，在土壤含水率≤50%的干燥地带，掘根树木全部为针叶树，个体比例为 14.96%，而材积比例达到 31.63%，说明此处发生掘根的针叶树体型较大。这种现象很可能是树龄较高的针叶树由于老化而发生枯朽，本身抵抗外力作用的能力下降造成的。

表 3-4　不同地形条件下的掘根情况

土壤含水率/%	坡度/（°）	海拔/m	掘根程度/%	
			个体比例	材积比例
40.3（干）	4（缓）	370（中）	5.51	7.68
38.7（干）	5（缓）	386（高）	2.36	7.24
34.6（干）	10（中）	370（中）	3.94	12.6
35.9（干）	9（中）	402（高）	2.36	2.21
31.6（干）	15（陡）	365（中）	0.79	1.9
79.0（湿）	4（缓）	347（低）	6.30	5.39
74.6（湿）	5（缓）	366（中）	15.75	20.81
88.6（湿）	5（缓）	391（高）	3.15	3.61
77.0（湿）	9（中）	345（低）	0.79	0.27
86.5（湿）	10（中）	366（中）	2.36	0.32
53.2（湿）	20（陡）	365（中）	0.79	0.64
182.0（过湿）	3（缓）	342（低）	29.13	15.77
202.4（过湿）	3（缓）	364（中）	18.11	17.03
229.9（过湿）	6（缓）	385（高）	3.15	0.98
152.0（过湿）	11（中）	336（低）	3.15	2.39
121.9（过湿）	11（中）	360（中）	2.36	1.16

当土壤含水率及海拔一定时，掘根程度随坡度的增加快速减小。绝大部分掘根树木出现在缓坡地带，个体比例高达 85.04%，材积比例为 68.37%。这是因为平缓的地势排水能力差，土壤含水率高，所以树木掘根的风险更大。

海拔方面，在干燥地带，当坡度一定时，海拔越高掘根程度越小；在湿润地带，掘根程度随海拔的升高先增大后减小；而在过湿地带，随海拔升高掘根程度不断减小。掘根程度对海拔的响应规律并不明显，这可能是因为海拔并非影响树木掘根的主要因素，土壤含水率或坡度的影响在一定程度上覆盖了海拔的作用效果。

总之，处于缓坡、湿地和中低海拔处的树木最容易遭受掘根之害。

（3）坡向与掘根的关系

从表3-5可以看出，掘根树木主要分布于西北坡，个体和材积比例都超过总体的一半；北坡的倒木数量较多，但材积比例很低，说明掘根树木以小径木居多；东北坡则相反，呈现倒木数量少、材积比例高的状态，说明倒木主要为体型高大粗壮的树木。总之，从坡向看来，树木掘根主要发生在背阴坡。这可能与大部分调查样地处于该区常年盛行风向的迎风坡有关。χ^2 检验表明，不同坡向的海拔差异显著，而土壤含水率和坡度差异均不显著。

表 3-5　不同坡向的掘根情况

坡向	掘根程度/%		检验	土壤含水率/%	坡度/(°)	海拔/m
	个体比例	材积比例				
西北	54.33	57.87		139.3	4	360^{a}
北	18.9	5.03		115.8	5	349^{b}
东北	3.15	17.21		77.8	4	376^{abc}
西	16.54	14.36		140.7	8	355^{c}
西南	7.09	5.53		125.6	4	363^{bc}
			χ^2	2.368	7.727	12.076
			P	0.668	0.102	0.017

注：表中各列数字后面不同字母表示差异显著，多重比较的显著性水平 P=0.05。

6. 掘根树木树形参数与根部土壤的关系

根系作为树木的重要组成部分，其结构发达与否及固土作用的强弱均与树木生长有密切联系，因此树木掘根倒伏时根部受到扰动的土壤与树木的外形参数，即胸径、树高和材积之间也必然存在一定的关联。本书以根盘厚度代表受到干扰的土壤厚度，以聚集根盘幅面积代表土壤面积，以聚集根的体积代表受掘根干扰的土壤体积。根部受扰动土壤与掘根树木树形参数之间的关系汇总如表 3-6 所示。

表 3-6 受扰动土壤参数与掘根树木树形参数之间的回归模型汇总

因变量	自变量	模型名称	回归方程	模型参数		
				r^2	RMSE	P
土壤厚度	胸径	二次曲线	$y=0.027x-1.562\times10^{-4}x^2$	0.862	0.246	0.000
	树高	线性模型	$y=0.0320x$	0.861	0.253	0.000
	材积	三次曲线	$y=1.502x-0.802x^2+0.134x^3$	0.807	0.296	0.000
土壤面积	胸径	幂函数	$y=x^{0.951}$	0.962	18.912	0.000
	树高	幂函数	$y=x^{1.058}$	0.951	21.813	0.000
	材积	三次曲线	$y=66.983x-34.457x^2+6.761x^3$	0.803	16.559	0.000
土壤体积	胸径	指数曲线	$y=e^{0.051x}$	0.777	7.852	0.000
	树高	指数曲线	$y=e^{0.076x}$	0.705	9.794	0.000
	材积	三次曲线	$y=14.639x-6.891x^2+1.770x^3$	0.696	6.982	0.000

从表 3-6 可以看出，树木掘根时，根部受扰动土壤与倒木的胸径、树高和材积之间均存在极其显著的相关性。与树形参数之间的相关性高低大体为土壤面积＞土壤厚度＞土壤体积；对土壤参数的预测能力强弱为胸径＞树高＞材积，即土壤厚度、土壤面积和土壤体积均与掘根树木胸径的依存关系最强。

3.1.3 讨论

立木掘根是森林生态系统重要的非生物干扰因子，它的发生依赖于树种、树木及林分特征、立地条件之间的相互作用。对红松针阔叶混交林掘根树木的研究结果表明，红松掘根率最高，其次为冷杉、毛赤杨和白桦，这是因为样地内以红松为主，而且树龄高达 200~400 年，衰老枯朽的程度比较严重，抵抗外力干扰的能力减弱，使得红松树种最容易形成掘根倒伏现象。冷杉主根不发达，属于浅根性树种，限制了其抗掘根能力；毛赤杨和白桦、枫桦等都是林内的先锋树种，生长迅速、成熟早、寿命短，所以掘根数量相对较多。总的来看，阔叶树种的掘根率远小于针叶树种，相比之下具有较高的抗掘根性能。

研究发现，掘根株数随胸径和树高的增加均先快速增加后逐渐减少，说明树木在幼龄或老龄时发生掘根的概率相对较小。原因可能是树木在幼龄阶段时，高生长较径生长更迅速，树干强度较低，所以细小低矮的树木易被压弯或折干；当林木成熟时，高生长较径生长衰退得快，而且树干强度随树龄的增加有所增强，此时粗壮高大的树木更易断大枝或断冠。有研究认为，尖削度与树木的抗风能力呈正相关[12]，具有较小尖削度的林木更容易遭到风害[13]。而本书调查数据表明，掘根率最高的红松树种的尖削度却显著大于其他树种，原因可能是发生掘根的红松树龄高，胸径大，使得尖削度值较为突出，这也从侧面反映了红松掘根多是衰老枯朽所致，尖削度的影响一定程度上被树龄和胸径覆盖了。另外，树冠投影面积越小，树木的抗掘根性能越好；掘根率与林分密度之间呈显著的线性负相关。

立地条件是造成掘根分布差异的主要外界因素。研究发现，掘根个体比例和材积比例均随土壤含水率的增加不断增大。因为土壤含水率增加时，根土界面土壤的含水量也随之增大，从而使界面摩擦系数降低、根土之间的有效固着力减小，从而增大了树木的掘根风险。此外，坡度主要通过改变土壤含水率来影响掘根程度的分布，而海拔和坡向则通过改变风强和风向间接影响林木掘根情况。文中海拔对掘根的影响规律并不明显，这可能与调查样地所处的海拔变化范围（329~402m）不大有关，也可能是海拔的作用效果被其他因子（如土壤含水率、坡度或坡向等）的作用覆盖了。总之，位于湿地、缓坡、中低海拔处或迎风坡的林木掘根风险最高。

立木掘根对树木根部土壤有一定的影响。研究表明，根部受掘根扰动的土壤厚度、面积和体积均与倒木的胸径、树高及材积之间显著相关，说明树木体型越大，发生掘根时对根部土壤的影响程度就越大。

3.1.4 小结

针对红松针阔叶混交林 76 个样方内的 127 株掘根树木进行全面调查，发现：①在小兴安岭红松针阔叶混交林内，红松掘根率最高，为 9.22%。针叶树种较阔叶树种更易掘根，二者比例超过 2∶1，整体上，阔叶树种较针叶树种有更好的抗掘根性能；掘根针叶树的胸径、树高和材积均极显著地大于阔叶树种。掘根株数随胸径和树高的增大先快速增加后逐渐减少，分别在 20cm 径级和 14m 高度级处达到最多。尖削度和树冠投影面积越小，树种掘根率越低，树木的抗掘根性能越好。②土壤含水率是树木掘根的重要决定因素，掘根程度随土壤含水率的增加逐渐增大。坡度通过改变土壤含水率进而影响掘根程度的分布，掘根个体和材积比例均随坡度的增加快速降低。海拔对掘根的影响规律不明显。相比之下，处于湿地、缓坡、中低海拔处或迎风坡的树木更易发生掘根。③树木掘根时根部受扰动土壤的深度、面积和体积与掘根树木的树形参数（胸径、树高和材积）之间存在极其显著的相关性，回归方程的拟合优度 r^2 基本都在 0.7 以上，最高为 0.962。

3.2 红松活立木腐朽率调查研究

红松（*Pinus koraiensis*）是世界珍稀树种之一，在我国主要分布在黑龙江、吉林和辽宁三省。由于长期以来对红松的保护力度不够，红松天然林面积锐减，近十几年这一减缓趋势才得以有效控制。前人研究表明[14]，天然林中红松活立木的腐朽是普遍和严重的，为了能够保护珍稀树木，非常有必要研究红松活立木腐朽规律，并采取科学的措施降低其腐朽损失。

在活立木腐朽检测方面，目前国内外学者采用多种无损检测手段，包括超声波、应力波、电阻、雷达和微针阻抗等技术，用于活立木腐朽检测和活立木材质评价。这些方法能不同程度地定量检测活立木内部腐朽缺陷，促进了活立木腐朽判断的准确性和效率的提高。尤其是应力波法和微针阻抗技术，是近几年活立木腐朽检测的主流方法。但这些方法各有缺点，相对成本较高，且具有一定程度的破坏性，定期对天然林中红松活立木进行大样本调查或健康监测是比较费时费力的。因此，仍需要寻求一种简便易行、科学的方法对红松腐朽程度进行定量表征和评定，对腐朽率进行统计。

木腐菌对木材细胞壁的分解是活立木腐朽发生的内在成因，因此国内很多学者从木腐菌着手研究活立木腐朽规律。活立木能否被木腐菌侵染，以及侵染后腐朽发展的快慢，受到很多因子的影响和制约。这些因子既包括外部因子，如海拔、坡向/度/位、林型等；又包括内部因子，如树木的含水率、温度、树龄等因素。外部因子的影响通常要反映到内部因子上，因此内部因子会对腐朽具有更为直接的影响。树龄则是对活立木腐朽具有重要影响的一个内部因子。

本章拟通过对红松活立木外部缺陷表征指标进行目测辨识，记录其腐朽状况和腐朽率，分析活立木腐朽与立地条件和活立木外部特征之间的关系，为后续采用无损检测手段对典型腐朽活立木进行现场检测做基础。

3.2.1 腐朽率调查方法

1. 样地概况

小兴安岭凉水国家级自然保护区位于黑龙江省东北部，为低山地地势，坡型以缓坡为主。森林类型为天然林，主要植被是以红松为主的温带针阔叶混交林，其中榆树（*Ulmus pumila*）、桦树（*Betula* spp.）、冷杉（*Abies* spp.）、枫桦（*Betula costata*）等树木自然混杂生长，为本实验提供了有利的天然测量条件。

在凉水国家级自然保护区第 18 林班进行野外测量工作。测量地点为面积 30hm^2 的永久固定样地，样地建立于 2010 年秋季，样地建成后，每年定期在春季（4 月）和秋季（9 月）对典型立木基本数据进行复测和样地维护。该样地被划分成 20m×20m 的小样方，横向（东西）有 20 个，纵向（南北）有 40 个。对小样方编号，编号由 4 位数字组成，前两位为横向坐标（00~19），后两位为纵向坐标（00~39），以样地东北角的小样方为 0000 号样地，从它往西的样方横坐标编号依次增大，往南的样方纵坐标依次增大。在样地内，随机选取了 26 个具有不同立地条件和特征的样方，开展红松活立木腐朽踏查研究（图 3-5）。

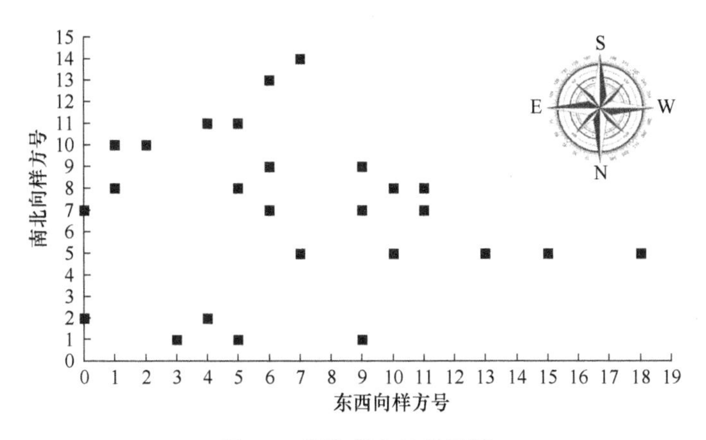

图 3-5 抽取样方的坐标图

2. 腐朽状况调查方法

在样地内，选取具有不同立地条件的 26 个样方作为试验样方，分别测量并记录各样方的坡度、坡向、坡位和海拔等基本数据。然后，对各样方中活立木进行每木调查，记录其树号、树种、胸径、树高、冠幅等基本数据。在此基础上，于 2014 年 9 月对每个样方内的红松活立木再次进行调查，观察并记录表征红松腐朽的外部表征指标的位置、数量、尺寸等信息，并据此对红松活立木是否发生腐朽做出判断。调查期间，对缺陷明显且有代表性的表征指标用数码相机进行拍照，并保存，以备后续分析。采用上述方法，共计对样地中 129 棵红松活立木的腐朽状况进行了调查，分析红松活立木腐朽与立地条件和活立木外部特征之间的关系。

3. 腐朽判定

在活立木腐朽野外调查过程中，快速判断活立木健康状况，调查其腐朽率，主要通过目测观察活立木外部腐朽表征指标来实现。传统的活立木腐朽调查，主要依据活立木树干或树枝上是否长有子实体来判断。国内学者对此已经进行了相关野外调查研究，调查过程中就是主要依据活立木是否长有子实体来判断活立木是否被腐朽菌侵染，进而判断腐朽率。然而，仅依靠子实体来判断活立木腐朽显然证据不足，有些活立木发生了腐朽但并不产生子实体。本书参考印度学者 Mohanan 的研究报告[15]，对活立木 6 种缺陷指标进行了界定，并据此来判定红松活立木的腐朽状况，包括腐朽节（swollen knot）、肿包（swollen bole）、溃伤（open wound）、朽枝（rotten branch）、空洞（hollow）、子实体（sporophore）等。

下面对这 6 种缺陷表征指标分别进行介绍，它们在红松活立木上的具体特征见图 3-6。

a. 腐朽节　b. 肿包　c. 空洞

d. 子实体　e. 朽枝　f. 溃伤

图 3-6　红松活立木样本上腐朽表征指标的实物图（彩图请扫封底二维码）

（1）腐朽节，又名隐藏的真菌缺陷、肿胀节。它看起来似乎是节子周围出现明显的肿胀或凹陷，这可能是试图抚平节子或枝杈末端腐朽的表现，当去除腐朽树枝时常发现黄色或浅黄色的物质，其最常发生在立木内部，是可靠的指标。

（2）肿包。它可能由异常肿胀或畸形的躯干引起，或者由树干上集团状的枯死和折断的树枝引起，有时位于肿胀树枝靠近树干的位置。肿包是较可靠的指标。

（3）溃伤。它通常是由外部损伤所引起，这些损伤使树干木材暴露并引起木腐菌侵染。如果溃伤位于主干或根部，则可能导致立木腐朽。溃伤种类包括：火伤、动物擦伤、岩石滑落或人为的损伤。老的溃伤是较好的判断指标。

（4）朽枝。在老龄树木上，出现大且腐烂的树枝通常预示立木产生了腐朽。只有当树枝的根部直径≥10cm，并且产生明显腐烂（通常是过熟树）时，称其为朽枝。这里，不包括略低于树冠或郁闭度较大的树上的小枯枝。

（5）空洞。它通常位于树干的根基位置，是较可靠的缺陷指标。一般存在空洞的树木都会有不同程度的腐朽。

（6）子实体。它是真菌产生孢子的生殖体，是立木腐朽最常见的表征指标，是可靠的判断指标。

根据腐朽表征指标，在实际踏查中，记录每棵红松立木上出现各个腐朽指标的位置、数目和大小，统计所调查的 129 棵红松中出现每种指标的频次，计算各项腐朽指标的发生频率，如表 3-7 所示。

表 3-7 红松活立木各腐朽指标的发生频率

腐朽表征指标	发生频次	腐朽指标发生频率/%
腐朽节	486	65.7
肿包	30	4.1
溃伤	58	7.8
朽枝	72	9.7
空洞	27	3.6
子实体	67	9.1
总计	740	100

由表 3-7 可知，在所有调查指标中，腐朽节出现频次最高，约占总数的 65.7%；空洞出现频次最低，仅占总数的 3.6%。各指标出现频次先后顺序为：腐朽节＞朽枝＞子实体＞溃伤＞肿包＞空洞。在调查过程中，经常发现多个指标同时存在于同一棵树，甚至同一位置的现象。例如，在腐朽节的发展后期，其腐朽已深入立木树干内部，由于腐朽较严重，其表面常伴有子实体的生长。尽管腐朽节出现频次较高，但大多数腐朽节的外观特征仍表现为腐朽的初期阶段；同样，尽管空洞、子实体等指标出现频次相对较低，但它们通常预示着腐朽已经比较严重，腐朽程度较高。因此，综合考虑各指标出现频次和位置，能够较好地对样本立木是否腐朽做出准确判断，但要据此对立木样本的腐朽程度做出估计，则不仅要考虑各指标出现的频次，更要权衡它们所占的权重，这需要进一步研究。

4. 腐朽率计算

为清楚了解样地中红松活立木腐朽发生的情况，分析立地条件与立木腐朽之间的关系，计算了立木腐朽率，计算公式为：

$$\text{腐朽率}=\frac{\text{腐朽立木总棵数}}{\text{调查立木总棵数}}\times 100\% \tag{3-6}$$

3.2.2 腐朽率与立地条件的关系

1. 腐朽率与坡度

调查样方中立木总数、红松腐朽数目及红松腐朽率数据，见表 3-8。表 3-8 显示，红松活立木样本总计 129 棵，其中 50 棵目测健康，健康率为 38.76%；79 棵目测腐朽，腐朽率为61.24%。腐朽率过半，这表明所调查的小兴安岭天然针阔叶混交林中红松活立木腐朽较为严重。因此，有必要探索天然林中红松活立木腐朽的内在原因，本节将试着分析红松腐朽率与立地条件及立木胸径之间的关系。

为分析红松腐朽率与坡度、坡向、坡位、海拔等立地环境因子及胸径的相关性，依据表3-8中基础数据，借助SPSS11.0统计软件包，采用Pearson相关系数法对各变量与腐朽率进行了简单相关分析，分析结果见表3-9。从表3-9可知，坡度与腐朽率呈显著负相关（$P<0.05$）；胸径和坡向均与腐朽率呈极显著相关（$P<0.01$）；坡位和海拔与腐朽率的相关性均不显著（$P>0.05$）。表3-8显示，在立地条件较一致情况下，各样方内红松棵数相差较大，具有一定的随机性，这

表3-8 样地内腐朽红松基本数据

样方号	坡度/（°）	坡向	坡位	海拔/m	红松平均胸径/cm	立木总数	红松棵数	腐朽棵数	腐朽率/%
0301	4	西	中	354	49.9	73	8	5	62.5
0501	6	西	中	311	42.0	80	1	0	0
0901	15	西	中	308	40.7	59	4	2	50.0
0002	6	北	中	357	50.7	99	6	3	50.0
0402	10	西	中	355	51.1	74	8	4	50.0
0705	7.5	西北	中	368	53.9	41	7	4	57.1
1005	3	西北	中	377	63.4	46	5	4	80.0
1305	4	西北	中	351	43.5	65	3	2	66.6
1505	12	西北	中	351	40.4	68	3	1	33.3
1805	3	西北	中	347	57.0	51	2	2	100
0007	6	北	上	367	62.3	59	3	2	66.6
0607	18	西北	中	370	40.7	27	7	1	14.3
0907	7	西北	上	385	62.9	27	5	2	40.0
1107	6.5	西北	上	349	55.5	38	10	6	60.0
0108	8.5	北	上	370	52.1	37	6	2	33.3
0508	4	西北	上	373	76.9	38	3	3	100
1008	9.5	西北	上	387	67.8	34	6	5	83.3
1108	11	西北	上	355	70.0	46	8	6	75.0
0609	6	西北	上	373	71.7	45	5	4	80.0
0909	9	西北	上	388	61.0	37	11	10	90.9
0110	5	东北	上	373	82.4	29	2	2	100
0210	5.5	东北	上	374	72.0	27	2	1	50.0
0411	11	东北	上	378	58.5	42	1	1	100
0511	12	东北	上	379	65.2	37	5	4	80.0
0613	13	西	上	377	44.9	54	4	2	50.0
0714	15	西	上	371	30.5	54	4	1	25.0

也导致各样方内红松腐朽率的波动范围比较大，进而影响到立地环境因子与腐朽率的相关分析结果，如坡位和海拔（表 3-9）。但是，从总趋势来看，各立地环境因子对腐朽率的影响仍遵循着一定的规律（图 3-7）。

表 3-9 红松活立木腐朽率与立地环境因子及胸径之间的相关性分析结果

因变量	自变量	r	P	显著性
腐朽率	坡度	–0.416	0.035	*
	坡向	0.544	0.004	**
	坡位	0.327	0.103	—
	海拔	0.383	0.053	—
	胸径	0.712	0.000	**

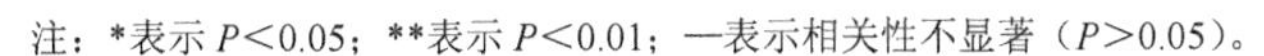
注：*表示 $P<0.05$；**表示 $P<0.01$；—表示相关性不显著（$P>0.05$）。

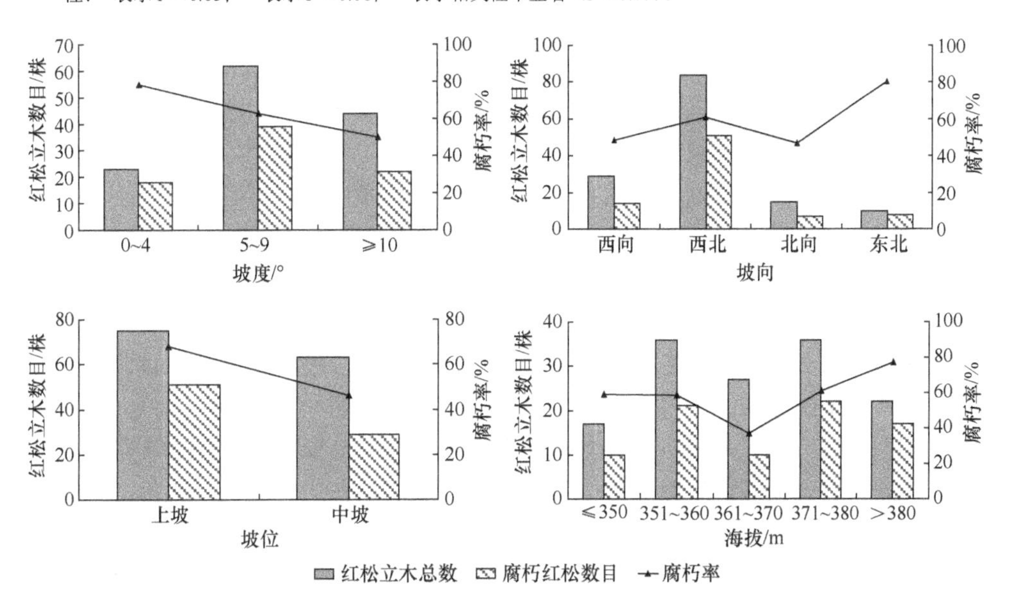

图 3-7 红松活立木腐朽率与立地环境因子之间的关系

将调查样地内坡度数据分成三组，分析红松腐朽率变化趋势（图 3-7a）。由图可知，坡度越高，红松活立木的腐朽率越小。坡度在 10°以下，腐朽率均高于 60%；而在 10°以上时，腐朽率为 50%。

相关性分析表明，坡度对红松腐朽率影响显著（$P<0.05$，表 3-9）。这与不同坡度土壤含水率和理化性质有密切关系。通常情况下，相较于平地和缓坡，陡坡地带土壤含水率和有机质含量要略低，这使得木腐菌生长缺乏充足的营养和适宜的环境，导致红松腐朽率较低。孙天用等研究表明，立地含水率及土壤特性与红松腐朽存在一定的相关性。

2. 腐朽率与坡向

调查样方主要分为4个坡向，不同坡向红松腐朽率见图3-7b。由图可知，西北坡和东北坡的腐朽率明显大过西坡和北坡。相关性分析也表明，坡向与腐朽率的相关性极显著（$P<0.01$），这表明坡向对红松活立木的腐朽有显著影响。

所调查样方大多位于阴坡，少量位于半阴坡。前人研究多数认为，阴坡腐朽率要高于阳坡。调查红松总腐朽率平均为61.46%，腐朽率非常高，这与前人研究结果一致。阴坡腐朽率高，原因主要在于：在相同的地势上，天然林阴坡受光面窄且时间短，尤其是东北地区春季冰雪融化时，阴坡长时间处于阴暗潮湿环境，腐殖质层深厚，有机质含量高，这些为大型真菌生长繁殖提供了必要条件。有学者研究表明，引发红松活立木腐朽主要菌种是松木层孔菌（*Phellinus pini*）、绣球菌（*Sparassis crispa*）等，它们均是喜湿性的，在阴坡病菌生长和蔓延的较快，加速了腐朽的进程。但也有学者得到相反的结论，鞠国柱等[16] 在研究红松根朽病时发现，病害的发生阳坡重于阴坡，分析认为黑龙江地区年平均气温较低，阴坡温度较低，限制了病菌的生长发育，致使阴坡发病率较低。著者认为，不同的调查结果与立地环境因子具有时空差异性和空间异质性有较大关系。

3. 腐朽率与坡位及海拔的关系

调查样地中红松绝大多数生长在中上坡，因此分上坡和中坡两个坡位统计腐朽率，结果见图3-7c。由图可知，上坡的红松腐朽率明显高于中坡。这一结果与毕湘虹等[17]研究结论基本一致。他们研究表明，阔叶红松林中上腹立木腐朽发生较重，中腹腐朽率低，适宜红松生长。本调查发现，在山脊及上坡地带，红松生长相对集中，数量较多。然而，在这一带，风力通常较大，小兴安岭地区冬季多风雪，这使得生长在上坡位的红松更容易发生风折或砸伤，进而形成诱发腐朽产生的溃伤，导致腐朽率上升。同样，由于立地条件具有时空差异性和空间异质性，鞠国柱等[16] 研究结论则不同，他们研究红松根朽病时发现，山中、下腹重于上腹，低凹潮湿的林地病重。原因主要是山上腹一般干燥，土壤水分少，不利于病菌活动，因此发病也较轻。

调查区域海拔基本在350~380m，分5组统计腐朽率，每10m为1组，如图3-7d所示。由图可知，随海拔升高，红松腐朽率大体呈上升趋势，也就是说山顶的红松腐朽最严重。这一趋势与图3-7c中坡位影响趋势吻合。山顶海拔高，红松腐朽也高，其原因与上文分析相同。

尽管不同坡位和海拔区间的腐朽率存在差异，但相关性分析结果表明，坡位和海拔与腐朽率的相关性均不显著（$P>0.05$，表3-9）。

3.2.3 腐朽率与胸径的关系

1. 腐朽率随胸径的变化趋势

活立木腐朽与树龄的关系研究由来已久，研究多认为腐朽率与龄级呈正比，即龄级越高，腐朽率越高。毕湘虹等[17]研究表明，红松林龄越大的林分，腐朽病害发生越严重。因为红松天然林基本都是成熟林和过熟林，所以腐朽病害为主要病害。于清[18]研究也表明山杨立木腐朽感病率随着林木年龄的增长而逐渐增加。其他学者也大多认为腐朽率与龄级呈正比。

但是，对于腐朽发生的时间点却一直存在争议，学术界存在 2 种截然相反的观点：①树木越老，抗腐朽能力越差；②树木抗腐朽能力随树龄增加在提高。

通常认为，树龄越大胸径越大。胡云云等[19]研究证明了这一点，其研究表明长白山地区红松胸径与树龄呈明显的正相关，其相关关系可以采用不同的模型来表达，其中一元线性方程模拟程度较高（D=2.14+0.249A，r^2=0.96，其中 D 代表胸径、A 代表树龄）。

从胸径着手，研究红松活立木腐朽与胸径之间的关系，为后续深入探索腐朽与树龄之间的关系做基础。图 3-8 显示了调查样地中红松立木腐朽率与胸径之间的关系。由图可知，调查的红松活立木样本胸径数值基本符合正态分布，胸径值主要集中在 40~70cm 范围内。随着胸径的增大，红松活立木腐朽率在逐渐升高。胸径＜20cm 时，所调查样本中未发现腐朽；胸径在 20~50cm 时，腐朽率相对较稳定，维持在 38%左右；而当胸径超过 60cm 后，其腐朽率均达到 70%以上。因此，可以推断胸径超过 60cm 后，红松活立木即步入了腐朽的高发阶段，这也为森林合理经营提供了一些参考。其他学者如吴志显[20]研究也得到类似结论，城市旱垂柳腐朽率（原文为真菌腐生率）随胸径增加而增高，胸径 10cm 以下时腐朽率仅 1.87%，当胸径达到 50cm 时腐朽率达到 60%，进而当胸径超过 70cm 时腐朽率高达 100%。

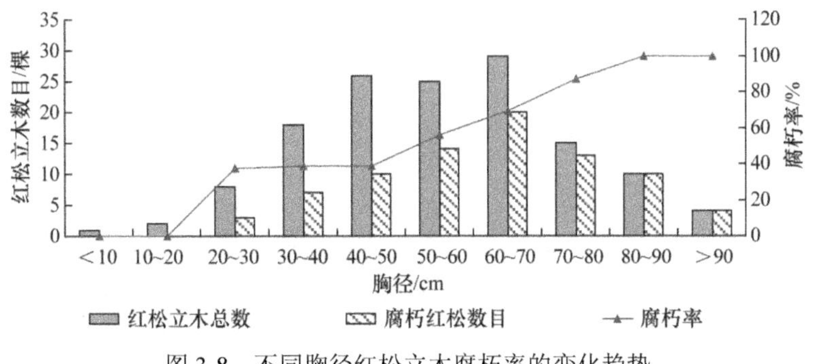

图 3-8 不同胸径红松立木腐朽率的变化趋势

按照胡云云等[19]研究，红松胸径达到 60cm 时，其树龄估计在 230 年以上。这预示着，当红松树龄超过 230 年后，红松个体发生腐朽的概率将大大增加。

2. 回归模型

根据上述分析，推断胸径与红松腐朽率可能服从线性关系。因此，以红松腐朽率为因变量，胸径为自变量，依据调查 26 个样方得到的腐朽率和平均胸径数据（表 3-8），对二者进行一元线性回归分析。借助 SPSS11.0 统计软件包，利用普通最小二乘法，全回归来实现。结果表明，回归模型的相关系数 r 为 0.712，样本决定系数 r^2 为 0.507，认为模型有较好的拟和优度。

表 3-10 为红松腐朽率与胸径的回归模型方差分析表。从表 3-10 中可得，F=24.645，查 F 检验表，$F(1,24)$=7.82（α=0.01），据此认为回归方程十分显著。图 3-9 给出了腐朽率与胸径的一元线性回归方程和散点图。从图 3-9 和表 3-9 可知，二者具有极显著的线性正相关关系。因此，当已知调查区域红松平均胸径的情况下，利用该方程来预测区域内的红松腐朽率是比较可靠的。

表 3-10 红松腐朽率与胸径的回归模型方差分析表

模型	方差总和	自由度	均方值	F 检验	置信度
回归	9 427.590	1	9 427.590	24.645	0.000
残差	9 180.913	24	382.538		
合计	18 608.503	25			

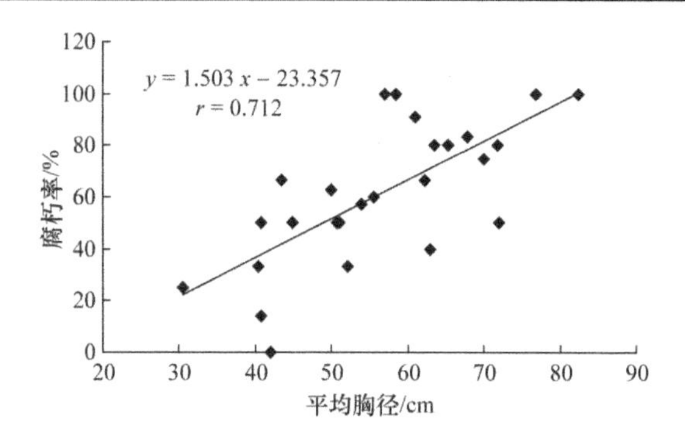

图 3-9 红松立木腐朽率与胸径的散点图

3.2.4 小结

（1）综合考虑活立木外观存在的腐朽节、肿包、溃伤、朽枝、空洞和子实体等腐朽外部表征指标，能够有效判定林地活立木腐朽状况，这可能发展为一种野外快速估计活立木腐朽程度的方法。

（2）红松活立木腐朽率受立地环境因子的影响。研究样地内，坡度越大，腐朽率越低；阴坡腐朽率较高；上坡位（高海拔）比中坡位（低海拔）腐朽率高。相关性分析表明，坡度与腐朽率呈显著负相关（$P<0.05$）；坡向与腐朽率呈极显著相关（$P<0.01$）；坡位和海拔与腐朽率的相关性均不显著（$P>0.05$）。

（3）红松活立木腐朽率与胸径呈极显著线性正相关（$P \ll 0.01$），随胸径增大，腐朽率逐渐上升；当红松胸径超过 60cm（估测树龄 230 年）时，其腐朽率高达 70%以上。

参 考 文 献

[1] Stephens E P. The uprooting of trees: A forest process. Soil Science Society of America Journal, 1956, 20(1): 113-116.

[2] Lutz H J, Griswold F S. The influence of tree roots on soil morphology. Amer Jour Sci, 1939, 237: 389-400.

[3] Schaetzl R J, Burns S F, Small T W, et al. Tree uprooting: Review of impacts on forest ecology. Vegetation, 1989, 79: 165-176.

[4] Schaetzl R J, Burns S F, Small T W, et al. Tree uprooting: Review of types and patterns of soil disturbance. Physical Geography, 1990, 11: 277-291.

[5] Wu K K, Peng S L, Chen L Y, et al. Characteristics of forest damage induced by frozen rain and snow in South China. Chinese Journal of Ecology, 2011, 30(3): 611-620 .

[6] Li X F, Zhu J J, Wang Q L, et al. Snow/wind damage in natural secondary forest in Liaodong mountainous regions of Liaoning Province. Chinese Journal of Applied Ecology, 2004, 15(6): 941-946 .

[7] Phillips J D, Marion D A, Turkington A V. Pedologic and geomorphic impacts of a tornado blowdown event in a mixed pine-hardwood forest. Catena, 2008, 75: 278-287.

[8] Cao B H, Zhang Y J, Mao P L, et al. Formation cause of wind damage to *Robinia pseudoacacia* plantation in Yellow River Delta. Chinese Journal of Applied Ecology, 2012, 23(8): 2049-2054 .

[9] Xu H, Li Y D, Luo T S, et al. Influence of typhoon Damrey on the tropical montane rain forest community in Jianfengling, Hainan Island, China. Journal of Plant Ecology (Chinese Version) , 2008, 32(6): 1323-1334 .

[10] Peltola H M. Mechanical stability of trees under static loads. American Journal of Botany, 2006, 93(10): 1501-1511.

[11] Du S, Duan W B, Wang L X, et al. Microsite characteristics of pit and mound and their effects on the vegetation regeneration in *Pinus koraiensis* dominated broadleaved mixed forest. Chinese Journal of Applied Ecology, 2013, 24(3): 633-638.

[12] Mitchell S J. Stem growth responses in Douglas-fir and Sitka spruce following thinning: Implications for assessing wind-firmness. Forest Ecology and Management, 2000, 135: 105-114.

[13] Peltola H, Kellomäki S, Hassinen A, et al. Mechanical stability of Scots pine, Norway spruce and birch: an analysis of tree-pulling experiments in Finland. Forest Ecology and Management, 2000, 135: 143-153.

[14] 毕湘虹, 魏霞, 邓勋. 黑龙江省天然红松林大型真菌的生态分布与资源评价. 林业科技, 2006, 05: 26-30.

[15] Mohanan C. Decay of Standing Trees in Natural Forests. Peechi: Kerala Forest Research Institute, 1994.

[16] 鞠国柱, 项存梯, 季良杞, 等. 红松根朽病的研究. 东北林业大学学报, 1979, 2: 52-59.

[17] 毕湘虹, 魏霞, 邓勋. 天然红松林与人工红松林大型真菌生物多样性及主要病害变化规律. 林业科技, 2006, 31(6): 18-22.

[18] 于清. 山杨林病害与林分因子的关系及对立木材积的影响. 林业科技情报, 2012, 44(3): 16-17.

[19] 胡云云, 亢新刚, 赵俊卉. 长白山地区天然林林木年龄与胸径的变动关系. 东北林业大学学报, 2009, 37(11): 38-42.

[20] 吴志显. 城市旱垂柳平头后的腐朽规律与防控技术研究. 森林工程, 2009, 25(1): 13-16.

4 红松活立木腐朽程度定量表征

目前对于活立木腐朽程度的定量尚没有统一的标准，在不伐倒活立木的情况下，无论是其内部腐朽区域的确定还是木质部分解破坏程度的确定都是一个难题。现有的腐朽检测技术如阻抗仪、应力波和电阻法等能够以一定的准确度测定腐朽区域的发展范围和对木质部的破坏程度，由于检测效果受树种等诸多因素的影响，针对某一林区树种的腐朽进行研究时，还须对检测方法的设计和检测准确性做全面系统的试验、评估和分析。本章试图从野外测试和室内实验两方面入手对红松活立木树干腐朽程度进行分析判断和定量表征。

4.1 腐朽程度“真值”判定

4.1.1 样木选取

在前期腐朽率调查基础上，对样地内的红松活立木展开二次调查，利用目测法和树木阻抗仪 Resistograph（德国 Rinntech 公司生产，型号 4453）检测确定红松内部腐朽状况。目测法观察红松有没有腐朽迹象，包括树干上（尤其是基部树干）有空洞，有枯枝落叶，树皮有腐烂或外伤，树干有臃肿现象等，以此来初步判断一株活立木是否有腐朽。然后对于那些从外观上不能确定是否腐朽的活立木，如没有任何腐朽迹象或者有腐朽迹象但不明显的，使用树木阻抗仪 Resistograph 对可疑部位进行检测，最终确定是否有腐朽。经过调查，共检测出 30 株有腐朽的红松活立木作为样木，另外，从样地东、西、南、北四个方向和中部分别各选取 2 株健康样木，共计 10 株作为对照样木。样木均生长在坡度 5°~8°的缓坡上，所处地形可以代表研究区域的典型地形特点。

4.1.2 腐朽“真值”（木芯质量损失率）确定

在样木选取过程中发现，红松腐朽一般在树干靠近根部的部位比较严重，所以样木的测试位置设在距离地面 40~50cm 的一个横截面。研究表明，腐朽一般是从活立木干基处开始的，然后同时沿纵向和径向扩展，随着腐朽区域在树干内部的不断扩展，干基处腐朽区域面积占横截面总面积的比例逐渐升高，干基处木材受到的侵蚀分解程度也越来越高，所以干基处的腐朽程度可在很大程度上反映整个活立木的腐朽程度。

为了准确测定红松树干腐朽程度，同时避免对活立木造成太大损伤，确定在所测横截面上沿着两个通过腐朽区域且互相垂直的直径方向进行腐朽测定。在这两个方向上，使用瑞典树木生长锥（取样直径 5.15mm，取样长度 30cm，与后续阻抗仪检测位置邻近）钻取木芯（图 4-1），将刚取下的木芯存放在密封袋中以备测试。如果从样木上取得的某段木芯有腐朽，则在取木芯处邻近的健康部位再取一段健康木芯，用于对照。

使用生长锥从每株样木树干中钻取出 2~4 个腐朽或健康的木芯。对有腐朽的木芯（图 4-1a、b）进行木芯质量损失率的估算。在烘干的情况下，称得腐朽木芯的质量为 m_1，在腐朽木芯邻近部位取出的健康木芯（图 4-1c）的质量为 m_2，它们的长度分别为 L_0 和 L_1。由于部分样木腐朽比较严重，甚至出现空心，使得生长锥取出的木芯不完整，有一部分腐朽木材留在活立木体内或者已经被完全腐蚀掉，这样腐朽木芯的质量损失率估计会有偏差。为此须将每个腐朽木芯与其相近位置测得的阻力曲线（阻抗仪测试数据，在 4.2 节中介绍）进行对照，根据曲线的分析结果把生长锥钻取木芯的缺失部分的长度计算出来，加上已经取到部分的长度作为用于计算的 L_0，缺失的那部分木芯由于腐朽严重质量很小，忽略不计。

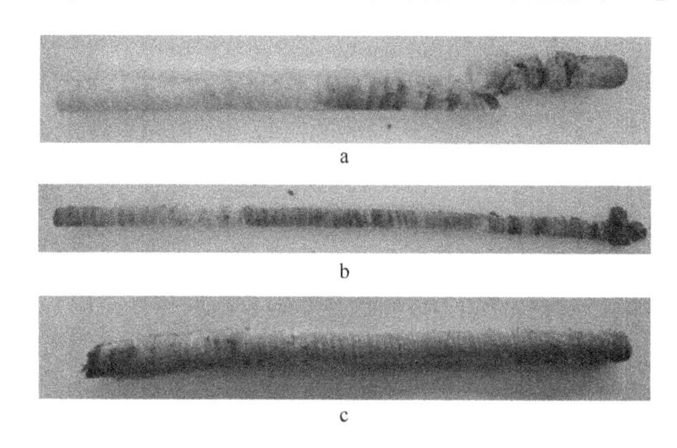

图 4-1　腐朽（a、b）和健康（c）的木芯样本（彩图请扫封底二维码）

单位长度健康木芯的质量 $m_2'=m_2/L_1$，腐朽木芯在健康状况下的估计质量 $m_1'=m_2'\times L_0$，用腐朽木芯的实际质量 m_1 和估计质量 m_1' 计算出木芯质量损失率为：

$$S=\frac{m_1'-m_1}{m_1'}\times 100\% \tag{4-1}$$

把从一株样木中取出的 2 根木芯的质量损失率取算术平均值作为该株样木的腐朽程度 E_S（%），在后续分析中将 E_S 看作样木腐朽程度的真值。

4.2 腐朽程度判定——阻抗仪法

4.2.1 测试过程

在样木选取过程中发现，红松腐朽一般在树干靠近根部的部位比较严重，所以样木的测试位置设在距离地面 40~50cm 处的一个横截面。研究表明，腐朽一般是从活立木干基处开始的，然后同时沿纵向和径向扩展，随着腐朽区域在树干内部的不断扩展，干基处腐朽区域面积占横截面总面积的比例逐渐升高，干基处木材受到的侵蚀分解程度也越来越高，所以干基处的腐朽程度可在很大程度上反映整个活立木的腐朽程度。

为了准确测定红松树干腐朽程度，同时避免对活立木造成太大损伤，决定在所测横截面上沿着两个通过腐朽区域且互相垂直的直径方向进行腐朽测定。首先用阻抗仪检测（图 4-2），阻抗仪的检测结果是两张阻力曲线图。通过对阻力曲线图的分析实现腐朽程度定量。

图 4-2 外业测试中使用树木阻抗仪 Resistograph 对活立木进行检测（左图）和使用瑞典树木生长锥从树干中钻取木芯样本（右图）（彩图请扫封底二维码）

阻抗仪主要由 4 部分组成，即驱动电机、探针、微机系统和蓄电池。测量时往木材内部匀速刺入一根直径 1.5mm 的钢制探针，微机系统会记录下钢制探针在旋转刺入木材时所受阻力，并把记录数据生成一张阻力曲线图（图 4-3）。在阻力曲线图上，横坐标表示的是探针钻入木材的深度（单位：mm），纵坐标表示的是探针所受阻力的相对大小（单位：resi）。由于探针受到的阻力大小跟木材的硬度、密度等物理力学特性密切相关，当活立木某处发生腐朽时，该处木材的力学强度和密度就会显著降低，探针钻到该处时周围木材对探针造成的阻力就会降低，在阻力曲线图上会观察到一个波谷。实际测试表明，探针受到的阻力对木材腐朽的影响比较敏感，因此阻抗仪的检测结果是很可靠的。

图 4-3 中 ABCD 区域所包含的那段曲线表明活立木有腐朽，该段曲线相对于其他部分有明显的下降，且曲线波动较小，形成波谷，说明阻力显著下降且较平稳地保持在很低的水平上。从该段曲线在横轴上的投影可以判断腐朽发生在距离树皮 90~290mm 处。根据曲线图上横纵坐标轴的实际意义，现定义腐朽程度（E_0）（单位：resi）按下式计算：

$$E_0 = \frac{L}{D} \times \frac{H+h}{2} \tag{4-2}$$

式中，L 为下降段曲线在横轴上投影的长度，mm；H、h 分别为下降段曲线左右两边 AB 和 CD 在纵轴上投影的长度，resi；D 为所测活立木横截面的直径，mm。应用此公式把每幅阻力曲线图的腐朽程度（E_0）计算出来，然后把每株样木对应的两幅图的 E_0 取算术平均值（E_1），找出所有样木中 E_1 的最大值（E_{max}），则样木腐朽程度（E_Z）按下式计算：

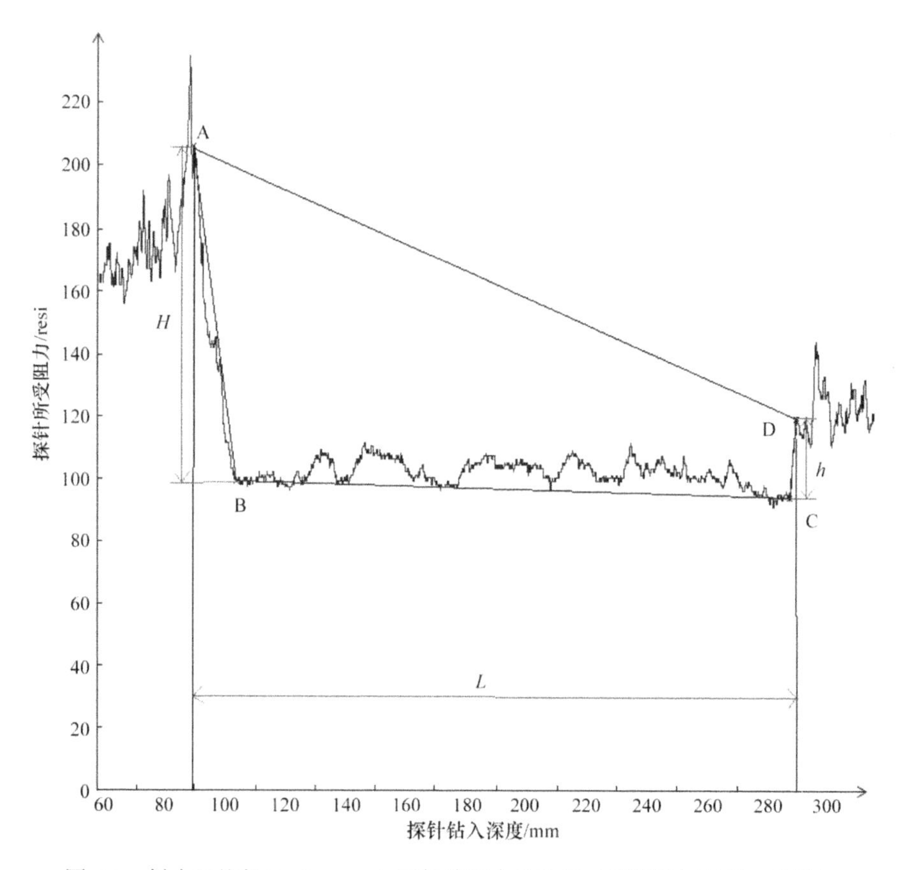

图 4-3　树木阻抗仪 Resistograph 测得的阻力曲线图（彩图请扫封底二维码）

$$E_Z = \frac{E_1}{E_{max}} \times 100\% \tag{4-3}$$

这样计算出来的腐朽程度（E_Z）是一个百分数（%），介于 0~100%，便于数据分析和计算。

4.2.2　数据处理

以木芯质量损失率估测结果（即腐朽程度 E_S）作为样木腐朽程度的真值，使用统计分析软件 SPSS19.0 分析阻抗仪测定结果（腐朽程度 E_Z）与真值之间的关系，计算两种结果的相关系数，建立一元线性回归方程，分析相关性和一致性。同时应用假设检验法分析两种方法测得腐朽程度的分布情况（包括正态性、偏度、峰度、方差、变异系数等），通过单因素方差分析和非参数检验定量评价两种方法分辨腐朽和健康样木的能力。

4.2.3　结果分析

1. 腐朽程度的分布特征

利用阻抗仪检测（腐朽程度 E_Z）和木芯质量损失率测定（结果作为腐朽程度真值 E_S）两种方法分别对 30 株红松样木的腐朽程度做了定量估测，通过分析腐朽程度的分布特征，可以总体了解所测样木的腐朽情况，进而对所测林区的红松腐朽分布情况做出推测。正态性检验表明，两种方法测定的 30 株样木的腐朽程度均符合正态分布，偏度和峰度的计算值与检验结果相符。阻抗仪测得的腐朽程度（E_Z）偏度和峰度的绝对值都不超过 0.6，根据木芯质量损失率测得的腐朽程度（E_S）偏度绝对值还不到 0.1，峰度绝对值也不超过 0.6，说明 E_Z 和 E_S 都比较接近正态分布；偏度和峰度取负值说明它们比正态分布的高峰更平坦一些、分布中心往左偏一些（表 4-1）。

表 4-1　阻抗仪和生长锥测得腐朽程度的分布特征（%）

测定结果分类	平均值	最大值	最小值	极差	标准差	变异系数	偏度	峰度	正态性（Shapiro-Wilk 检验）
阻抗仪（E_Z）	50.93	100	0.24	99.76	25.53	0.501	−0.512	−0.449	符合正态分布
生长锥（E_S）	27.27	48.30	4.27	44.03	11.68	0.428	−0.096	−0.533	符合正态分布

结合腐朽程度分布散点图（图 4-4）可以看出，阻抗仪测得的腐朽程度 E_Z 主要分布于 50%~80%，根据木芯质量损失率测得的腐朽程度 E_S 主要分布于 20%~40%，E_Z 较大是其计算的参照基准点与 E_S 不同所致，前者是以腐朽程度最大值为基准算得的比例值，后者是以健康木芯质量为基准算得的质量损失率。两

组腐朽程度的参照和处理方法并不影响各样木腐朽程度的相对大小关系，从散点图上可以看出两组数据有相似的变化趋势。E_Z的极差和标准差明显大于E_S，但是两者的变异系数相差不大。极差和标准差会受到量纲影响，E_Z的量纲较大（平均值比E_S高23.66），所以这两个指标都很大，变异系数消除了量纲的影响，从变异系数可以断定两组腐朽程度的离散程度相近。

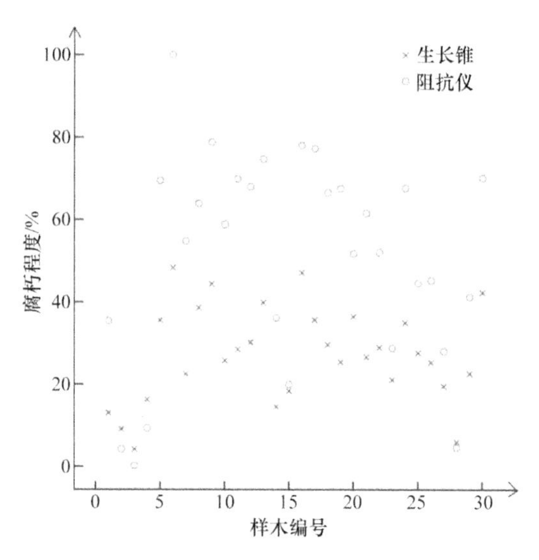

图4-4　阻抗仪检测和估测生长锥钻取木芯的质量损失率测得腐朽程度的分布散点图

阻抗仪测得的腐朽程度（E_Z）主要反映了腐朽区域在活立木体内的分布比例和木材力学强度下降比例，根据木芯质量损失率测得的腐朽程度E_S主要反映了木材质量损失情况，即质量损失率，质量损失率也与腐朽分布范围、木材结构破坏程度和力学强度密切相关，所以这两个指标都从多个角度体现了腐朽程度，并且在理论上有很强的相关性。从这两个指标的分布来看，所测30株样木的大多数属于中到重度腐朽（E_Z：50%~80%，E_S：20%~40%），初期腐朽的较少。就E_Z而言，当它达到100%时，样木心材已经朽成空洞了，所以E_Z=50%~80%应该属于中重度腐朽；E_S的最大值是48.30%，其对应的木芯很短，并且已经部分地朽成粉末，树干中从木芯末端位置到树心部分的木质部被完全腐蚀掉形成空洞，所以E_S在20%~40%也属于中重度腐朽。

可见所测林区内的腐朽红松大多数已经是中重度腐朽，树干受到木腐菌的侵蚀严重，有的形成空洞，有的腐成粉末，失去了许多使用价值。这一分析结果与实际调查观测到的结果一致。在通过检测挑选出来的腐朽样木中，许多样木在其根部可以看到明显的树洞，还有一些在用生长锥钻取木芯时可以看到，内部树干已经朽成粉末。这一现象与红松的年龄有很大关系，所测林区内的红松大都属于成熟或过熟龄，胸径在 40cm 以上，其内部腐朽很可能已经持续发展了几十年。

2. 两种方法判断腐朽发生的准确性分析

有些腐朽活立木仅从外观上即可与健康活立木区分开来，有些则需要使用阻抗仪检测和生长锥钻取木芯确定是否腐朽。通过目测法确定腐朽主要包括以下几种情况：树洞、树干臃肿、树皮脱落、枝叶枯萎。阻抗仪检测通过观察阻抗曲线图的变化趋势区分开腐朽和健康活立木，生长锥检测通过观察取出的木芯、分析木芯质量密度变化确定活立木是否腐朽。

1）阻抗仪检测

正如前面所述，腐朽样木的阻抗曲线上有明显的下降区域，并且在下降区域里曲线的波动很小；健康样木的阻抗曲线在局部也有下降趋势，但是下降幅度不明显，下降区域的曲线波动依然很大，并且下降后很快又有上升，整体上看曲线是呈上升趋势的。如果只是想判断一株活立木是否腐朽，通过观察阻抗曲线图即可实现（图 4-5）。

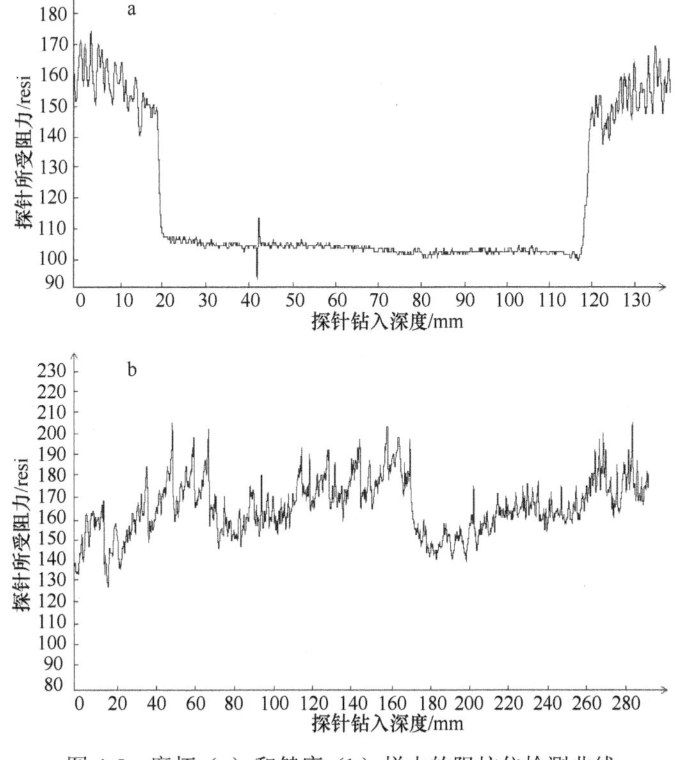

图 4-5　腐朽（a）和健康（b）样木的阻抗仪检测曲线

由于腐朽导致木材密度和硬度下降，阻抗仪钻针钻透木材所受阻力下降，所以从腐朽样木上测得的阻抗曲线的平均阻力值（$\overline{f_F}$）一般明显小于从健康样木上测得的阻抗曲线的平均阻力值（$\overline{f_J}$）。平均阻力值（$\overline{f}$）是指整个阻抗曲线的纵坐标（阻力）取值的平均水平，按照高等数学对连续函数平均值的定义，$\overline{f}$ 应该按下式计算：

$$\overline{f} = \frac{1}{L}\int_0^L f(l)dl \tag{4-4}$$

式中，L 是曲线横坐标（钻针钻入深度）的最大值，l 是钻针钻入深度，f（l）是阻力值关于钻针钻入深度的函数。实际上 f 跟 l 之间的关系很难确定，应用树木阻抗仪 Resistograph 自带的软件 Decom 和微软公司开发的 Excel 可以算出近似值，计算方法是把绘成曲线的所有点（一般为 2 万~4 万个）的阻力值相加然后取平均值。通过对所测 30 株腐朽样木和 10 株健康样木的平均阻力值（$\overline{f}$）比较发现，健康样木的平均阻力值（$\overline{f_J}$）比腐朽样木的平均阻力值（$\overline{f_F}$）平均高出 36%，即

$$\overline{f_J} = \frac{1}{10}\sum_{i=1}^{10}\overline{f}_{Ji} = (1+36\%)\overline{f_F} = (1+36\%)\cdot\frac{1}{30}\sum_{k=1}^{30}\overline{f_{Fk}} \tag{4-5}$$

式中，$\overline{f_{Ji}}$ 是第 i 株健康样木的平均阻力值；$\overline{f_{Fk}}$ 是第 k 株腐朽样木的平均阻力值。方差分析结果表明，$\overline{f_J}$ 在 α=0.05 水平上显著高于 $\overline{f_F}$。

2）生长锥钻取木芯检测

从生长锥钻取的木芯的外观上看，健康木芯一般没有断裂，表面比较光滑，木芯颜色从边材到心材逐渐由白色变为红褐色，颜色变化平缓，没有突变（图 4-1c）；腐朽木芯取出来后一般会有断裂，断裂处木材遭到木腐菌侵蚀，木结构被破坏，在木芯上呈现出凹凸不平的粗糙表面，腐朽部位的颜色可能变为深褐色或黑色（褐腐，图 4-1b），也有可能变为灰白色（白腐，图 4-1a）。腐朽使木材的密度下降，通过计算木芯的密度可以定量区分腐朽和健康木芯。由于木芯的直径是相等的（5.15mm），这里只需计算单位长度木芯质量即可，称为线密度（r_S，g/cm）。统计分析结果表明，30 株腐朽红松木芯的线密度 r_{SF} 显著低于 10 株健康红松木芯的线密度 r_{SJ}（$P<0.05$），r_{SF} 的平均值比 r_{SJ} 的平均值低 22%。

通过对腐朽和健康样木的检测结果进行对比，可以发现如果只想判断样木是否腐朽，只需对阻抗曲线图或者取出的木芯进行观察即可得出准确结果，无须作进一步处理。定量分析表明，无论是阻抗曲线图的平均阻力值 $\overline{f}$ 还是木芯的线密度 r，健康样木都显著高于腐朽样木，所以用这两种方法对腐朽程度定量是可行的。

3. 阻抗仪测定结果与腐朽程度真值之间的一致性分析

红松是我国乃至世界的珍贵树种，受到特别的保护，因此不可能把红松样木伐倒用于腐朽分析。为了评价阻抗仪在野外检测活立木腐朽程度的准确性和可靠性，以生长锥钻取木芯的质量损失率估测值作为样木腐朽程度的真值（E_S），分析阻抗仪测定的腐朽程度（E_Z）与腐朽程度真值（E_S）之间的相关关系。

分别计算 E_Z 和 E_S 之间的 Pearson 相关系数 r_P 和 Spearman 等级相关系数 r_S，可得 r_P=0.905（$P<0.01$），r_S=0.907（$P<0.01$），所以阻抗仪检测结果 E_Z 与 E_S 在 α=0.01 水平上显著相关，并且相关程度很高。

使用一元最小二乘回归建立 E_Z 和 E_S 的回归模型，可得 $E_Z=1.977E_S-2.972$（r^2=0.819，$P<0.01$）。说明阻抗仪检测结果 E_Z 与 E_S 之间存在极显著的线性相关关系，与相关系数分析的结果一致，从散点图上可以看到，建立的回归方程很好的拟合了测试数据（图 4-6）。

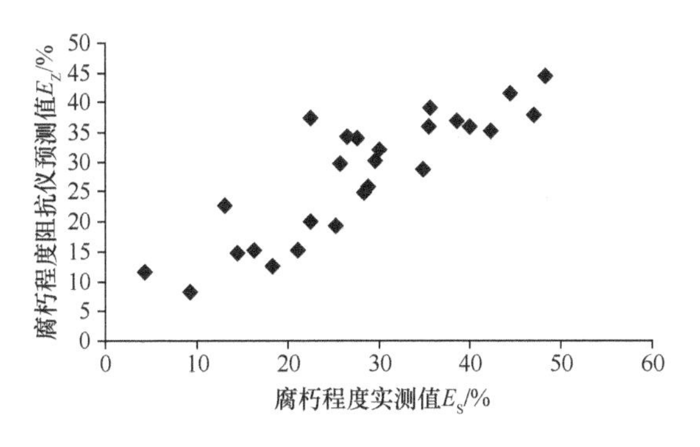

图 4-6 两种检测结果的散点图

相关系数分析和回归分析揭示了阻抗仪检测结果与腐朽程度真值之间极显著的线性相关关系，说明阻抗仪检测能够比较准确地反映树干内部腐朽情况，检测结果是可靠的。对单株活立木进行腐朽程度测定时，使用两种方法中的任何一种都能得到类似的结果，而且在某种程度上两种方法的测定结果之间可以相互转换。造成这一结果的原因是两种方法的测试原理之间存在联系，阻抗仪利用了腐朽导致木材密度和强度下降的原理，木芯质量损失率估测法利用了腐朽导致木材颜色和密度发生变化的原理，所以两种方法测得的腐朽程度都跟木材密度显著相关，因此它们之间也显著相关。

4.3 腐朽程度判定——近红外光谱法

近红外光谱技术在近几十年得到了快速的发展，并被逐渐应用到木材领域。

研究表明，该技术在木材种类识别、木材物理力学性质检测和木材腐朽分级等方面都有很好的应用前景，已经取得了许多成果。近红外光（near infrared，NIR）的波长介于780~2526nm，是处于可见区和中红外区之间的电磁波。应用近红外光谱技术识别木材或进行木材性质的定量预测主要是利用光谱中所包含的木材物理化学等方面的信息，通过化学计量学方法建立光谱信息和所要预测的性质之间的数学模型，最终实现预测。

4.3.1 测试过程

从30株腐朽红松样木的木芯中选择25根腐朽木芯（分别来自于25株不同的样木），用于近红外光谱分析。部分样木的木芯未被选用是因为木芯在钻取过程中损伤严重，难以进一步加工。近红外光谱的采集位置设置在木芯腐朽最严重处的横切面上，该面是木材的弦切面，把这个面用细砂纸轻轻磨平，避免木芯在摩擦过程中断裂解体。

样品的近红外光谱使用LabSpec®Pro FR/A114260（美国ASD公司，光谱范围350~2526nm）采集，用两分叉光纤探头垂直于样品的加工面采集光谱，每次采集用时1.5s，在这期间对样品连续扫描30次取平均光谱，光谱的采集间隔为1nm，整个光谱曲线由2151个点组成。采集光谱时实验室的温度和湿度条件基本保持稳定。

4.3.2 数据处理

利用光谱仪自带的软件ViewSpecPro把光谱数据转换成Jcamp-DX格式后导入The Unscrambler软件里。以木芯质量损失率估测算得的腐朽程度（E_S）为真值，使用The Unscrambler软件建立E_S的近红外光谱预测模型。分别使用3个波段的光谱建模，即全光谱（350~2526nm）、600~900nm光谱和1200~1600nm光谱。光谱的预处理分别使用一阶和二阶导数，把经过导数处理的光谱在不同波段建立的模型与原光谱建立的模型进行比较，通过相关系数r、校正标准差SEC（standard error of calibration）和预测标准差SEP（standard error of prediction）等参数评价模型的优劣，选出最优预测模型，r、SEC和SEP的计算公式如下：

$$r = \frac{\sum\left(y-\overline{y}\right)\left(y_{\mathrm{p}}-\overline{y_{\mathrm{p}}}\right)}{\sqrt{\sum\left(y-\overline{y}\right)^2\sum\left(y_{\mathrm{p}}-\overline{y_{\mathrm{p}}}\right)^2}} \tag{4-6}$$

式中，y和y_{p}分别为用标准方法测得的因变量取值和用模型估计出的因变量值；$\overline{y}$

和 $\overline{y_p}$ 分别表示 y 和 y_{p} 的样本均值。r 的取值范围为[−1,1]，但实际上由于 y_{p} 是 y 的估计值，二者不可能负相关，所以在模型验证中 r 的实际取值范围为[0，1]。r 的取值越大，模型的拟合性越好。

$$\mathrm{SEC}=\sqrt{\frac{\sum\left(y-y_{\mathrm{p}}\right)^{2}}{n_{\mathrm{c}}-p-1}} \tag{4-7}$$

式中，n_{c} 表示校正集样本个数；p 表示模型中包含的主成分个数。校正标准差越小，模型的拟合效果越好。

$$\mathrm{SEP}=\sqrt{\frac{\sum\left(y-y_{\mathrm{p}}\right)^{2}}{n_{\mathrm{v}}-1}} \tag{4-8}$$

式中，n_{v} 表示验证集样本个数。预测标准差越小，模型的拟合、预测效果越好。

建立预测模型所用的化学计量学方法为偏最小二乘回归，该方法集中了主成分分析，典型相关分析和线性回归分析方法的特点，因此不仅可以得到更为合理的回归模型，还可以提供一些主成分分析和典型相关分析所能得出的信息。

使用偏最小二乘回归需要确定主成分的个数。这里参考最常用的方法，根据预测残差平方和 $S_{\mathrm{S.P.R.E}}$（prediction residual error sum of square）确定主成分个数，$S_{\mathrm{S.P.R.E}}$ 值越小，说明模型的预测能力越好，因此 $S_{\mathrm{S.P.R.E}}$ 最小时的主成分数为最佳主成分数。

$$S_{\mathrm{S.P.R.E}}=\sum\left(y-y_{\mathrm{p}}\right)^{2} \tag{4-9}$$

式中，y 为样品已知值，y_{p} 为样品预测值。

4.3.3　结果分析

1. 建模波段筛选

从原始光谱来看（图 4-7），在 600~900nm 和 1200~1600nm 两个范围内，不同样品的光谱有比较明显的差异，从图上可以看到，在这两个波段光谱曲线被清晰的分开了，这是因为不同样品的吸收度相差较大，所以对应的曲线很自然地从高到低排列开来，形成在纵向上分布较宽的谱图。在 600~900nm 波段，最高光谱曲线与最低光谱曲线的吸收度差值达到 38 100，在 1200~1600nm 波段，这一差值为 18 762，可见光谱吸收度的变动范围都很大，最有可能反映腐朽给木材带来的化学成分、密度和物理结构上的变化，所以除了用全光谱建立模型外，分别单独使用这两个范围的光谱建立模型。

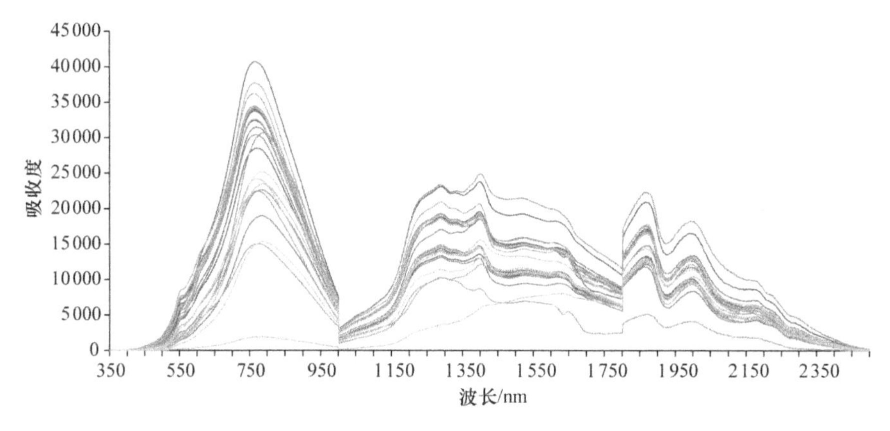

图 4-7 未经过预处理的原始光谱（彩图请扫封底二维码）

2. 建模效果

在用原始光谱建立的三个模型中（表 4-2），以全光谱建立的模型最优，校正集和验证集的相关程度都较高（近红外光谱与腐朽程度真值之间的相关系数 r 达到 0.6 以上），且校正和预测误差都较低（10 以下），说明模型的拟合程度好，且有较好的预测精度；1200~1600nm 光谱建立的模型次之；600~900nm 光谱建立的模型最差。600~900nm 所建模型的校正集相关系数几乎为 1，而验证集相关系数几乎为 0，造成这一现象的原因是模型中包含了太多参数，即提取了太多主成分（11 个），产生了过度拟合，所以模型可以很精确地预测校正集中的样本，对验证集中的样本却无能为力。主成分个数是根据预测残差平方和 $S_{\mathrm{S.P.R.E}}$ 选定的，最佳主成分个数应使 $S_{\mathrm{S.P.R.E}}$ 最小，如果改变主成分个数会使 $S_{\mathrm{S.P.R.E}}$ 增大，模型的预测

表 4-2 用偏最小二乘法建立的近红外光谱模型预测效果

光谱预处理方法	光谱范围/nm	主成分数	校正模型			验证模型		
			相关系数	校正均方根误差	校正标准差	相关系数	预测均方根误差	预测标准差
不处理	350~3500	2	0.651	8.739	9.008	0.642	4.792	4.354
不处理	600~900	11	0.999	0.540	0.557	0.022	25.534	27.260
不处理	1200~1600	1	0.575	9.419	9.408	0.379	8.846	7.176
一阶导数	350~3500	2	0.697	8.252	8.506	0.574	4.557	4.847
一阶导数	600~900	1	0.227	11.211	11.556	0.363	7.396	5.905
一阶导数	1200~1600	2	0.621	9.025	9.303	0.335	6.940	5.814
二级导数	350~3500	3	0.974	2.612	2.692	0.391	6.366	6.117
二级导数	600~900	1	0.584	9.347	9.635	0.710	6.415	4.273
二级导数	1200~1600	2	0.898	5.071	5.227	0.105	7.462	7.049

效果也不好。

在用一阶导数处理后光谱建立的模型中，全光谱建立的模型效果最优，校正集和验证集相关系数 r 都较大（0.55 以上），校正和预测误差都较小，尤其验证集，预测均方根误差 RMSEP 和预测标准差 SEP 均在 5 以下，校正集的校正均方根误差 RMSEC 和校正标准差 SEC 均在 9 以下。1200~1600nm 光谱建立的模型校正集相关系数较大（r=0.621），校正集 RMSEC 和 SEC 均在 10 以下，但是验证集相关系数较小（r=0.335），验证集 RMSEP 和 SEP 均在 7 以下。600~900nm 光谱建立的模型校正集和验证集相关系数均较小（r 分别为 0.227 和 0.363），校正集误差达到 11 以上，验证集误差在 8 以下。

在用二阶导数处理后光谱建立的模型中，600~900nm 光谱建立的模型效果最佳，校正集相关系数 r=0.584，RMSEC 和 SEC 均在 10 以下，验证集相关系数是所有模型中最大的（r=0.710），验证集 RMSEP 和 SEP 均在 7 以下。全光谱建立的模型次之，尽管校正集相关系数很高（r=0.974），校正误差很小（RMSEC 和 SEC 均小于 3），验证集的相关系数却较低（r=0.391），验证集误差均在 7 以下。1200~1600nm 光谱建立的模型效果最差，主要是验证集相关系数很小（r=0.105），误差较大（RMSEP 和 SEP 均大于 7），校正集拟合效果很好，相关系数 r=0.898，RMSEC 和 SEC 均在 6 以下。

3. 选择最优模型

由以上的初步比较可以看出，每一种预处理方法下（含不处理）对应的 3 个波段的模型中均有一个效果较好的，其中原光谱和一阶导数处理后光谱所建模型均在全波段（350~2526nm）效果最优，二阶导数处理后光谱所建模型在 600~900nm 效果最优，依次记这 3 个模型为①②③，它们的拟合效果相近，难以比较。为了综合考虑校正集和验证集的建模和预测效果，从模型①②③中选出最优，把每个模型校正集和验证集的相关系数 r、均方根误差 *RMSE* 和标准差 *SE* 都取算术平均再比较，计算结果如下

模型①：r=0.647，RMSE=6.766，SE=6.681

模型②：r=0.636，RMSE=6.405，SE=6.677

模型③：r=0.647，RMSE=7.881，SE=6.954

从相关系数等的平均值来看，3 个模型在校正集和验证集的综合拟合效果比较接近，模型①和②的效果稍好于模型③，因为模型③的 RMSE 和 SE 较大，而 r 与其他两个模型相差很小（与模型①的 r 相等）。将模型①和②进行比较，显然模型②稍好一些，因为它的 r 只比模型①小 0.011，而 RMSE 比模型①小 0.261，SE 比模型①小 0.004，说明模型②的预测稳定性更好，预测值与实测值之间的误差出现过大或很小情况的概率更小，实用性更佳

（图 4-8）。

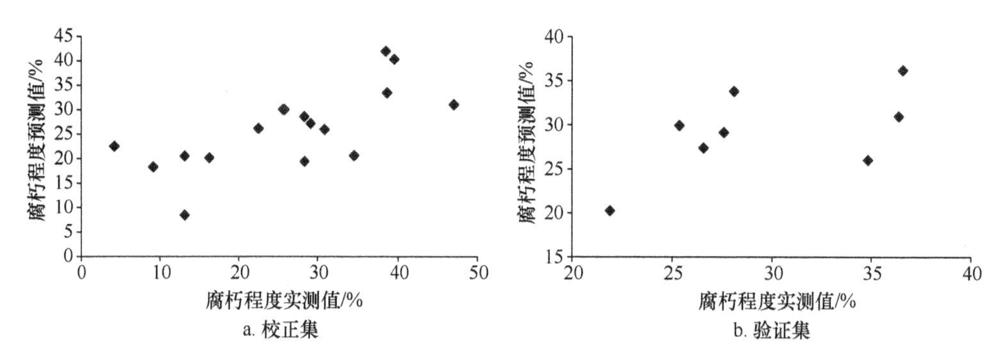

图 4-8 近红外光谱预测值和实测值的相关性（一阶导数预处理，350~2500nm）

4.4 腐朽程度判定——红外光谱法

红外光的波长介于 0.78~1000μm，其中波长在 25~1000μm 的是远红外区，波长在 2.5~25μm 的是中红外区，其余部分为近红外区，近红外光的波长是最小的。在定量分析和预测方面，近红外光谱技术发展得较为成熟，中红外和远红外光谱更多地应用在定性分析方面。随着红外光谱分析技术研究的不断深入，中红外和远红外光谱也逐渐应用到混合物定量分析上，在生物化工、药物医学、农业食品及纺织等领域都有很好的应用。对腐朽和健康木材样本进行红外光谱分析可以间接得出腐朽后木材内化学成分含量的变化，深入理解腐朽对木材造成破坏的原因。

4.4.1 测试过程

从红松样木的木芯中选择 2 根健康和 5 根腐朽的木芯用于红外光谱分析，把每根木芯从靠近树皮一端开始切成 3cm 的小段，用刀片在每个小段上沿着木材弦切面切下一个 0.5mm 厚的薄片，用于红外光谱分析。

红外光谱的采集使用傅里叶变换红外光谱仪 Nicolet 6700（美国 Thermo Fisher Scientific 公司），分辨率为 $4cm^{-1}$，扫描次数 32 次。将木材样品薄片放置在样品台的金刚石 ATR 附件上，调节压力塔至合适的位置测试即可。

4.4.2 数据处理

将光谱数据导入 Origin 8 中进行分析，首先把谱图波峰两边最低的两点连接起来作为基线，波峰顶点到基线的垂直距离称为波峰高度。在谱图上分辨出纤维素、半纤维素和木质素各自对应的特征吸收峰位置和特征峰高度，比较边材和心材谱图特征吸收峰的差异及同一吸收峰高度的变化，以此分析边心材在化学成分上的差别。同理，分析腐朽材和健康材红外谱图的差别，从而得出腐朽造成的红松木材化学成分的变化。

4.4.3 结果分析

1. 腐朽和健康样本心材的红外光谱分析

红外光谱特征吸收峰的大小反映了待测样品某些成分含量的高低，所以可以通过分析心材红外光谱的特征吸收峰研究腐朽后心材化学成分的变化（图 4-9）。木材的主要成分有木质素、纤维素和半纤维素，其中木质素的特征吸收峰在 1650 cm^{-1}、1596cm^{-1}、1505cm^{-1} 和 1268cm^{-1} 处；纤维素和半纤维素的特征吸收峰在 1375cm^{-1}、1158cm^{-1}、1048cm^{-1} 和 898cm^{-1} 处，1425cm^{-1} 处的吸收峰既属于木质素也属于纤维素，它与 898cm^{-1} 处吸收峰的比值可以用来确定木材纤维素的结晶度。即使在同一树种下，不同木材样本红外光谱的特征吸收峰也会有较明显的差别，所以直接比较吸收峰的大小难以得出腐朽和健康材之间的差异，只有分析纤维素和木质素吸收峰比值的大小才能明显看出木材化学成分的相对含量变化。

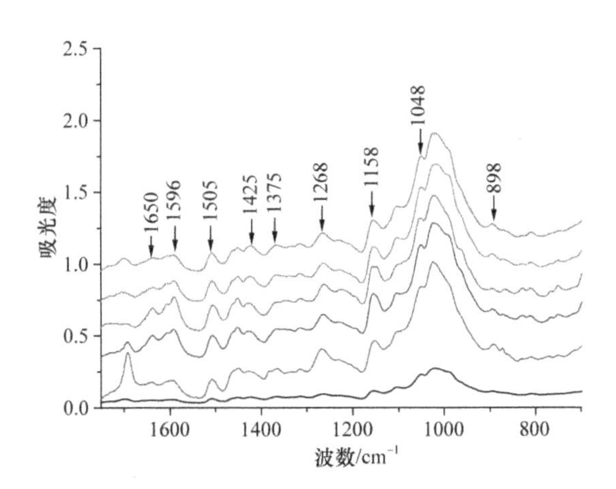

图 4-9 腐朽和健康样本心材的红外光谱（彩图请扫封底二维码）

从上到下依次是 1~3 号、5~7 号样本的光谱，其中 1 号和 2 号样本健康，3 号、5 号和 6 号样本有褐腐，7 号样本有白腐

从光谱图（图 4-9）上可以看出（由于 4 号样本没有心材，所以在图中没有列出），7 号样本的心材腐朽比较严重，已经没有明显的波峰了，说明纤维素和木质素都被分解得很严重，属于白腐。这也可以从纤维素吸收峰与木质素吸收峰的比

值上看出来（表 4-3），比较 1425cm^{-1} 处的吸收峰与 898cm^{-1} 处吸收峰的比值 I1425/I898，不难发现 7 号样本的结晶度与健康样木比下降很大，两个健康样本的结晶度分别为 0.60 和 0.59，而 7 号样本只有 0.30，说明纤维素腐朽严重；其他几个吸收峰比值（I1375/I1505、I1158/I1505 等）反映了纤维素含量相对于木质素含量的比例，可以看到 7 号样本这些吸收峰的比值与健康样木比相差不大（I1375/I1505、I1048/I1505 和 I898/I1505），有的甚至超过了健康样木（I1158/I1505、I1375/I1268 和 I1158/I1268），说明木质素也被腐朽的很严重，所以才会使得纤维素和木质素含量的比值下降不大甚至有所升高。

表 4-3 纤维素吸收峰和木质素吸收峰大小的比值（心材）

样本号	I1375/I1505	I1158/I1505	I1048/I1505	I898/I1505	I1375/I1268	I1158/I1268	I1425/I898（结晶度）
1	1.31	2.59	5.22	2.27	0.70	1.38	0.60
2	1.20	2.45	4.62	2.05	0.71	1.46	0.59
3	0.61	1.97	3.51	1.07	0.40	1.28	0.49
5	0.88	2.25	3.93	1.06	0.52	1.34	0.45
6	1.16	2.22	4.67	0.97	0.52	1.00	0.47
7	1.20	2.95	4.27	1.97	0.89	2.19	0.30

其他腐朽样本（3 号、5 号和 6 号样木）心材的光谱还有明显的吸收峰，并且光谱的形状与健康样木相似，只是吸收峰的高低有差异，各个吸收峰比值相对于健康样木都有明显的下降，比值 I1425/I898 的大小表明这 3 个腐朽样本的结晶度下降到 0.45~0.49，比健康材的结晶度下降了 0.1~0.15，I898/I1505 的下降幅度最大，从健康样本的 2.05~2.27 下降到腐朽样本的 0.97~1.07，I1375/I1268 从健康样本的 0.70~0.71 下降到腐朽样木的 0.40~0.52，其他几个吸收峰比值也有不同程度的下降，这是由于褐腐菌只分解纤维素，不分解木质素，使得纤维素含量下降，木质素含量不变，所以对应吸收峰的比值下降。

2. 腐朽和健康样本边材的红外光谱分析

在各样本边材的红外光谱中，腐朽样本的光谱和健康样本的光谱形状十分相似，各吸收峰位置相同，差别主要在特征吸收峰的高低上。与心材光谱相比，边材光谱在 1650cm^{-1} 处的吸收峰不明显甚至消失了（图 4-10），这跟边心材木质素含量不同有关。从 2 号样本（健康）边心材红外光谱的对比中可以发现（图 4-11），边材光谱相对于心材光谱，其各个木质素吸收峰都有不同程度的降低（如 1505cm^{-1} 和 1268cm^{-1} 处），有的吸收峰甚至消失了（1650cm^{-1} 和 1596cm^{-1} 处），消失的两个吸收峰通常是由木质素中的奎宁物质、吸附水和芳香结构化合物反映出来的，这两个吸收峰消失说明边材中木质素含量比心材低。对于受到白腐侵蚀的 7 号样本而言，边材木质素吸收峰比心材低还跟白腐菌对心材木质素的分解有关。

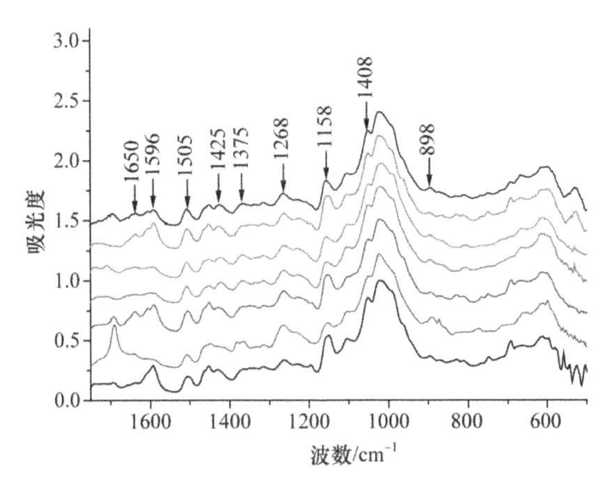

图 4-10 腐朽和健康样本边材的红外光谱（彩图请扫封底二维码）

从上到下依次是 1~7 号样本的光谱，其中 1 号和 2 号样木健康，3~6 号样木有褐腐，7 号样木有白腐

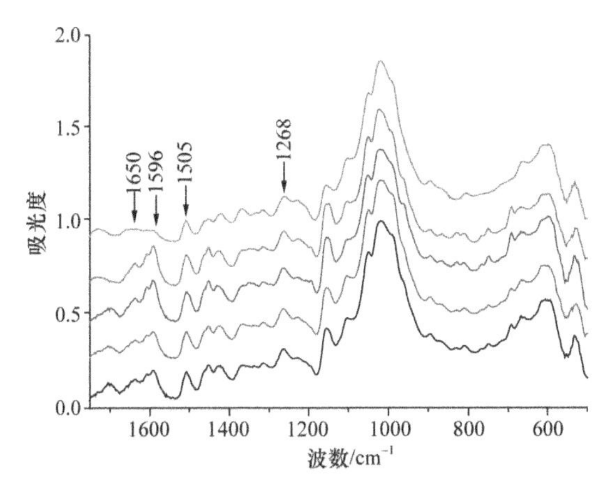

图 4-11 2 号样本（健康）边材和心材的红外光谱（彩图请扫封底二维码）

最上面为边材光谱，其余为心材光谱

从各吸收峰的比值来看（表 4-4），白腐（7 号样本）和褐腐（3~6 号样本）样本边材的结晶度都有明显下降，I1425/I898 从健康样本的 0.62~0.64 下降到腐朽样本的 0.37~0.53，表明无论白腐还是褐腐都对纤维素有明显的分解作用。其他吸收峰的比值在白腐和褐腐样本中有一定差别：3~6 号褐腐样本的各吸收峰比值相对于健康样本都有明显下降，腐朽样本的 I1375/I1505 的平均值相对于健康样本下降了 0.53，I1048/I1505 的平均值下降了 0.93，I1158/I1505 的平均值下降了 0.70，其他比值的平均值也有不同程度的下降；而 7 号样本的各吸收峰比值相对于健康

样本则反而升高，其中 I1375/I1505 比健康样本平均值高 0.075，I1158/I1505 比健康样本平均值高 1.245，I1048/I1505、I898/I1505 和 I1158/I1268 分别比健康样本平均值高 2.21、0.41 和 0.3，只有一个比值稍低于健康样本，即 I1375/I1268，比健康样本的平均值低 0.09。

表 4-4　纤维素吸收峰和木质素吸收峰大小的比值（边材）

样本号	I1375/I1505	I1158/I1505	I1048/I1505	I898/I1505	I1375/I1268	I1158/I1268	I1425/I898（结晶度）
1	1.24	2.88	4.64	2.00	0.71	1.67	0.62
2	1.15	2.45	4.40	1.90	0.69	1.47	0.64
3	0.52	1.84	3.52	1.43	0.34	1.20	0.53
4	0.59	2.18	4.12	1.59	0.29	1.06	0.37
5	0.69	1.76	3.13	1.46	0.41	1.05	0.44
6	0.84	2.11	3.58	1.63	0.40	1.00	0.42
7	1.27	3.91	6.73	2.36	0.61	1.87	0.46

在纤维素被分解的情况下，其对应的吸收峰会降低，这时如果纤维素吸收峰与木质素吸收峰的比值升高或降低很小，就说明木质素也被同时分解了，它的吸收峰也降低，从而导致比值升高或变化不大；反之，如果比值降低，则说明木质素没有被很好地分解掉，其吸收峰没有明显降低，所以比值由于纤维素的分解而减小。由此可见，3~6 号样本的褐腐没有很好地分解木质素，而 7 号样本的白腐则同时分解了纤维素和木质素，红外光谱的分析结果与腐朽机理相符。

4.5　腐朽程度判定——应力波断层成像法

4.5.1　测试过程

在凉水国家级自然保护区第 18 林班所辖的固定样地内进行野外试验，地形多为 5°~8°的缓坡，样地面积约 30hm²。目测查找可能存在内部腐朽的红松活立木，选取 7 株可能存在内部腐朽的红松活立木和 1 株健康红松作为样木。在红松离地 40cm、70cm、100cm 位置，用 Arbotom 应力波测试仪和树木阻抗仪 Resistograph 对腐朽红松每个高度横截面进行腐朽检测，利用生长锥在 8 株红松的各个横截面上钻取木芯备用。

利用应力波测试仪对各个横截面进行腐朽检测，根据截面的周长均匀排布传感器，并标记位于正东、正北两个方向上传感器的位置，检测输出结果为应力波传播速度分布图。待应力波检测完后，再利用阻抗仪对两个先前标记的位置进行腐朽检测，检测输出结果为两张阻力变化曲线图。在应力波传播速度分布图中确定阻抗仪的检测方向。

4.5.2　数据处理

图 4-12 为第 7 号样木离地 40cm 断面处的应力波传播速度分布图，颜色较深的区域表明应力波传播速度较低，由于该处存在腐朽，使应力波传播速度变小。根据图 4-13 计算在阻抗仪检测方向上两点之间的应力波传播速度 V。计算公式如下：

$$V=\frac{\sum_{i=1}^{n}S_i}{\sum_{i=1}^{n}\frac{S_i}{v_i}} \tag{4-10}$$

式中，V 为被检测方向上两点之间应力波传播速度，m/s；在检测方向上取 25cm 的距离，然后将相同颜色的区域分为一段；n 为检测方向上所分的段数；S_i 为该检测方向上第 i 段的传播距离，cm；v_i 为对应于 S_i 上的传播速度，m/s，根据图 4-12 右侧的速度颜色图例对比得出。

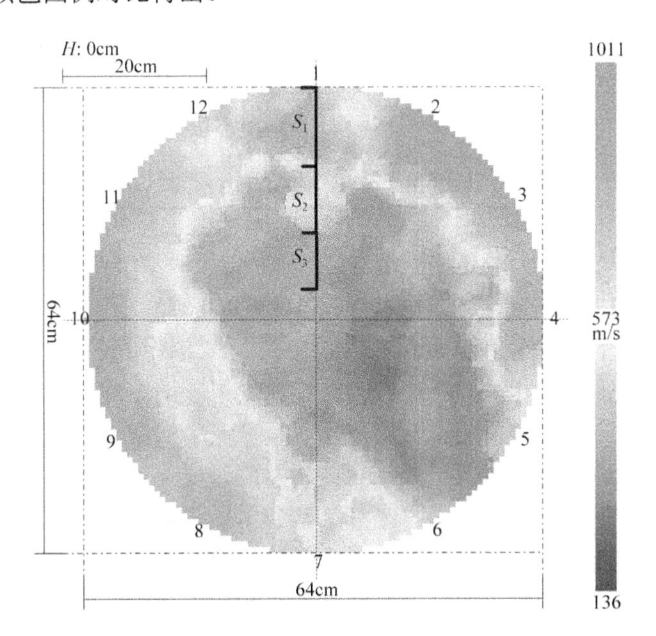

图 4-12　红松活立木应力波传播速度分布图（彩图请扫封底二维码）

图中应力波传播速度单位为 m/s

用最小二乘法对应力波传播速度和质量损失率进行一元线性回归分析。以应力波传播速度为因变量，质量损失率和含水率为自变量，用普通最小二乘回归建立多元线性回归方程。

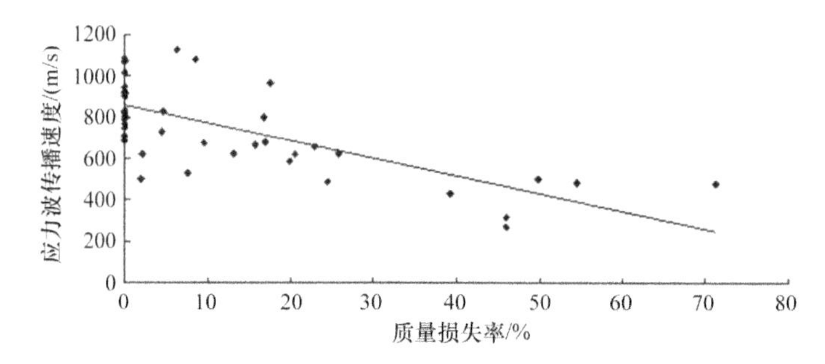

图 4-13　木材质量损失率与应力波传播速度散点图

4.5.3　结果分析

所测样本的质量损失率、含水率和应力波传播速度，结果如表 4-5 所示。

表 4-5　木芯各项检测结果

样本情况	样本数量		质量损失率（L）/%	含水率（M_c）/%	应力波传播速度（V）/（m/s）
健康	18	平均值	0.00	88.06	898.26
		最大值	0.00	137.20	1084.38
		最小值	0.00	50.96	688.90
腐朽	24	平均值	22.72	92.55	636.51
		最大值	71.24	218.66	1123.62
		最小值	1.95	23.86	270.79

用最小二乘法对应力波传播速度（V）和质量损失率（L）进行一元线性回归分析，得到图 4-13 和相应回归方程 $V=-8.574L+860.020$（$r^2=0.487$，$r=0.698$，$P<0.01$），方程的拟合程度较高，且存在较强相关性。这说明应力波传播速度与质量损失率之间有较强的负相关关系，应力波检测结果能清晰地表征木材质量损失率的情况。可知，应力波传播速度随着木芯质量损失率的增大而减小。

这一现象是由于木材腐朽造成应力波传播路径变化而引起的。而木材内部发生腐朽后，木材中大量的纤维素、半纤维素和木质素被木腐菌腐蚀，则腐朽区域木材绝干密度相应减小，甚至会在木材内部形成空洞。前期研究表明，应力波在活立木中的传播过程受到空洞（或腐朽）的影响，当应力波遇到空洞时，应力波不会沿直线传播而是绕着空洞缺陷，沿空洞周围的木材进行传播，使应力波传播路径发生改变，应力波传播路程增长，应力波传播路径上的纹理角也发生变化，导致应力波传播时间增加。在应力波仪器计算过程中，应力波传播路程被设定为两点之间最短的距离，应力波传播时间增加，使传感器接收信号时间变长，故检测得到的应力波传播速度变慢。由此可见，木材质量损失率越大，木材内部应力波传播速度就越小。

由于应力波检测受到很多因素的影响，而含水率是影响木材中应力传播速度的主要因素之一。用最小二乘回归对应力波传播速度（V）与质量损失率（L）、含水率（M_c）进行多元线性回归分析，得到回归方程 $V=-8.989L+1.519M_c+727.717$（$r^2=0.532$，$r=0.730$，$P<0.01$），方程的拟合程度明显提高，这说明应力波检测结果需要适当修正。

4.6 腐朽程度判定——电阻断层成像法

4.6.1 测试过程

1. 测试样本

在样地内选择红松种植密集的区域，坡度平缓，一般不超过 10°。经目测挑选了 15 棵有不同程度腐朽的红松作为待测样木，相邻两棵样木的间距大于 10m。样木基本情况列于表 4-6。

表 4-6 待测样木的基本情况

样本数	胸径/cm			树高/m			含水率/ %		
	平均值	最大值	最小值	平均值	最大值	最小值	平均值	最大值	最小值
15	556.00	796.00	359.00	27.39	31.40	21.70	46.14	69.92	32.01

试验仪器主要包括：Resistograph 树木阻抗仪（德国）、PiCUSTreetronic 树木电阻断层成像仪（ERT）（德国）、树木生长锥（瑞典）、树木测高仪（瑞典）、指南针、烘干箱、电子分析天平等。

2. 试验方法

首先在距离地面 130cm 处用胸径尺测量样木的直径，记为 D_2，并根据指南针记录方向。再用电阻断层成像仪在同样高度的截面上测量，1 号传感器置于正北（或南）方向，逆时针等间距布置 12 个传感器进行测量，测量完成后保存样木截面的电阻率图像。然后在同一高度上分别沿南北向和东西向用阻抗仪测量，记录微钻阻力变化曲线。阻抗仪测量完成后，用树木生长锥分别在测量位置附近取 1~2 根木芯，放入密封袋中保存。在实验室环境下取出木芯，称其质量为 m_1，再用电热鼓风干燥箱（70℃）将其烘至恒重并记录质量 m_2 和长度 a（a 取树木生长锥的长度 25cm）。再选择木芯的一段健康部分测量其质量 m_3 和长度 b，来表示健康材的线密度 m_3/b，用健康材线密度与木芯长度的乘积即 $a \cdot m_3/b$，表示健康材的质量，

记为 m_4。含水率根据下式计算：

$$M_C = \frac{m_1 - m_2}{m_2} \times 100\% \tag{4-11}$$

质量损失率（失重率）由式（4-12）计算得到。对同一棵树取得的多个木芯以其质量损失率均值代表这颗的质量损失率。

$$L = \frac{m_4 - m_2}{m_4} \times 100\% \tag{4-12}$$

4.6.2 结果分析

1. ERT 表征值与阻抗仪表征值的关系

ERT 的工作原理是通过激励电极在立木表面施加交变电流，在立木内部形成一定交变电场，内部电阻率的任何变化都会引起立木表面电位的变化，通过测量电极收集立木周围的电位变化信息，根据一定的算法重建立木截面上的电阻率分布，得到截面上的电阻率二维图像。其中木材电阻率受含水率、温度、密度和纹理方向等因素的影响。图 4-14 为 6 号样木的 ERT 图像，能够展现了立木二维截面上的电阻率分布，蓝色越深对应电阻率越小，红色越深则相反。ERT 图像与微钻阻力变化曲线均在距地 130cm 处测得。

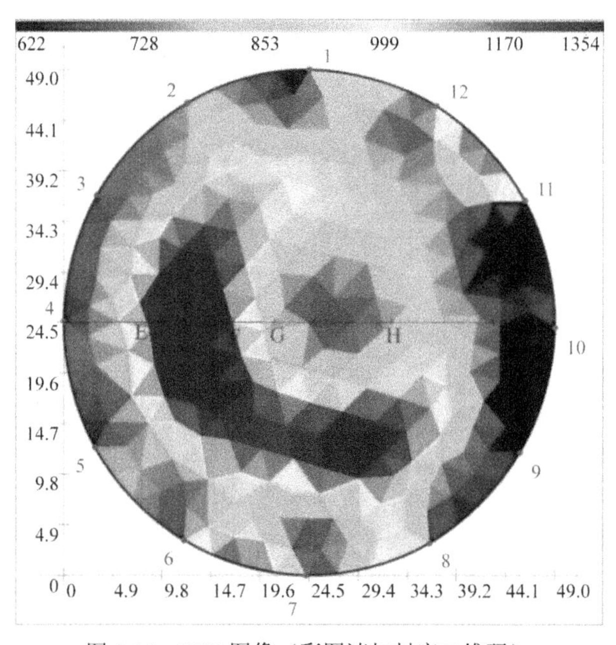

图 4-14 ERT 图像（彩图请扫封底二维码）

前文已经证明阻抗仪检测能够准确反映活立木一维直线方向上的腐朽情况，因此以微钻阻力变化曲线为参考，用一致方向上的电阻率变化与其对比。在ERT图像上根据颜色渐变手工提取东西和南北方向的电阻率值并制成曲线，图4-15中的虚线部分为6号样木东西方向上的电阻率变化曲线。对比阻抗仪记录的微钻阻力变化曲线和相应的电阻率变化曲线，能够发现发生微钻阻力值明显下降的位置，相应的电阻率也有明显变化，如图4-15中EF段电阻率陡然增大而GH段电阻率明显减小。因此这种现象定性地说明腐朽部分的电阻率值会变得与健康材质的电阻率明显不同，而变化趋势相反是因为这两处的腐朽程度不同或存在不同类型的缺陷。一般来说，与健康材的电阻率相比，处于前中期腐朽的木材的电阻率会发生明显下降，而非常严重腐朽或空洞部分的电阻率则会显著增大。值得一提的是，由于阻抗仪检测是将探头从树皮逐渐打入木质部，因此得到的微钻阻力变化曲线包含一定厚度的树皮部分；而ERT检测则是将探测器直接钻入木质部，得到的图像是不包括树皮部分的，所以图4-15中的电阻率与微钻阻力的曲线会相差树皮的厚度，图4-15只能用来定性判断微钻阻力下降与电阻率变化的关系。

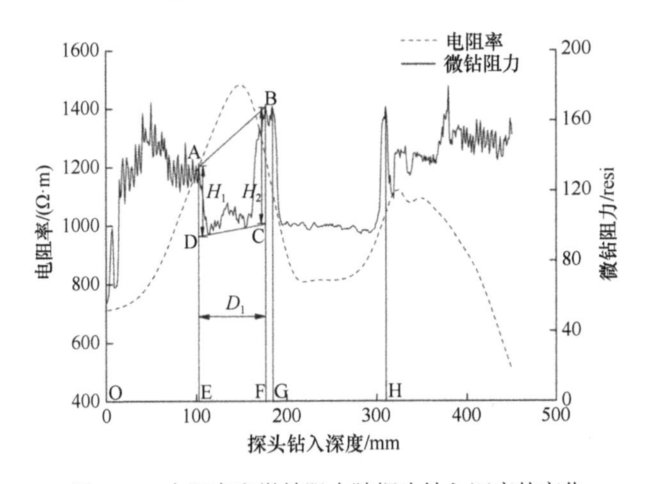

图4-15　电阻率和微钻阻力随探头钻入深度的变化

在ERT图像上的相同直线方向上，标记出微钻阻力下降的位置作为腐朽发生的位置，如图4-15上的EF段和GH段。在ERT图像上判断腐朽时，为了消除树皮厚度对位置判断的影响，先从样木的胸径得出其半径（$r=D_2/2$），再减去微钻阻力变化曲线上腐朽位置的两个坐标以消去树皮厚度，得到腐朽位置的圆心距，列于表4-7。以6号样木为例，E点的圆心距$d_1=r-\mathrm{OE}$，F点圆心距$d_2=r-\mathrm{OF}$，负值表示在圆心另一侧。再根据圆心距标记ERT图像上一维直线方向上的腐朽位置。在微钻阻力变化曲线范围内将其他部分标记为健康部分，如图4-15中除了EF段和GH段以外的线段部分。为了研究腐朽部分与健康部分的电阻率差异，定义电

阻异常程度 V（%）如下：

$$V = \frac{\left|R_1 - R_2\right|}{R_2} \times 100\% \tag{4-13}$$

式中，R_1 为微钻阻力变化曲线中波谷对应线段（视为腐朽部分，如图 4-15 中的 EF 段或 GH 段）的电阻率均值；R_2 表示在阻抗仪的测量长度范围内，除了波谷以外的区间（视为健康部分，如图 4-15 中的除了 EF 段和 GH 段以外的部分）对应的电阻率均值。考虑到不同的样木的生长阶段和立地环境有差别，为了尽可能消除这些差别导致的电阻率差异，用每棵样木自身的腐朽部分与健康部分的电阻率作差来抵消这些因素的影响，以便将不同样木腐朽与健康部分的电阻率差异进行比较。

表 4-7 为 15 棵样木东西（WE）和南北（NS）方向上的阻力损失及对应的电阻率异常程度，以电阻率异常程度为自变量，阻力损失为因变量作两者的散点图，非线性回归得到两者呈显著的指数关系，回归方程为

$$Z = 2.813 + 0.182\mathrm{e}^{0.039V} \quad (r^2 = 0.755，P < 0.01)$$

散点图结果如图 4-16 所示。从图上看出除了极少数几个点的电阻率异常程度小于 5%，绝大多数的电阻率异常程度都大于 10%。说明微钻阻力发生明显下降的腐朽部分，其对应的电阻率与健康部分相差普遍较大，能够根据 ERT 图像上电阻率的异常部分判断是否发生腐朽，即该部分的电阻率是否明显异于周围部分。这与我们从两者的曲线变化关系图中观察到的情况一致，也说明阻力损失和电阻率异常程度存在联系。

回归曲线前半部分（$V \leqslant 90\%$）呈现很平缓的上升。这段曲线的阻力损失都小于 10，对应着阻抗仪测试方向上有不连续而且腐朽程度较小的部分，其力学强度受腐朽的影响不大；而这些部分的电阻率均值与没有腐朽的部分相差从 0 到近 100%，变化幅度非常明显。说明力学性能稍微下降的轻微腐朽部分的阻力损失都很小且彼此之间差别不大，此时阻力损失只能判断是否有轻度的腐朽发生；虽然轻微腐朽部分的力学性能相差很小，但影响其电阻率的某些微观因素（如离子浓度）却会发生很大变化，导致几乎相同的阻力损失值会对应相差很大的电阻率异常程度。所以此时电阻率异常程度和阻力损失间的正相关关系不明显，前者相比后者能更细致地反映轻微腐朽的程度，电阻率检测对轻微腐朽更加敏感。曲线的后半部分（$V > 90\%$）的斜率明显增大，呈现快速上升趋势。这段曲线的阻力损失明显变大，对应测试方向上有连续且腐朽程度较大的部分，其力学强度显著下降；这些部分的电阻率异常程度的变化不再明显，从 100%到 130%。说明当腐朽严重到力学性能发生大幅下降时，影响木材电阻率的因素的变化速度减慢，电阻率异常程度有小幅的增加，阻抗仪检测对较严重的腐朽更

加敏感。这与相关试验所得到的电阻法对早期腐朽敏感而阻抗仪法对严重腐朽的测量最为准确的结论相符。

表 4-7 阻力损失及对应的电阻率异常程度

编号	方向	圆心距（*d*）/mm		阻力损失（*Z*）/resi	电阻率异常程度（*V*）/%
		（d_1）/mm	（d_2）/mm		
1	WE	78	31.5	9.14	103.83
		31.5	–44	8.5	43.73
		–62.5	–77	1.37	39.63
2	NS	266.5	–43.5	27.36	116.56
	WE	257	185.5	6.68	57.53
		185.5	167	1.02	42.73
		142	–23	7.94	77.21
3	WE	299	250	4.76	9.72
		167	132	2.48	52.31
4	WE	160	119	5.04	96.23
5	NS	–10.5	–30.5	1.49	29.56
		–30.5	–55.5	1.66	23.6
	WE	314	284.5	1.14	5.17
6	NS	107.5	58.5	5.08	33.98
		51	13.5	5.58	14.15
		13.5	0.5	1.22	17.42
		–21.5	–81.5	6.48	21.2
	WE	156.5	71	7.17	42.33
		39.5	–83.5	19.56	121.21
7	NS	–52	–72.5	2.75	8.12
		–77.5	–92.5	1.37	19.72
	WE	8	–19.5	3	42
		–108.5	–125.5	1.77	61.47
8	NS	127	106.5	4.64	0.75
9	NS	29.5	–28	10.81	111.24
		–28	–155.5	20.69	127.96
	WE	113.5	54.5	7.73	90.79
		44.5	–8	3.8	63.61
		–8	–74.5	7.83	38.58
		–116	–128.5	1.14	4.37
10	NS	25	–23	3.15	62
		–34	–76	3.94	75.07
	WE	194	106	5.64	64.32
11	NS	64.5	–154.5	34.62	129.35
	WE	160.5	141.5	1.51	21.56
		141.5	98.5	3.4	10.99
		98.5	–134.5	24.83	111.51
12	NS	216.5	151.5	6.83	6.83
		96.5	–33.5	4.46	4.46
	WE	136.5	–103.5	27.99	112.42
13	NS	–121.5	–152	3.41	43.99
	WE	–121.5	–166.5	5.03	91.07
14	NS	238.5	170.5	6.01	23.65
		170.5	155.5	0.79	53.95
		140.5	106.5	2.75	36.76
		106.5	22.5	4.89	26.78
	WE	161.5	5	13.06	109.34
		–15.5	–71.5	3.37	3.49
15	NS	188	–167	32.03	114.87
	WE	185	140	5.12	40.39
		140	–56	16.33	120.13

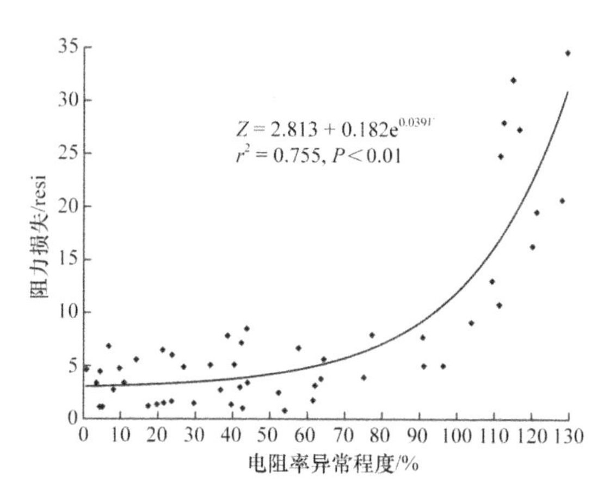

图 4-16 电阻率异常程度和阻力损失散点图

这一现象是因为两种检测手段的原理不同，导致它们对腐朽的反应不同。活立木刚遭到腐朽菌感染后，其纤维素含量相对不变，腐朽菌会先消耗细胞内含物及细胞间隙物质，力学性能变化不大，所以曲线前部分的阻力损失值变化很小。随着腐朽持续进行，腐朽菌逐渐把细胞壁中的纤维素、半纤维素分解为糖类，使木材纤维结晶区的结晶度降低，这个过程由点到面逐渐进行，导致其力学性能发生较明显下降，这与曲线上斜率明显增大相对应。腐朽进行到后期时，细胞壁结构完全水解，木材组织遭到严重破坏，宏观结构发生变化，如发生筛孔或轮裂等，所以曲线后部分的阻力损失很大。此外，裂纹和空洞缺陷也会使微钻阻力值陡然下降，在微钻阻力变化曲线上形成波谷，其阻力损失大小由缺陷的尺寸决定。

相关研究表明，木材电阻会在早期腐朽阶段大幅下降，因为在早期腐朽阶段，含水率虽然会上升但其并不是影响电阻率的主要因素，而作为主要因素的离子浓度会在木材腐朽菌作用下显著增加，导致其电阻率大幅下降。所以曲线前部分的电阻率异常程度变化很大，表明此时腐朽使木材电阻率变化很快。而曲线的走势发生明显变化后，电阻率异常程度的变化程度比较小。此时腐朽部分的电阻率虽然比健康部分低很多，但是随着腐朽程度的增加其变化不再明显，说明木材电阻率在中后期腐朽时的变化则趋于平稳。这种现象与相关的腐朽对木材电阻影响的研究结果相符，其原因可能是木腐菌的分解作用会随着腐朽菌生长趋于平稳。至于微钻阻力下降段的电阻率相对于健康部分增大的原因有两种：一是在腐朽非常严重的位置，树木组织失去功能，得不到水分供给，电阻率因水分减少而显著增大，此时电阻率异常程度和阻力损失值都很大；二是发生裂纹、空洞等缺陷的部位的电阻率也会明显增大，这种情况下测得的电阻率其实近似为绝缘的空气电阻率，对应的电阻率异常程度都很大，而阻力损失的大小由缺陷的尺寸决定。

以微钻阻力变化曲线上有明显阻力下降的位置为腐朽的参考位置，用这些位置与健康部分的电阻率均值的差值定义了腐朽部分的电阻率异常程度。通过非线性回归发现阻力损失和电阻率异常程度呈正相关指数关系，且电阻率异常程度基本都大于 10%，说明 ERT 图像上电阻率高于或低于周围区域的位置存在不同程度腐朽，ERT 能够反映红松活立木二维截面上的腐朽情况。两者的回归曲线可以分为变化趋势相差很大的两部分，由此推断出 ERT 检测对于轻微腐朽更加敏感而阻抗仪检测对较严重的腐朽更加敏感。

2. 联合 ERT 和阻抗仪的检测表征与质量损失率的关系

由于微钻阻力变化曲线上的波谷位置与ERT图像上电阻率极大值或极小值的位置相对应，电阻率异常程度与阻力损失存在较强的相关关系，因此可以认为 ERT 图像上电阻率的极值位置存在不同程度的腐朽或其他缺陷。然而 ERT 图像上电阻率是逐渐变化的，根据图像上电阻率大小所对应的颜色深浅仅能对腐朽区域进行粗略定位。以图 4-14 所示的 6 号样木的 ERT 图像为例，EF 段及其周围的深红色高电阻率区域为电阻率呈极大值的腐朽区域，该区域的边界位置的黄色和浅黄色区域是否为腐朽却无法仅通过电阻率判断。此外，不同样木的生长阶段和立地条件总有差异，导致不同样木截面上影响电阻率的含水率、温度和密度等众多因素也有所差异。即使是在距地面同样高度的截面上，不同样木的腐朽位置测得的电阻率也不同。因此很难仅根据 ERT 图像界定腐朽电阻率的统一范围，无法根据腐朽区域的电阻率范围在 ERT 图像上明确确定腐朽的位置。

为了解决这个问题，考虑根据两种测量手段的优势，结合阻抗仪测得的微钻阻力变化曲线和 ERT 图像进行分析。在 ERT 图像上找出阻抗仪的测量方向及范围，用细的直条表示阻抗仪的测量方向和范围，微钻阻力值发生比较明显下降的位置的腐朽部分标记为白色，其他位置的健康区域标记为黑色，依据是阻抗仪能够在一维直线方向上准确地反应活立木的腐朽情况。然后运用监督分类的方法对 ERT 图像进行分析，以选出的腐朽部分为训练样区，区分腐朽部分与健康部分。监督分类法是以统计识别函数为理论基础，根据已知训练区提供的样本通过选择特征参数，求出特征参数作为决策规则，建立判别函数以对待分类影像进行的图像分类。这样处理的依据是，ERT 检测对轻微腐朽很敏感，即使是轻微的腐朽，其电阻率与健康部分相差较大，这些部分在 ERT 图像上与其他部分的颜色有较明显的差异，满足监督分类的要求。图 4-17 为 6 号样木的 ERT 图像分析过程，左边为原 ERT 图像，其中白色直条为根据微钻阻力变化曲线标记的腐朽位置，黑色直条为健康位置，直条总长为阻抗仪测量长度；右图为经监督分类后图像，其中红色区域为处理后得到的腐朽区域，绿色为健康区域，蓝色为背景区域。用处理后的腐朽区域面积占总截面积的比例表示由这种方法得到的腐朽程度，具体公式为：

$$P=\frac{P_r}{1-P_b} \tag{4-14}$$

式中，P_r 和 P_b 分别为红色所代表的腐朽区域和蓝色所代表的背景区域占整个图像的面积比；P 为腐朽区域占截面积的比例。以这种方法对 15 棵样木的 ERT 图像进行分析，所得的腐朽面积占截面积的比例见表 4-8。

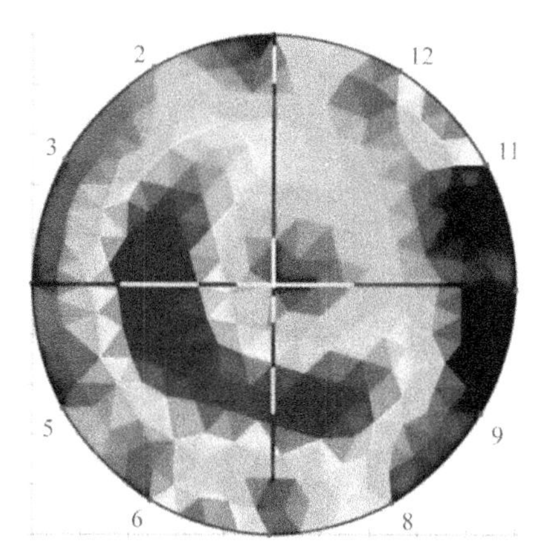

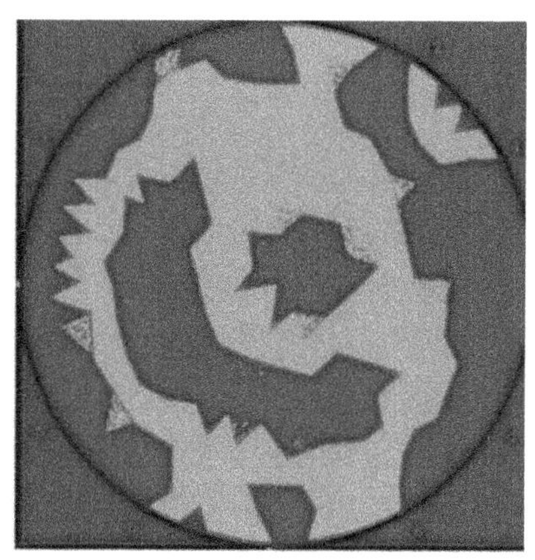

图 4-17　ERT 图像分析过程（彩图请扫封底二维码）

表 4-8　ERT 图像中腐朽面积占截面比例（%）

样木编号	1	2	3	4	5	6	7	8	9	10	11	12	13	14	15
腐朽面积比例	33.60	40.88	28.90	34.09	26.89	37.65	23.24	21.42	42.53	19.59	55.21	65.25	22.38	43.81	75.37

以质量损失率为自变量，上述方法得到的腐朽面积占截面积的比例 P 为因变量，对两者进行线性回归分析，结果如图 4-18 所示。回归方程 $P=0.917L-8.616$（$r^2=0.787$，$P<0.01$）的拟合程度很高，说明木芯的质量损失率越大，结合两种检测手段得到的腐朽面积越大，两者呈显著正相关关系。这一现象是由于 ERT 图像上监督分类的结果是用阻抗仪的微钻阻力变化曲线定位得到的，红色区域实质上是一维直线上力学性能下降的区域在二维截面上的扩展，扩展的依据是前文讨论的腐朽部分的阻力损失与电阻率异常程度之间存在相关关系，微钻阻力下降段的腐朽电阻率与其他位置的健康电阻率相差较大。而质量损失率作为腐朽程度的参考值，已经证明它与阻力损失有线性正相关关系，会随力学性能下降而减小。因为计算得到的腐朽面积比例 P 和质量损失率 L 都与力学强度下降有密切关系，所以两者表现出较好的线性相关关系。这种现象也印证了腐朽会使木材的力学和电学性能都发生变化，这种联合阻抗仪和 ERT 图像表征腐朽程度的方法具有可行性。

此方法得到的腐朽程度与质量损失率的相关系数较大，拟合程度高。说明与一维方向上的微钻阻力变化曲线相比，结合微钻阻力变化曲线对 ERT 图像分析后

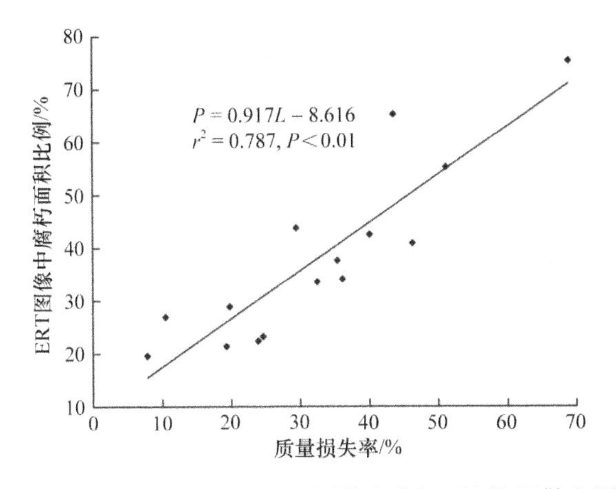

图 4-18 质量损失率和 ERT 图像中腐朽面积比例散点图

得到的二维截面图像，能更加全面地反映活立木内部的腐朽情况。而且此方法能明确地表示出红松活立木截面上的腐朽区域，充分利用了阻抗仪检测在一维方向上的准确性及电阻率对轻微腐朽敏感的特点，克服了仅根据 ERT 图像难以明确确定腐朽区域的困难。

4.6.3 小结

采用电阻断层成像及阻抗仪检测两种无损检测方法，对两种检测手段进行了比较和评价，并利用监督分类的图像分析法对活立木树干内部腐朽进行了检测和定量表征，结果表明：

微钻阻力下降区域的电阻率与其他区域相差很大，以这些区域为腐朽区域，用腐朽区域和健康区域的电阻率阻值定义电阻率异常程度。阻力损失值和对应区域的电阻率异常程度存在显著指数关系（r^2=0.755，P＜0.01），说明了 ERT 能够检测木材二维截面上的腐朽情况。但是仅从 ERT 图像不能明确得到腐朽的区域，只能根据电阻率过高或过低大致判断腐朽部位。由上述指数函数关系还得到 ERT 检测对于轻度腐朽更加敏感而阻抗仪检测对较严重的腐朽更加敏感。

结合阻抗仪和 ERT 检测各自的优点，根据微钻阻力变化曲线上阻力下降的位置，在 ERT 图像对应的一维方向上确定腐朽位置，运用监督分类的图像分析手段在松活立木二维截面上明确确定腐朽区域，腐朽面积占截面积比例与质量损失率呈显著正相关关系（r^2=0.787，P＜0.01），证明了这种联合阻抗仪和 ERT 定量表征红松活立木腐朽的方法有相当的可行性。

4.7 检测方法的比较

目前应用于活立木腐朽检测的方法较多，本书中重点介绍的几种典型测试方法的特点见表 4-9。除了这些方法之外，还有 X 射线、CT 技术、核磁共振技术和雷达波等方法用于活立木内部腐朽检测，限于本书的篇幅和研究范围，并未涉及。在所列几种方法中，应力波检测结果（应力波传播速度或者由其反演得到的二维断层图像）主要受横截面形状、缺陷类型和木材腐烂程度影响，不规则的树干形状、含有裂纹缺陷和木材腐烂较轻都会使检测准确性下降，此外传感器数量较少时检测也不准确。电阻检测对早期腐朽比较敏感，但是由于检测结果与木材含水率有直接关系，容易发生误判，且不能在零度以下、木材发生冻结时检测。阻抗仪检测和生长锥钻取木芯检测都能得到比较可靠的结果，缺点是检测结果覆盖范围小，需要多次测定或者凭借相关经验、理论才能对整个区域的情况准确估测。

表 4-9 检测方法比较

方法	测试对象	测试环境	损伤程度	检测结果	特点及用途
生长锥法（木芯称重法）	木芯	室内	有损	木芯质量损失率	测试结果准确，但需要在实验室烘干称重，费时费力，不能实时得到测试结果，可用于校正其他方法
近红外光谱法	木芯	室内	有损	光谱	能大致判断样本腐朽程度，但是准确度和可靠性逊色于阻抗仪检测
红外光谱法	木芯	室内	有损	光谱	可以定性判断是否存在腐朽，适合分析腐朽后化学组分变化
阻抗仪法	活立木	野外	微创	一维阻力曲线	可准确判定测试方向的腐朽位置，适合量化表征腐朽程度
应力波断层成像法	活立木	野外	准无损	二维断层图像	能够得到活立木内部缺陷的大致轮廓，前提是需要健康立木中应力波速度数据
电阻断层成像法	活立木	野外	准无损	二维断层图像	能够得到活立木内部缺陷的大致轮廓，受立木含水率影响较大，前提也是需要健康立木中电阻数据。该方法对早期腐朽较敏感

相比较而言，应力波传播速度与质量损失率的拟合程度低于阻抗仪阻力损失值与质量损失率的拟合程度。应力波传播是一个复杂的过程，其传播速度易受到含水率、温度、检测角等因素的影响，所以最小二乘法分析的拟合程度较低。阻抗仪探头阻力与木材力学强度密切相关，不易受其他因素影响。而质量损失率的大小会直接影响木材绝干密度与木材力学强度，故阻抗仪阻力损失值与质量损失率的拟合程度较高。应力波技术可测得二维木材内部应力波速度分布图，利用该图能大致判断腐朽位置与质量损失率分布情况。阻抗仪依靠测得的阻力曲线图，可清晰地分析单一方向上腐朽木材与健康木材的质量损失差别，能为应力波速度

分布图单一方向的质量损失率分布分析提供依据。应力波检测对活立木几乎无损伤，阻抗仪检测留下的孔洞对活立木有微弱损伤。

综合前文分析内容及各方法的特点，在野外定量检测活立木腐朽程度时，宜采用以下步骤：首先，通过目测法对整株活立木的健康状况进行整体评价，然后针对典型区域利用阻抗仪法确定腐朽是否发生并对测试方向上的腐朽程度、位置进行准确判定，根据腐朽程度（早期腐朽或中后期腐朽），再分别利用电阻断层成像法或应力波断层成像法对活立木横截面内的腐朽区域、轮廓、程度和面积等进行判定。在这期间，如有必要，则利用生长锥取木芯测定木材质量损失率对前述方法所得结果进行校正。若要进一步探讨腐朽机理，则可以进一步利用近红外光谱或者红外光谱法开展进一步的研究。

4.8 结　　论

木材质量损失率是木材腐朽程度的主要表征指标。野外检测中，应力波和阻抗仪检测技术应用较多，这两种方法都能清晰地表征活立木木材质量损失率，说明它们都能有效地检测活立木的腐朽程度。应力波和阻抗仪检测技术各有特点，应当根据检测需要选择使用。本章主要结论如下。

（1）应力波在木材内部传播速度与木材质量损失率之间有较强的负相关关系（r=0.698，P<0.01），应力波检测结果需要根据影响因素进行适当修正。

（2）使用阻抗仪检测能够对红松活立木树干腐朽程度实现比较准确的定量，检测结果能够如实反映树干内部腐朽情况，根据阻抗曲线图计算出的树干腐朽程度 E_Z 与样木腐朽程度真值 E_S（根据木芯质量损失率估算得到）之间存在极显著的线性关系，且相关程度很高（Pearson 相关系数 r_P=0.905，P<0.01；Spearman 等级相关系数 r_S=0.907，P<0.01）。

（3）木芯样本的近红外光谱与红松树干腐朽程度真值（E_S）之间存在较强的相关关系，使用偏最小二乘法建立的最优模型的相关系数 r 可达 0.697（一阶导数预处理，在 350~2526nm 全光谱范围内建模），说明利用近红外光谱也能大致判断样木树干腐朽程度，但是准确度和可靠性逊色于阻抗仪检测。

（4）红外光谱分析表明，发生白腐的木芯样本纤维素和木质素均受到严重的分解破坏，对应的特征吸收峰下降很大甚至消失，结晶度从健康样本的 0.59~0.60 下降到 0.30，纤维素和木质素吸收峰大小的比值（如 I1375/I1505、I1158/I1505 等）与健康样本比相差不大，有的甚至超过了健康样本，如 I1158/I1505、I1375/I1268 等，说明木质素和纤维素的分解程度相当，没有较大差别。褐腐样本只有纤维素和半纤维素被明显分解，在红外光谱上表现为纤维素和木质素吸收峰大小的比值下降显著，其中 I898/I1505 的下降幅度最大，从健康样本的 2.05~2.27 下降到腐朽样本的 0.97~1.07，表示结晶度的比值 I1425/I898 从健康样本的 0.59~0.60 下降到 0.45~0.49。

（5）结合阻抗仪和 ERT 检测各自的优点，根据微钻阻力变化曲线上阻力下降的位置，在 ERT 图像对应的一维方向上确定腐朽位置，运用监督分类的图像分析手段在松活立木二维截面上明确确定腐朽区域，腐朽面积占截面积比例与质量损失率呈显著正相关关系，证明了联合阻抗仪和 ERT 定量表征红松活立木腐朽的方法有相当的可行性。

5 红松活立木自身特征与腐朽程度的关系

活立木树干腐朽的直接原因是树皮受到刮伤、破坏，活立木失去保护，从而木腐菌乘机侵入活立木体内形成腐朽；腐朽发生后活立木体内外环境如水分、温度、光照等决定了腐朽进一步发展的速率和范围，其中活立木体内环境是最直接的影响因素，因为它是木腐菌繁殖的基础，利用木材含水率和温度可以预测腐朽速率或者木材被腐朽至无法使用所需时间（即使用寿命）就是一个很好的例证。使用木果柯（*Lithocarpus xylocarpus*）木材的含水率和温度预测木材腐朽速率（用CO_2释放速率表示），r^2最高可达 0.57，使用两个条件中的一个预测，r^2最高可达 0.35，可见木材内部水分和温度条件与木材腐朽关系密切[1]。研究欧洲赤松和花旗松木材含水率和温度对其腐朽的影响时发现，这两个条件对木材腐朽影响很大，当木材干燥、温度很低或很高时其腐朽程度和速率都比较低，木材含水率和温度是预测木材使用寿命的基础[2]。

此外，活立木树干腐朽还与树龄有很大关系。在幼龄时活立木一般不会腐朽，随着活立木逐渐成长，当其木质部形成心材时，腐朽出现的概率才明显增加。当活立木达到成过熟龄后，随着树龄继续增长，腐朽率迅速升高，这是因为老树抵御木腐菌的能力衰退了，容易被木腐菌侵蚀，而且老树的树皮受到创伤后恢复得较慢，给腐朽发生留下了更多的时间和空隙。对一个树种而言，胸径即可表示活立木树龄的相对大小。

本章将介绍含水率对树干腐朽程度的影响及胸径与树干腐朽程度的关系。

5.1 立木边心材含水率与腐朽程度

5.1.1 研究方法

1. 野外取样与测量

红松样木选取完成后，用胸径尺测出胸径，然后在样木距离地面 40~50cm 处选取一个横截面，用树木阻抗仪 Resistograph（德国 Rinntech 公司生产，型号 4453）沿着横截面上 2 个相互垂直的直径方向进行检测，然后在阻抗仪检测的邻近部位使用瑞典树木生长锥（取样直径 5.15mm，取样长度 30cm）钻取 2 段木芯，用于活立木边心材含水率的测定和质量损失率估测。如果从样木上取得的某段木芯有腐朽，则在取木芯处邻近的健康部位再取一段健康木芯，用于对照。

2. 样木腐朽程度测定

样木的腐朽程度通过估测腐朽木芯质量损失率获得，具体方法见第 4 章。

3. 边心材含水率测定

红松是显心材树种，边材和心材的颜色变化比较明显，边材是白色的，心材是红褐色的，因此很容易区分。在实验室条件下，根据木芯颜色变化把边材和心材分开，然后用电子秤立即称取边材和心材部分各自的质量 m_1 和 m_2。把木芯放到烘箱中烘干到质量不变，然后分别称取边材和心材各自的干重 m_3 和 m_4，则样木边材和心材含水率可以按照下式计算出来：

$$W_1 = \frac{m_1 - m_3}{m_3} \times 100\% \tag{5-1}$$

$$W_2 = \frac{m_2 - m_4}{m_4} \times 100\% \tag{5-2}$$

4. 数据分析方法

采用 SPSS19.0 计算红松树干腐朽程度与边心材含水率和胸径之间的 Pearson 相关系数，建立多元线性回归方程，绘制回归方程拟合值与腐朽程度实测值之间的散点图，以此分析腐朽程度与边心材含水率和胸径之间的相关关系。通过方差分析对比腐朽和健康样木在边心材含水率和胸径上的差异，对差异的显著性进行检验。

5.1.2 结果分析

1. 相关系数分析

样木边材和心材含水率均与腐朽程度之间呈现极显著的负相关关系(表 5-1)，其中腐朽程度与心材含水率之间的相关系数稍高于边材含水率，这可能与腐朽主要发生在心材上，因此最直接地改变了心材含水率有关。

表 5-1 腐朽程度与边心材含水率等的 Pearson 相关系数矩阵

	腐朽程度	边材含水率	心材含水率	胸径
腐朽程度	1	−0.715**	−0.749**	0.364
边材含水率		1	0.745**	0.251
心材含水率			1	0.309
胸径				1

注：**表示 $P<0.01$。

随着红松腐朽程度的升高，样木边材和心材含水率显著降低。王朝晖等[3]在研究长江滩地意杨（*Populus euramevicana*）的腐朽时也有类似发现，即腐朽活立木的生材含水率低于正常材，他们利用扫描电镜对腐朽材进行观察发现，腐朽杨树内部导管比量明显比正常材低，其疏导水分的功能减弱，从而导致边心材含水率降低。

2. 回归分析

建立红松样木腐朽程度（E_S）与边心材含水率（分别记作 W_1、W_2）之间的多元线性回归方程，得到方程为：

$$E_S=48.526-0.189W_1-0.14W_2 \text{（} r^2=0.644，P<0.01 \text{）} \tag{5-3}$$

式（5-3）的相关性极显著，且拟合性很好，说明腐朽程度与边心材含水率整体具有很强的线性相关关系。边材和心材含水率的回归系数均在 0.05 水平上显著不为零，说明它们均分别与腐朽程度之间存在显著的线性相关关系，与相关系数的分析结果相符。绘制式（5-3）的腐朽程度拟合值与实测值之间的散点图可以直观地看到（图 5-1），拟合值与实测值之间呈现出了很好的一致性，再一次证明了边心材含水率与样木腐朽程度之间的紧密联系。

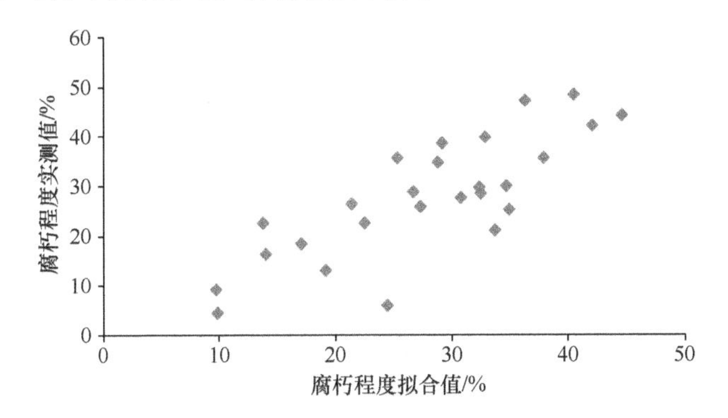

图 5-1 腐朽程度与边心材含水率建立方程的拟合值与腐朽程度实测值之间的散点图

3. 方差分析

方差分析结果表明（表 5-2），边心材含水率在腐朽和健康样木中的差异均显著，其中边材含水率在 0.01 水平上显著，心材含水率在 0.05 水平上显著。比较它们在腐朽和健康 2 组中取值的平均值可以发现，健康样木的边材含水率平均值比腐朽样木要高 57.77%，类似地，前者的心材含水率平均值要比后者高 47.85%。方差分析和平均值比较都表明，健康和腐朽样木在边心材含水率上均有十分明显的差异。把这些差异同前面相关分析的结果联系起来，可以总结为：健康样木边心材含水率显著高于腐朽样木，并且随着腐朽程度的升高，边心材含水率呈降低的趋势。

表 5-2　样木树干腐朽程度和含水率基础数据

样木状况	样木数量	统计量	样木腐朽程度（E_S）/%	边材含水率/%	心材含水率/%	胸径/cm
健康	10	平均值	0	104.51	97.14	59.50
		最大值	0	130.58	136.93	75.00
		最小值	0	75.81	67.71	45.00
腐朽	20	平均值	26.75	66.24	65.70	60.18
		最大值	47.58	136.92	133.76	88.50
		最小值	4.35	12.34	11.08	23.20

5.1.3　小结

（1）样木边材（W_1）和心材（W_2）含水率均与腐朽程度（E_S）极显著负相关（Pearson 相关系数 r 分别为−0.715 和−0.749）。边心材含水率随着腐朽程度的升高而降低可能是因为腐朽导致活立木生长受阻、对水分的吸收减少。

（2）健康样木边材（在 0.01 水平上）和心材（在 0.05 水平上）含水率显著高于腐朽样木，其中健康样木边材含水率的平均值比腐朽样木要高 57.77%，类似地，前者的心材含水率平均值要比后者高 47.85%，这一结果表明腐朽使得活立木体内水分减少，与边心材含水率和腐朽程度之间的负相关关系吻合。

5.2　立木胸径与腐朽程度

红松样木胸径与其树干腐朽程度（表 5-1）之间的 Pearson 相关系数只有 0.364，并且相关系数在 0.05 水平上不显著。用最小二乘法对样木腐朽程度和胸径做一元线性回归分析，可得 r^2=0.132、P=0.145，方程的拟合度很低，相关性也不显著。可见红松样木的胸径与其腐朽程度之间并无显著的线性关系，这与该林地红松大多都到了成过熟龄有关。在成过熟龄中，腐朽已经发展到中重度腐朽，树干内心材受到严重侵蚀，腐朽一度扩展到边心材边界处，然后在边界处活立木自身保护机制的作用下无法进一步扩展，只有当活立木生长出新的心材时，腐朽才能进一步向新的心材扩展。由于成过熟龄的红松生长很慢，所以腐朽扩展的也很慢，因此在不同年龄的红松之间腐朽程度没有太大的区别。

对健康和腐朽样木的胸径进行方差分析，结果表明，两组胸径之间没有显著差异，所观测的健康样木的平均胸径只比腐朽样木低 3.1cm（表 5-3），说明林地内红松活立木的腐朽比较均衡地分布在各个径级中，没有集中分布在某个径级范围里。

表 5-3 含水率和胸径指标在腐朽和健康样木中的差异性分析

	边材含水率/%	心材含水率/%	胸径/cm
M_J	104.51	97.14	59.50
M_F	66.24	65.70	60.18
M_J与M_F相比/%	57.77	47.85	−1.13
P	＜0.01	0.013	0.696

注：M_J、M_F分别表示各指标在健康和腐朽样木中取值的平均值，P表示方差分析的显著性检验P值。

5.3 木材化学组分及结构与腐朽程度

5.3.1 材料与方法

红松试材采自黑龙江省方正县林业局东方红林场。取样时间为2010年4月初，取样时木材已在贮木场放置一段时间。在树干基部距树根1.2m处截取10cm厚度的圆盘，分别取同一树种健康材和不同程度腐朽材部分，粉碎成木粉，气干后置于磨口瓶中。过40~60目筛子的木粉，用于化学成分分析；过60目筛的木粉，用于结晶度分析。

测试仪器：采用日本Rigaku公司制造的D/MAX-3B型X射线衍射仪，用于结晶度测试。X射线管为铜靶，用镍片消除Kα辐射，管电压40kV，管电流30mA。采用$\theta/2\theta$联动扫描，取样间隔0.02°，预置时间2s。使用弯曲石墨晶体单色器。狭缝设置：发散狭缝Ds=1°，防散射狭缝Ss=1°，索拉狭缝Rs=0.3mm。检测装置为闪烁计数器。

纤维素含量采用硝酸-乙醇法测定，酸不溶木素含量按照GB/T2677.8—1994测定。试剂包括：10%氯化钡溶液；硝酸、乙醇、苯、硫酸均为分析纯。

纤维素相对结晶度的测定：将木粉放在样品台上，采用$\theta/2\theta$联动扫描方法测定2θ的强度曲线，扫描范围10°~40°（2θ）角，每个样品分两次采样，取平均值作为测定结果。在扫描曲线上2θ=22°附近有（002）衍射的极大峰值，2θ=18°附近有一极小值。根据此处两值采用Segal法计算样品的纤维相对结晶度。

在该部分，木材腐朽程度是指圆盘上腐朽部分木材直径与圆盘直径之比。对于圆盘上不规则的腐朽形状，则利用其面积转化为圆形，然后取其直径进行分析。

5.3.2 纤维素含量和酸不溶木素含量的变化

图5-2为红松木材未被腐朽和不同腐朽程度下纤维素含量和酸不溶木素含量的变化情况。从木材主要化学组成的变化看，随着腐朽的加重，健康红松木材材至腐朽程度最大时的木材纤维素含量降低程度为3.45%，酸不溶木素的含量升高

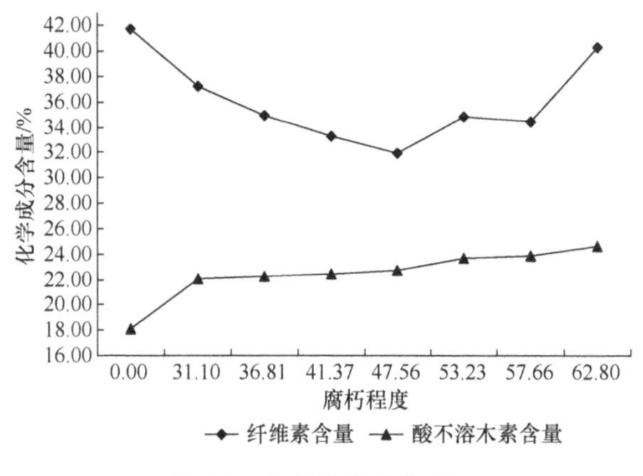

图 5-2 红松化学成分变化

了 6.52%。木材发生腐朽的过程中化学组成的变化可以从两个方面进行解释：一是木材的化学降解，纤维素是由脱水吡喃葡萄糖单元相互联结而成的具有均一链结构的葡萄聚糖，纤维素的结构特点使得纤维素在一定的条件下能发生各种化学反应，包括纤维素链的降解和纤维素羟基反应两种情况，主要受水解反应，碱性降解，氧化降解、微生物降解、机械降解的作用影响；木质素的结构十分复杂，是一种具有芳香族特性的、非结晶的、三维空间结构的高聚物，木素的降解主要包括酸解、氢解、温和水解、氧化降解等。另外是木材的生物降解，主要是由木腐菌分解产生的各种纤维素酶和木质素酶对纤维素和木质素的降解，木腐菌生长产生的各种纤维素酶，在酸性环境下（pH 为 5.0），内切葡聚糖酶首先攻击纤维素，生成无定型纤维素和可溶性低聚糖，然后外切葡聚糖酶直接作用生成葡萄糖，也可以生成纤维二糖，最后在纤维二糖酶的作用下生成葡萄糖。生成的葡萄糖被木腐菌利用一部分合成细胞物质，另一部分被氧化生成二氧化碳和水。而目前的研究表明，在所有具有分解木质素能力的微生物中，只有引起木材白腐的白腐菌能够彻底的分解木质素，把复杂的木质素高分子降解成二氧化碳和水，而其他微生物对木质素的降解只是部分的改变木质素的分子结构，并不能对其进行彻底的分解。

木腐菌主要包括白腐菌和褐腐菌两类，它们产生各种酶降解纤维素和木质素的能力不同，白腐菌分解纤维素的能力很弱，但可以彻底分解木质素，如果木材发生白腐，则纤维素含量不会降低；褐腐菌降解纤维素的能力很强，主要分解纤维素来获得繁殖生长的营养物质。图 5-2 中红松的纤维素含量随腐朽程度的增加而升高，是由于此阶段红松木材中的菌种以白腐菌为主，试材主要发生白腐。

5.3.3 木材纤维相对结晶度的变化

木材纤维结晶度是描述纤维素超分子结构的一个重要参数。图 5-3 表示了红松健康材和不同腐朽程度的腐朽材的结晶度变化情况。同一株木材，取样位置不同，结晶度的数值会存在差异。本研究中取样仅考虑木材腐朽的程度，不考虑取样位置的不同引起的结晶度结果影响，因此在样本的结晶度变化情况出现波折。从图 5-3 看出，腐朽后的试材结晶度降低，即腐朽过程中发生的各种形式的氧化降解，导致纤维素大分子链断裂，或者是大分子基环之间的氧桥塌陷，破坏了部分纤维素的结晶区，定向有序的排列变得无序，造成结晶区逐渐的过渡为非结晶区。图 5-4 是试材的 X 射线衍射图，从图中可以看出，腐朽前后试材的 X 射线衍射图的形状没有发生变化，均是在 $2\theta=22°$附近出现衍射的极大峰值，$2\theta=18°$附近有一极小值，即木材腐朽并不会改变纤维素的结晶构造，只是使得结晶的程度发生了变化。

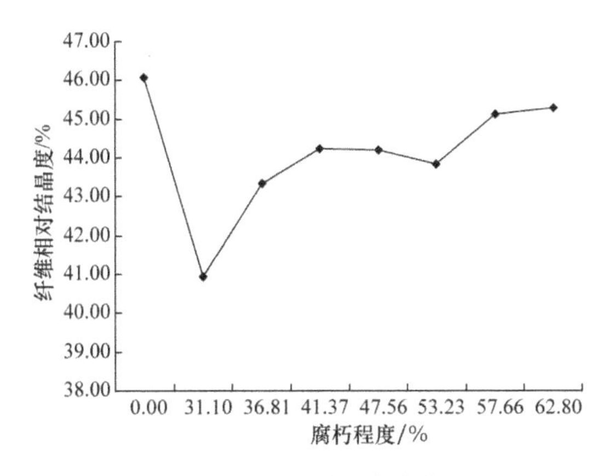

图 5-3　红松结晶度变化

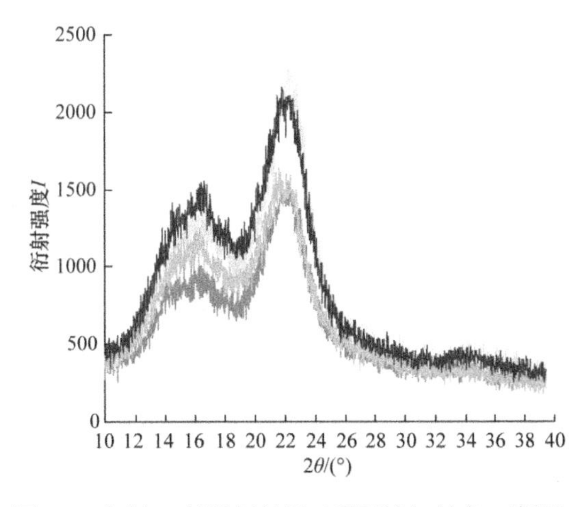

图 5-4　红松 X 射线衍射图（彩图请扫封底二维码）

5.3.4 木材主要化学指标对腐朽程度的响应

纤维素、木质素是木腐菌生长中重要的营养物质来源，同时考虑木腐菌生长过程中水分产生的影响及腐朽引起的结晶度的变化，综合分析木材的主要化学指标对腐朽程度的响应。根据实验数据建立木材腐朽程度单因素回归的相关系数（表 5-4）和木材腐朽程度的多因素回归方程（表 5-5）。

表 5-4 木材腐朽程度与主要化学成分的相关关系

树种	纤维素含量	酸不溶木素含量	结晶度
红松	–0.459*	0.987**	0.408

注：*表示 $P<0.05$；**表示 $P<0.01$。

表 5-5 木材腐朽程度的多因素回归方程

树种	回归方程	r^2	P
红松	$Y=-227.657-0.394x_1+9.314x_2+1.998x_3+1.286x_4$	0.999	0.000

注：Y 为木材腐朽程度（%）；x_1 为纤维素含量（%）；x_2 为酸不溶木素含量（%）；x_3 为木材气干后的含水率（%）；x_4 为纤维相对结晶度（%）。r^2：能解释 r_S 变异的百分比；P：显著相关值（当 $P<0.05$ 时存在显著相关关系；$P<0.01$ 时存在极显著相关关系）。

由表 5-4 看出，红松木材的腐朽程度与纤维素含量和酸不溶木素的含量均存在显著的相关。表 5-5 可以看出，木材的腐朽程度与纤维素含量、酸不溶木素含量、含水率和结晶度的综合效应存在着显著相关，四指标的综合效应可以解释红松腐朽程度的 99.9%。

5.3.5 小结

（1）木材腐朽使纤维素含量和酸不溶木素的含量发生变化，随着腐朽程度的加重，纤维素含量降低，酸不溶木素的含量升高。

（2）木材腐朽降低了纤维相对结晶度的数值，但不改变纤维素的结晶构造，腐朽材仍然呈现清晰的 X 射线衍射图。

（3）纤维素含量、酸不溶木素含量、含水率和结晶度的综合效应可以很好地解释红松木材的腐朽程度。

5.4 腐朽程度与立木材积损失

活立木是一种生物体，在外部条件刺激（刮伤、擦伤等）和内部机能降低的情况下，容易产生腐朽。腐朽是由于木腐菌对木质有机物的分解作用而导致其力学性能明显降低的现象。活立木腐朽危害很大，影响林木健康，导致森林质量下降。对单一活立木来说，它还造成活立木材积损失。研究表明，瑞典每年因腐朽所造成的立木损失相当于当年木材生产量的15%（约合1亿美元）[4]。由于腐朽具有较强的隐蔽性，尤其是活立木内部腐朽，通常难以准确测定其位置、大小等信息，进而要定量分析活立木腐朽所引起的材积损失量则更难，相关研究也极少。过去，研究腐朽对活立木材积的影响，通常的做法是结合木材生产作业，将活立木伐倒，在贮木场原条造材过程中，通过对内部腐朽进行实际检量，进而分析腐朽所引起的材积损失。然而，要想在木材采伐作业前，或者是活立木不伐倒的情况下，准确估量活立木腐朽材积一直是林业工作者面临的一个难题。

基于上述考虑，本节将以红松为研究对象，利用应力波断层成像技术对活立木样本内部腐朽进行无损检测，量化计算各断面腐朽区域面积，进而估算活立木心腐材积，分析腐朽所造成的材积损失变化规律及其与活立木胸径之间的关系。目的是探索一种能够快速估计活立木内部腐朽材积数值的方法，同时分析腐朽材积与立木自身特征之间的关系，为森林合理经营、森林资源调查和森林资源质量监测等提供科学依据。

5.4.1 材料和方法

1. 研究样地概况

凉水国家级自然保护区位于小兴安岭山脉的东南段——达里带岭支脉的东坡，黑龙江省伊春市带岭区境内，以低山地地势为主，多为缓坡，最高海拔1050m，最低海拔250m，年均气温1.4℃，属寒温带大陆性季风气候。森林类型为天然林，地带性植被是以红松为主的针阔叶混交林。野外测量试验在凉水自然保护区第18林班内进行，样地内主要树种有红松、水曲柳、山杨、白桦等。样地面积约30hm^2，平均坡度5°~8°。

2. 试验材料

对样地内的红松展开广泛调查，通过目测法寻找存在腐朽迹象的活立木，包括树干上存在空洞、树瘤、子实体和树皮有腐烂或外伤的。随机选取12棵腐朽迹象明显的活立木作为样木。用卷尺确定每棵样木离地20cm、60cm和130cm的位置，并测量每个高度处树干的直径。然后，用Arbotom应力波测试仪对样木各高度处断面进行腐朽检测。

3. 试验方法

1）应力波无损检测

应力波断层成像是基于应力波在木材中的传播和计算机成像技术。它采用多个传感器，通过敲击其中一个传感器，测量各传感器之间应力波传播速度的相对值，从而产生反映木材内部结构状况的二维图像。尽管应力波二维成像不能识别木材内部腐朽类型，但能够提供很好的树木腐朽诊断信息。

利用应力波测试仪首先对 12 棵红松样木各个横截面进行腐朽检测。在每个截面的外围等距钉入 12 枚钢钉，使钢钉均在同一平面上且接触到木质部；然后依次把 12 个传感器挂在钢钉上，将每个传感器互相连接，并将应力波测试仪和笔记本电脑相连；打开应力波测试仪和 Arbotom 软件，设置相应参数；用脉冲锤轻轻敲击传感器，将 Arbotom 软件输出结果存盘。测试每个点时，应该用同样的力度敲击传感器。测完红松后，按同样的方法对旱柳、山杨和水曲柳进行检测，最后保存应力波测量结果。

2）最大似然法图像分类

利用 Arbotom 软件对测量数据进行分析并获取活立木断面二维图像。然而，根据这些图像很难准确获得其腐朽面积。使用图像处理软件 Envi5.0 监督分类的方法对应力波断层图像进行分类，分类后可以精确地计算出图像的面积，从而求得活立木心腐面积，在此基础上才能进行后续的材积计算。

监督分类是一种常用的图像分类方法，最大似然法是 Envi 软件监督分类中精度较高的一种方法，其原理是假设训练样本数据在光谱空间的每一波段均服从正态分布，通过计算给定图像像元属于某一类别的相似度，将给定像元归于相似度最大的一类。将应力波断层图像加载至 Envi5.0 中，首先判断确定每一类待分类的统计特征参数，根据这一类的特征参数，在训练区选取充足的像元数作为样本，将图像中的每个像元或区域给出对应的类别。

3）材积计算方法

目前，国内外学者对活立木材积的精准计测方法进行了大量研究，如伐倒后采用中央断面区分求积法、正形数法、分区段求材积法、削度-材积相容性模型等。刘云伟等[5]认为，分区段求材积法是一种高精度的材积计算方法，可以利用该方法计算整棵活立木的材积。这里采用该方法计算样木心腐材积。贾振轩等[6]任意区分段无伐倒活立木材积计算公式：

$$V_{i,i+1}=\frac{\pi}{12}(d_i^2+d_id_{i+1}+d_{i+1}^2)h_i \tag{5-4}$$

式中，$V_{i,i+1}$ 为高度 i~i+1 区段内的立木材积，cm^3；d_i 为任意高度处树干直径，cm；h_i 为该区段长度，cm。

在求得样木心腐面积的基础上，采用 AutoCAD2007 软件绘制样木立体模型，更直观地反映出活立木内部腐朽状况，为后续材积的计算提供依据。

在模拟样木立体图形和计算材积的过程中，假定活立木树干通直，经水平面平切后，形成的截面为圆形，且心腐区域为圆形。若心腐区域为不规则多边形，则根据"同一个平面图形分割成若干块，从不同角度重新拼接，图形面积不变"的原理将区域形状假设为圆形。例如，某一个样木胸径处心腐面积为 $120cm^2$，心腐区域形状为直角梯形，可以假设该图形是一个标准圆，根据面积计算出其半径，再用绘图软件绘制样木立体模型。

5.4.2　结果与分析

1. 活立木心腐面积提取

使用应力波对活立木进行检测时，当活立木内部存在腐朽或缺陷，应力波传播路径会发生变化，传播速度降低，表现为应力波断层图像颜色不同。基于同一颜色具有相同或相似的光谱信息特征，对应力波断层图像进行分类。在分类之前，通过应力波断层图像对活立木内部腐朽状况有了先验认识，如图 5-5 所示，图 5-5a 是应力波检测得到的原始图像，图中红色和橙色区域应力波传播速度较低，表明存在腐朽，绿色、黄绿色和黄色区域较为健康。将图 5-5a 加载至 Envi5.0 中，从三原色（RGB）彩色图像上获取感兴趣区（region of interest，ROI），创建感兴趣区域。为了分类更为精确，共创建 5 个训练样本种类，分别为绿色、黄绿色、黄

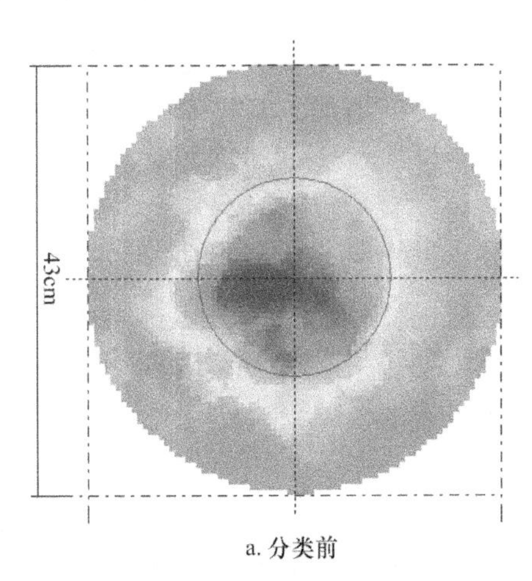

a. 分类前

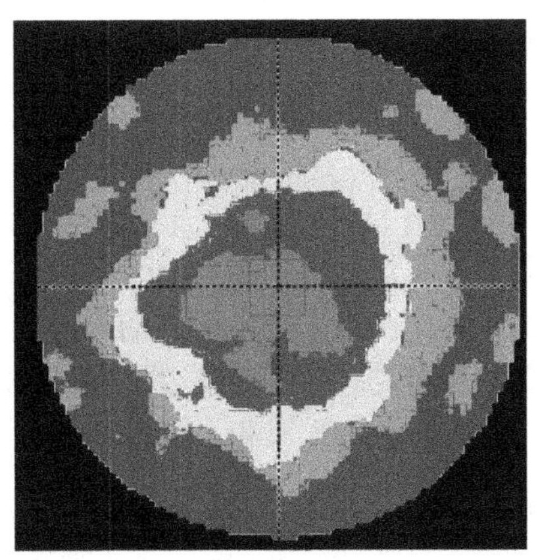

b. 分类后

图 5-5　应力波断层图像（彩图请扫封底二维码）

色、橙色和红色，对应颜色分别为蓝色、绿色、黄色、红色和紫色，通过监督分类模块对图 5-5a 进行最大似然法分类，分类结果见图 5-5b。对比发现，图 5-5b 的分类精度比较高。其他样木各断面处应力波速度断层图像采用相同的方法进行分类处理。

分类后，统计出五类像元的像素点数，见表 5-6。其中，种类 1、2、3、4、5 分别对应蓝色、绿色、黄色、红色和紫色。根据每一类像素点数所占断面的比例，即可求出对应区域的面积。图 5-5b 中的红色和紫色区域为分类后样木存在心腐的区域。样木断面面积和心腐面积见表 5-7。

表 5-6 应力波断层图像分类后五类像元的像素点数

类别	单类像素点数	像素总数	百分比/%
1	68 045	68 045	45.39
2	28 886	96 931	19.27
3	21 956	118 887	14.65
4	20 156	139 043	13.44
5	10 875	149 918	7.25

表 5-7 活立木样木断层腐朽面积及断面面积

树种		心腐面积/cm^2			断面面积/cm^2		
		20cm	60cm	130cm	20cm	60cm	130cm
红松	平均值	1348.65	1249.92	1172.69	3036.53	2784.76	2602.55
	最大值	1758.09	1586.79	1513.73	3959.19	3525.65	3318.31
	最小值	872.49	792.17	731.19	1963.50	1809.56	1661.90

各样木随着高度的增加，其心腐面积均呈现减小的趋势，说明越靠近根部，活立木越容易产生腐朽。王朝晖等[3]在研究长江滩地意杨的腐朽时也发现，活立木腐朽一般从树干基部开始向上蔓延，随着高度的增加，腐朽逐渐减缓。

2. 活立木心腐材积确定

图 5-6 是活立木 20~130cm 的立体模拟图，图中灰色部分是树干内存在心腐的区域。其他样木均采用同样的方法绘制相应的立体图。基于以上样木立体模型的建立，利用式（5-4）所示的分区段求材积法，求出红松 20~130cm 区段的材积及其区段内样木心腐材积。各样木心腐材积见表 5-8。

3. 活立木心腐材积与胸径的关系

由表 5-8 中数据可知，红松样木心腐材积随着胸径的增大而增大，心腐比例随着胸径的增大而增大。但就每个样木分析，其变化趋势并不明显，因为随着胸

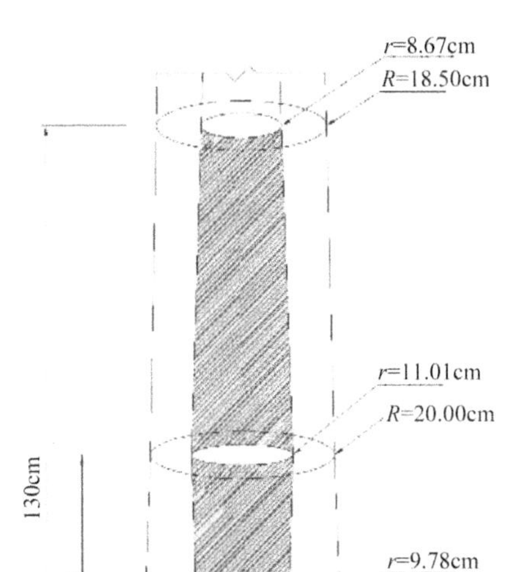

图 5-6 样木 20~130cm 立体模拟图

r 代表样木内部腐朽区域半径；R 代表样木圆周半径

表 5-8 红松样木材积

样本号	胸径/cm	心腐材积/cm³	树干材积/cm³	比例/%
1	60	20360.72	45301.77	44.94
2	46	11950.83	27159.07	44.00
3	65	24163.45	53713.38	44.99

径的增大，活立木材积本身也在不断地增大。从图 5-7a 可以清楚地看出（含有其他立木样本），除个别样木外，随着样木胸径的增大，其腐朽材积呈增大的趋势。图 5-7b 为样木心腐材积比例与胸径的关系图，由图可知，样木心腐材积比例随着样木胸径的增大总体呈现增大的趋势。

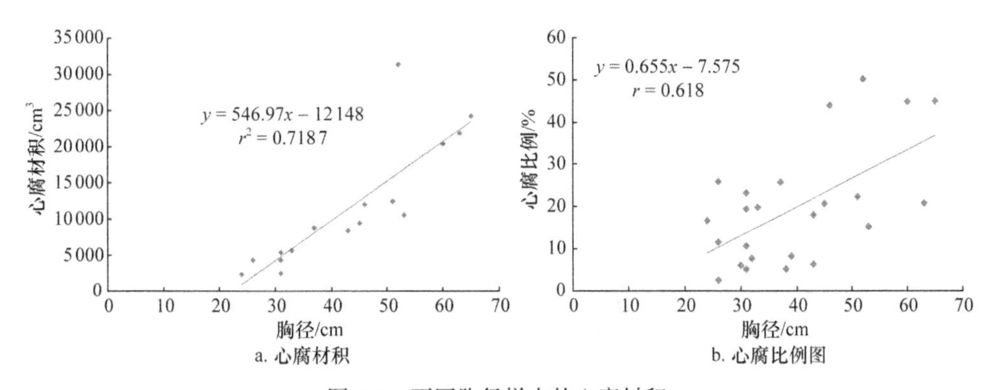

图 5-7 不同胸径样木的心腐材积

为量化分析样木心腐材积比例和胸径的关系，依据表 5-8 中的数据，应用 SPSS19.0 统计软件，采用 Spearman 等级相关系数进行了简单相关分析，分析结果见表 5-9。

表 5-9　样木心腐材积比例和胸径之间的相关性分析

因变量	自变量	r	P
心腐材积比例	胸径	0.618	0.000**

注：**表示 P<0.01。

从表 5-9 可知，r=0.618，P=0.000<0.01，样木心腐材积比例和胸径在 0.01 水平上达到显著正相关（0.5<|r|≤0.8 时，两变量显著相关）。这表明，树干直径越大，其腐朽程度越大。Arhipova 等[7]研究也表明，树干直径越大的活立木其腐朽病的易感性越强。由此推断，活立木胸径越大，树干内部腐朽越严重，活立木材积损失越大。究其原因主要是因为，活立木胸径的逐渐增大通常意味树龄的增加，前人研究表明二者之间有较强的正相关关系。随着活立木树龄的增加，其抵御外力干扰的能力和愈合外部伤口的能力均减弱，心材的抗腐能力也下降，使得空气和土壤中的腐朽菌更容易侵入活立木内部造成腐朽，而生活在活立木伤口的腐朽菌也会逐渐侵染其他活组织使活立木严重腐朽[8]。

5.4.3　小结

通过研究，得到以下结论：①在利用 Arbotom 应力波测试仪快速获取反映活立木内部腐朽状况的横截面二维断层图像的基础上，结合最大似然法对二维图像进行监督分类，能够有效判别活立木内部腐朽面积。然后，借助分区段求材积法，能够快速估算其腐朽材积，这为不伐倒情况下快速估计活立木内部心腐材积提供了依据和解决办法。②活立木心腐材积与其胸径呈高度正相关关系（r=0.718），胸径越大，其心腐材积越大。

活立木内部腐朽是一个不断蔓延的过程，随着胸径增大（树龄增长），活立木内部腐朽越严重。从腐朽引起活立木材积损失的角度出发，随着腐朽活立木胸径的增大，其腐朽材积损失也越大。因此，对于从事森林经营、管理及相关研究的人员来说，对于胸径较大（树龄较高）的活立木则应该采取一些合理的抚育经营措施，阻止或防止腐朽所引起的材积损失的进一步加重。或者是，在活立木树龄较低时，采取一些改变立地土壤条件、调整树种结构组成等措施，防治或减少活立木产生腐朽的概率，从而降低腐朽所导致的材积损失，进一步提高森林质量。

参 考 文 献

[1] Liu W J, Schaefer D, Qiao L, et al. What controls the variability of wood-decay rates?. Forest Ecology and Management, 2013, 310: 623-631.
[2] Brischke C, Rapp A O. Influence of wood moisture content and wood temperature on fungal decay in the field: Observations in different micro-climates. Wood Science and Technology, 2008, 42: 663-677.
[3] 王朝晖, 费本华, 任海青, 等. 长江滩地立木腐朽杨树与正常杨树生长与材性的比较研究. 林业科学, 2001, 37(5): 113-119.
[4] Larsson B, Bengtsson B, Gustafsson M. Non destructive detection of decay in living trees. Tree Physiology, 2004, 24: 853-858.
[5] 刘云伟, 冯仲科, 刘永霞, 等. 全站仪在林业数字化工程上的应用. 北京林业大学学报, 2008, 30: 306-309.
[6] 贾振轩, 冯仲科, 焦有权, 等. 无伐倒活立木材积精准计测原理与试验. 中南林业科技大学学报, 2014, 34(5): 31-36.
[7] Arhipova N, Gaitnieks T, Donis J, et al. Butt rot incidence, causal fungi, and related yield loss in *Picea abies* stands of Latvia. Canadian Journal of Forest Research, 2011, 41: 2337-2345.
[8] 王静. 不同空间尺度下杨树人工林干部病害发生机制的研究. 中国林业科学研究院博士学位论文, 2012.

6 立地环境与红松活立木腐朽程度的关系

活立木的立地条件有很多方面，其中立地土壤环境无疑是至关重要的因素之一。在森林生态系统中，土壤是最基本、最重要的部分，是维持森林生态系统正常运行的基础，植物生长所需要的水分和养分均是通过根系从土壤中吸收得来[1-2]。因此土壤特性对活立木生长起着不可替代的作用，会影响活立木的健康状况，进而影响其抵御腐朽的能力[3-4]。另外，土壤中的水分、养分和温度状况等还会影响森林中造成活立木腐朽的病原菌——木材腐朽菌（以下简称木腐菌）的生存，从而对活立木腐朽产生重要影响。木腐菌对木材细胞壁的分解是木材腐朽的根本原因[5-7]，适宜的水分、温度、氧气浓度和足够的营养物是木腐菌繁殖的4个必要条件，另外，酸碱度也对木腐菌生长有很大影响[8-11]。

对桦木木材腐朽的研究表明，往土壤中施加额外的N元素会使得埋在其中的木材试件受到更严重的腐朽[9]。Agren 等[12]研究枯枝凋落物时也发现，在增加 N 元素的条件下，凋落物的分解会加快。也有一些研究认为N元素的增加对木材腐朽有抑制作用，或者没有作用。研究结论的不一致是N元素影响腐朽的机理；很复杂造成的。增加环境中的N元素一方面会提高木腐菌的分解效率，改变被分解物的化学组成，使腐朽加快；另一方面会改变木腐菌之间的竞争结果，使分解效率高的木腐菌处于劣势，还会阻碍某些分解酶的产生并生成对木腐菌有毒性的物质，这都会使腐朽变慢[12-13]，所以往环境里增加额外的N元素可能会产生不同的结果。张旭红[11]在研究土壤肥力对丛枝菌根真菌（arbuscular mycorrhizal fungi）的影响时发现，土壤中速效P含量存在一个临界值，低于该值时增加速效P会促进真菌生长，超过该值以后正好相反；pH对菌根真菌生长的影响随菌种不同而有不同，有的菌种随 pH 升高而生长加快，有的相反，还有的在不同的生长期呈现相反的变化。在研究红松根朽病时发现，土壤低凹潮湿的林地病重，土壤干燥的林地发病较轻[14]。由此可见，土壤理化特性对活立木腐朽的发生率、腐朽程度和腐朽速率等都会有很大的影响。

目前对于土壤理化特性与活立木腐朽之间的关系还没有展开系统、大量的研究，尤其缺乏二者之间关系的定量分析，因此不利于深入认识土壤特性影响活立木腐朽的机制。在土壤理化特性中，含水率、容重和总孔隙度是3个十分重要的物理性质指标。土壤含水率是指单位质量或容积的土壤中水分含量的分数或百分比。土壤含水率的大小，直接影响土壤的固、液、气三相比，以及土壤的适耕性和植物的生长发育。土壤密度是指单位容积土壤（包括粒间孔隙）的质量，其大小反映了土壤结构性及松紧程度等状况。土壤孔隙度即土壤孔隙容积占土体容积的百分比，其大小关系着土壤的透水性、透气性、导热性和紧实度。土壤 pH 是土壤重要的基本性质之一，是土壤形成过程和熟化培肥过程的一个指标。由于大多数植物必需营养元素的有效性与土壤的 pH 有关，根据土壤的 pH 可以相当可靠地评估土壤中养分的有效状况。土壤有机质和氮磷钾含量是评价土壤肥力水平高低的重要指标，土壤碳氮比（C/N）是反映土壤矿化能力的主要指标[4]。

上述土壤理化指标都与活立木生长和木腐菌繁殖有着密切的联系，有必要对红松活立木腐朽与它们之间的关系进行研究。本章首先探讨红松活立木树下不同位置土壤理化性质与其树干腐朽程度之间的关系，不同位置包括 3 处，即沿着活立木所在的坡面上、距离活立木干基处 5m 且处于坡上的位置、活立木干基处和距离活立木干基处 5m 且处于坡下的位置。分析的土壤理化指标包括含水率、容重、总孔隙度、pH 和有机质含量。然后重点分析干基处土壤其他化学指标与红松树干腐朽程度的关系，考虑的土壤指标包括全 N/水解 N、全 P/速效 P 和全 K/速效 K 含量及 C/N。

6.1 立地土壤理化性质与腐朽程度

6.1.1 研究方法

1. 物理性质测定

使用环刀法测定土壤含水率、容重和总孔隙度。把自然状态的土壤用环刀取出来后立即称量湿土柱加上环刀的质量（m_1），然后将环刀连同土柱在水里浸泡 12h，称量环刀加上饱和湿土质量（m_2），再把环刀和湿土放在沙土上沥 2h，称量环刀和土柱质量（m_3），最后把土样烘干，称量烘干土加上环刀质量（m_4），环刀质量在取土前称出来（m）。各质量单位均为 g，计算公式如下：

$$土壤含水率（\%）=\frac{m_1-m_4}{m_4-m}\times 100\% \tag{6-1}$$

$$土壤容重（g/cm^3）=\frac{(m_1-m_4)\times 1000}{V(1000+\theta_m)} \tag{6-2}$$

$$土壤总孔隙度（\%）= 非毛管孔隙度+毛管孔隙度 \tag{6-3}$$

式中，V 为环刀体积，V=98.125cm^3；θ_m 为土壤含水率，g/kg。

非毛管孔隙度（%）= [土壤饱和持水量–毛管持水量]×土壤容重；毛管孔隙度（%）= 毛管持水量×土壤容重；土壤饱和持水量（%）=$(m_2-m_4)/m_4\times 100\%$，毛管持水量（%）=$(m_3-m_4)/m_4 \times 100\%$[15]。

2. 土壤化学性质测定

土壤化学指标（pH，有机质、全/水解 N、全/速效 P 和全/速效 K 含量，C/N）的测定按照相应的“森林土壤测定林业行业标准”进行[16-19]，以下简要介绍各项指标的测定方法。

（1）土壤 pH。使用酸度计测量土壤 pH，称取 10g 通过 2mm 筛孔的风干土样，倒入 50ml 高型烧杯中，然后加入 1.0mol/L 的氯化钾溶液 25ml，用玻璃棒剧烈搅动 1~2min，静置 30min，此时应避免空气中氨或挥发性酸的影响。然后按照仪器操作规程校正仪器，校正完毕即可开始测定 pH。使甘汞电极插在上部清液中，玻璃电极插在土壤悬液中，检查零位。把读数开关按下，则指针指示的读数就是待测液的 pH。

（2）土壤有机质。在酸性溶液中利用重铬酸钾把有机质氧化[4]，然后用硫酸亚铁铵还原掉多余的重铬酸钾，根据消耗的重铬酸钾量计算出碳的数量，再乘以换算常数得到有机质的含量。针对每批用于分析的土样，应做 2~3 个空白；空白标定的操作步骤与测定土样时完全相同，不同之处只是用 0.1~0.5g 石英砂代替土样，有机质含量按下式计算[20-21]：

$$\text{有机 C 含量（\%）} = \frac{\frac{0.8000 \times 5.0}{V_0} \times (V_0 - V) \times 0.003 \times 1.1}{m_1 \times K_2} \times 100 \qquad (6\text{-}4)$$

$$\text{有机质含量（\%）=有机 C 含量（\%）} \times 1.724 \qquad (6\text{-}5)$$

式中，0.8000 为 1/6 重铬酸钾标准液的浓度，mol/L；5.0 为 1/6 重铬酸钾标准液的体积，ml；V_0 为滴定空白试样用去硫酸亚铁的体积，ml；V 为滴定待测土样用去硫酸亚铁的体积，ml；0.003 为 1/4C 原子的摩尔质量，g/mmol）；1.1 为氧化校正系数；m_1 为风干土样的质量，g；K_2 为把风干土换算成烘干土的系数；1.724 为将有机 C 换算成有机质的系数。

（3）土壤全 N。使用半微量凯氏法对土壤全 N 进行测定[20]，测定原理是以硫酸钾、硫酸铜和硒粉作为加速剂，用浓硫酸在消煮炉中消化分解土壤中的含氮化合物，把其中所含的氮转化成氨，并与硫酸结合生成硫酸铵，然后用氢氧化钠在微量定氮蒸馏器中简化蒸馏出氨，经过硼酸吸收后，使用标准酸滴定，由换算公式得到含氮量：

$$\text{土壤全 N 含量（\%）} = \frac{(V - V_0) \times C \times 0.014}{\text{烘干土的质量}} \times 100 \qquad (6\text{-}6)$$

式中，V 为滴定待测样品用去的盐酸标准溶液的体积，ml；V_0 为滴定试剂空白试验用去的盐酸标准溶液的体积，ml；C 为盐酸标准溶液的浓度，mol/L；0.014 为

N 原子的摩尔质量，g/mmol。

$$\text{烘干土质量（g）}=\frac{\text{风干土质量}}{\text{待测土样的吸湿水（\%）}+100}\times 100 \qquad (6\text{-}7)$$

（4）土壤水解 N。使用碱解扩散法测定：把土样放在扩散皿的外室，然后滴加 1.8mol/L 氢氧化钠溶液和锌-硫酸亚铁还原剂，在一定温度条件下，稀碱把土样中易水解的氮化合物分解成铵盐，铵盐再与碱作用生成氨气；锌-硫酸亚铁还原剂把土样中的亚硝态氮和硝态氮也还原为氨气。这样反应生成的氨气不断由外室扩散至内室，被内室的硼酸吸收，用标准酸滴定，便可由换算公式算出水解 N 含量：

$$\text{水解 N 含量（mg/kg）}=\frac{(V-V_0)\times C\times 14}{\text{烘干土质量}}\times 1000 \qquad (6\text{-}8)$$

式中，V 为滴定待测液用去的盐酸标准溶液体积，ml；V_0 为滴定试剂空白试验用去的盐酸标准溶液体积，ml；C 为盐酸标准溶液的浓度，mol/L；14 为 N 原子的摩尔质量，mg/mmol；1000 为换算为 mg/kg 的换算系数。

（5）土壤全 P。使用氢氧化钠-钼锑抗比色法测定土壤全 P 量，原理是利用强碱熔融分解把土样中的不溶性磷酸盐转变为可溶性磷酸盐，然后用稀硫酸溶解熔融物，形成待测液。在一定酸度和三价锑离子存在下，待测液中的磷酸和钼酸铵生成锑磷钼混合杂多酸。在常温下该酸易被抗坏血酸还原为磷钼蓝，使显色速度加快，因而可用比色法测定 P 的含量。全 P 含量计算方法为：

$$\text{全 P 含量（\%）}=\frac{C\times V\times T_S}{m\times 10^6}\times 100 \qquad (6\text{-}9)$$

式中，C 为从工作曲线上查得显色液含磷的浓度，mol/L；V 为显色液体积，50ml；T_S 为分取倍数，$T_S=\frac{\text{待测液总体积（ml）}}{\text{吸取待测液的体积（ml）}}$；$m$ 为烘干土样质量，g；10^6 为将微克换算成克的除数。

（6）土壤有效 P。用 0.05mol/L 盐酸-0.025mol/L 硫酸浸提法测有效 P 含量[21]，其基本原理是用两种酸的混合溶液较强的酸性（pH=1.2）来浸提土样，使 Ca-P、Al-P 和 Fe-P 陆续释放，然后加 2,4-二硝基苯酚作为指示剂，用酸或碱溶液调 pH 至刚呈微黄色，最后用钼锑抗比色法测出有效 P 含量。计算公式为：

$$\text{有效 P 含量（μg/g）}=\frac{\text{显色液含磷浓度（μg/g）}\times\text{显色液的体积}\times\text{分取倍数}}{\text{烘干土质量}} \qquad (6\text{-}10)$$

式中，显色液磷含量（μg/g）为从工作曲线上查得的显色液 P 浓度（μg/g）；显色液体积为 50 ml；分取倍数 $=\frac{\text{浸提液总体积}}{\text{吸取浸提液体积}}$；烘干土质量（g）$=\frac{\text{风干土质量}}{\text{土样的吸湿水（\%）}+100}\times 100$。

（7）土壤全K。使用氢氧化钠碱熔-火焰光度法测定土壤全K含量。原理是把土样置于银坩埚中，在高温下用氢氧化钠熔融，将难溶的硅酸盐分解为可溶性化合物。用酸溶解后不用脱硅、除去铝铁等操作，只需把溶液稀释，然后可直接用火焰光度法测定。在火焰高温的激发下，待测液辐射出K元素特有的光谱，经钾滤光片过滤后，电池或光电倍增管把光能转化成电能，再放大后用检流计即可指示其强度；在K标准液浓度和检流计读数的工作曲线上可以查出待测液K的浓度，然后由公式算得土样全K的含量：

$$全K含量（\%）=\frac{C\times V\times t_s}{m\times 10^6}\times 100 \qquad (6\text{-}11)$$

式中，C 为从工作曲线查得待测液钾的浓度，μg/g；V 为待测液体积，50ml；t_s 为分取倍数，t_s=待测液体积（ml）/吸取待测液的体积（ml）；m 为烘干土样的质量，g；10^6 为把微克换算成克的除数。

（8）土壤速效K。用pH呈中性的1mol/L乙酸铵溶液作为浸提剂，浸提待测土样，然后用火焰光度计测定浸出液中的钾浓度，再利用换算公式即可算出土样中速效性K的含量：

$$速效K含量（\mu g/g）=\frac{C\times V}{m_1\times k_2} \qquad (6\text{-}12)$$

式中，C 为从工作曲线上查得待测液钾的浓度，μg/g；V 为浸提剂体积，50ml；m_1 为风干土样的质量，g；k_2 为把风干土样换算成烘干土样的水分换算系数。

（9）土壤碳氮比（C/N）。土壤碳氮比是土壤中有机C和全N含量的比值，是衡量土壤质量的敏感指标[22-25]，反映了土壤中C、N营养的平衡状况[26-27]，对土壤C、N循环和微生物的生长、活动进程都有重要的影响[28-31]，它由下式计算得到[23]：

$$土壤碳氮比（C/N）=0.58\times 土壤有机质含量/土壤全N含量 \qquad (6\text{-}13)$$

式中，0.58表示碳在有机质含量中的占比。

6.1.2 数据处理

计算不同位置土壤的特性指标与样木腐朽程度之间的Pearson相关系数和Spearman等级相关系数，分析相关性。使用多元线性回归（最小二乘法）分别建立腐朽程度与不同位置土壤理化指标之间的线性方程，确定腐朽程度与不同位置土壤指标之间的线性相关程度。用单因素方差分析（one way analysis of variance）和非参数检验法（non-parametric test）对腐朽和健康样木立地土壤理化特性的差异进行检验和判定。用类似的方法分析干基处土壤其他化学指标与红松树干腐朽程度之间的关系，所有数据分析工作均在统计分析软件SPSS19.0上进行。

6.1.3 结果与分析

1. 样木腐朽程度与树下不同位置土壤理化特性的关系

在相关性分析中，Pearson 相关系数和 Spearman 等级相关系数的分析结果相符合，即它们的大小和显著情况是一致的（表 6-1）。表 6-2 给出了在坡上距干基处 5m 土壤的各项理化指标的统计数据，结合表 6-1 统计分析可知任何一个指标与腐朽程度 E_Z 之间的相关系数都很小（r_P、$r_S<0.3$），且相关性都不显著，说明样木腐朽程度与坡上距干基处 5m 土壤的理化特性之间没有明显的相关关系。

表 6-1 样木腐朽程度与不同位置土壤指标间的相关系数

取样部位	数据类别	含水率/%	容重/（g/cm³）	总孔隙度/%	pH	有机质含量/%
坡上距干基处 5m	r_P	–0.034	0.260	0.032	0.097	0.150
	r_S	–0.003	0.171	0.029	0.068	0.154
干基处	r_P	0.642**	–0.496**	0.120	0.484**	0.639**
	r_S	0.630**	–0.416*	0.248	0.485**	0.577**
坡下距干基处 5m	r_P	0.276	–0.010	0.454*	–0.397*	0.026
	r_S	0.213	–0.037	0.458*	–0.412*	0.108

注：r_P 是指 Pearson 相关系数，r_S 是指 Spearman 等级相关系数；*表示 $P<0.05$，**表示 $P<0.01$。

表 6-2 部分样木（30 株）腐朽程度及坡上距干基处 5m 土壤理化指标计算结果

样本状况	样本数目	统计量	腐朽程度（E_Z）	含水率/%	容重/（g/cm³）	总孔隙度/%	pH	有机质含量/%
腐朽	20	平均值	51.87	37.44	1.23	54.12	5.25	38.50
		最大值	100.00	63.53	1.48	65.01	6.75	61.26
		最小值	0.24	19.79	1.05	40.02	4.02	18.99
健康	10	平均值	0.00	30.56	1.37	54.36	4.69	26.69
		最大值	0.00	41.59	1.49	75.17	5.68	39.84
		最小值	0.00	15.20	1.17	41.04	3.06	18.60

表 6-3 给出了在坡下距干基处 5m 土壤中各项理化指标统计数据，结合表 6-1 统计分析可知 E_Z 与土壤总孔隙度和 pH 的相关系数较大，且相关程度在 0.05 水平上显著，说明腐朽程度与这两个指标之间有明显的相关关系。

在干基处土壤中（表 6-3），E_Z 与总孔隙度不相关，与其他 4 个指标相关程度均较高，其中与土壤含水率、pH 和有机质含量 3 个指标之间都有极显著的相关关系。E_Z 与土壤含水率和有机质含量的 Pearson 相关系数 r_P 在 0.6 以上，Spearman 等级相关系数 r_S 在 0.55 以上，E_Z 与土壤容重和 pH 的相关系数均在 0.4 以上。可见腐朽程度与干基处土壤含水率和有机质含量相关性最强，与土壤容重和 pH 的相关性次之，与总孔隙度没有明显相关性。

表 6-3　部分样木（15 株）干基处土壤及坡下距干基处 5m 土壤理化指标计算结果

取样位置	样本数目	统计量	含水率/%	容重/（g/cm³）	总孔隙度/%	pH	有机质含量/%
干基处	15	平均值	41.96	1.28	53.50	5.21	30.99
		最大值	85.01	1.42	64.77	6.31	47.06
		最小值	14.32	1.01	38.94	4.25	17.37
坡下距干基处 5m	15	平均值	33.91	1.28	49.90	5.16	37.63
		最大值	52.96	1.47	64.77	6.22	65.55
		最小值	11.24	0.95	33.53	4.08	8.24

用最小二乘法分别建立腐朽程度 E_Z 与不同位置土壤理化指标之间的多元线性回归方程（表 6-4），从方程的拟合度和显著性来看，腐朽程度与干基处土壤指标的线性相关性最强，r^2 达到了 0.647，显著性检验 $P<0.01$，说明腐朽程度与干基处土壤指标之间的相关性是极其显著的。腐朽程度与坡下距干基处 5m 处土壤指标之间的相关性也是极其显著的，但是与干基处土壤相比回归方程的相关程度低一些，或者说拟合度差一些，r^2 只有 0.474。腐朽程度与坡上距干基 5m 处土壤指标的方程的拟合度和显著性水平都很低，说明腐朽程度与坡上距干基处 5m 土壤指标之间没有明显的线性相关性，这与相关系数分析的结果是一致的。

表 6-4　腐朽程度与不同位置土壤指标之间的回归方程

取土样位置	回归方程	r^2	P
坡上距干基处 5m	E_Z=−40.795−0.316X_1+59.309X_2+0.214X_3+0.911X_4+0.356X_5	0.103	0.734
干基处	E_Z=46.215+0.385X_1−56.843X_2−0.051X_3+5.118X_4+0.7X_5	0.647	<0.01
坡下距干基处 5m	E_Z=82.198+0.606X_1−20.125X_2+1.214X_3−17.242X_4−0.233X_5	0.474	<0.01

注：X_1~X_5 分别表示土壤含水率、容重、总孔隙度、pH 和有机质含量。

综合以上分析，在所取的 3 个位置土壤中，只有干基处土壤与腐朽程度之间有较强的线性相关关系，所以对干基处土壤指标与样木腐朽程度之间的关系值得进一步探索。从干基处土壤与腐朽程度之间的关系来看，土壤含水率和有机质含量与腐朽程度的相关性最强，这与前人对红松根朽病、欧洲山杨腐朽的研究结果是相符的。

2. 树下不同位置土壤理化特性在腐朽和健康样木之间的差异

把土壤指标数据按照样木健康状况分为腐朽（30 株）和健康（10 株）两组，如果指标在 2 组中的数据满足正态性和方差齐性条件，则用单因素方差分析差异性，否则用非参数检验法中的 Kruskal-Wallis 检验。不同位置（坡上距干基处 5m、干基处和坡下距干基处 5m）的土壤指标在腐朽和健康样木中都有显著的差异。尽管坡上距干基处 5m 处土壤指标与样木腐朽程度之间没有明显的相关关系，但是其中部分指标在腐朽和健康样木中却有显著的差异（表 6-5），土壤容重在 0.05 水平上差异显著，土壤有机质含量在 0.01 水平上差异显著。

表 6-5 腐朽和健康样木立地土壤指标的方差分析或非参数检验的 *P* 值

取土样位置	含水率	容重	总孔隙度	pH	有机质含量
坡上距干基处 5m	0.059	0.015	1.000*	0.127	0.006
干基处	0.028	0.007	0.399*	0.031*	0.001
坡下距干基处 5m	0.284	0.032	0.006	0.025*	0.820

注：*表示该数值是 Kruskal-Wallis 检验的显著性检验 *P* 值，未标识*的数值是单因素方差分析的显著性检验 *P* 值。

在干基处土壤指标中，除了总孔隙度外，其余指标在腐朽和健康样木中都有显著差异，其中容重和有机质含量的差异是极显著的（$P<0.01$），含水率和 pH 在 0.05 水平上差异显著。在坡下距干基处 5m 土壤中，容重、总孔隙度和 pH 在腐朽和健康样木中都有显著差异，其中总孔隙度的差异最显著（$P<0.01$）。

通过以上分析可以发现，相对于不同位置的土壤，各特性指标在腐朽和健康样木中差异的显著性是不同的。在进一步分析中，计算了不同位置土壤的各项指标在腐朽和健康样木中取值的平均值，并进行比较（图 6-1）。结果表明，除了总孔隙度外，其余 4 项指标在腐朽和健康样木中平均值的大小关系对应不同的取样位置都是一致的。三个位置土壤的含水率在腐朽样木中的平均值都高于在健康样木中的平均值，土壤容重刚好相反，土壤 pH 和有机质含量与土壤含水率的情况相同。

坡上距干基处 5m 土壤的总孔隙度在腐朽样木中的平均值稍低于在健康样木中的平均值，干基处土壤的情况与之相反，坡下距干基处 5m 土壤的总孔隙度在腐朽样木中的平均值高于在健康样木中的平均值，且差距比前 2 个位置的土壤大一些，说明总孔隙度在不同取样位置的土壤中差别较大。

结合腐朽程度与土壤指标的相关性和回归分析结果，可以得出结论，腐朽样木立地土壤的含水率、pH 和有机质含量整体高于健康样木立地土壤，容重整体低于健康样木立地土壤。

3. 样木腐朽程度与干基处土壤化学指标的相关性分析

（1）相关系数分析

在所测的 7 项土壤化学指标（表 6-6）中，全 N 含量与腐朽程度之间的 Pearson 相关系数 r 最大，且 r 在 0.01 水平上显著不为零，说明二者之间的相关程度最高，且相关性极其显著（表 6-7）。土壤全 N 含量与腐朽程度之间的关系是正相关，与前面有机质含量的分析结果完全一致，从土壤全 N 与有机质的关系来看，这一结

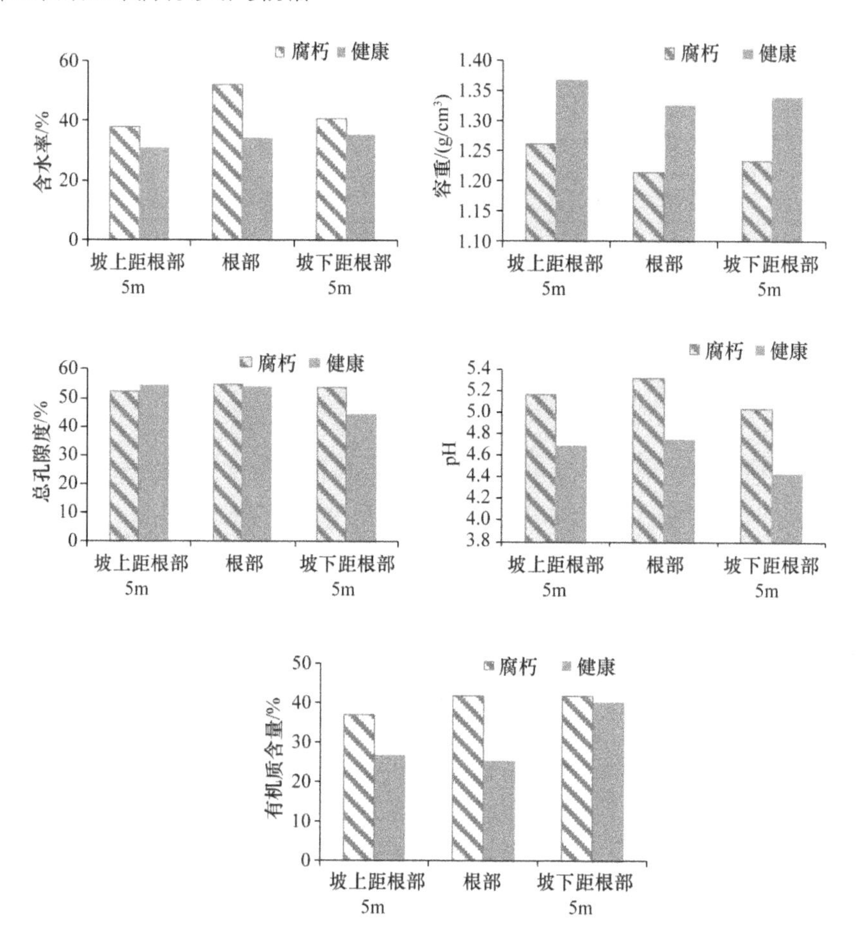

图 6-1　活立木树下不同位置土壤指标在腐朽和健康样木中的对比

表 6-6　部分样木（30 株）干基处土壤化学指标计算结果

样本状况	样本数目	统计量	全 K 含量/（g/kg）	全 N 含量/（g/kg）	全 P 含量/（g/kg）	水解 N/（mg/kg）	速效 K/（mg/kg）	速效 P/（mg/kg）	C/N
腐朽	20	平均值	8.19	4.90	1.64	470.62	155.27	3.08	28.26
		最大值	12.15	7.24	2.06	842.51	260.75	4.74	61.71
		最小值	4.60	2.88	1.27	258.72	82.72	1.99	5.12
健康	10	平均值	7.86	3.84	1.69	711.06	162.06	2.40	38.21
		最大值	12.30	5.86	1.97	874.64	228.82	3.10	52.96
		最小值	2.70	2.47	1.37	546.96	106.60	1.90	26.80

表 6-7　腐朽程度与土壤各指标之间的 Pearson 相关系数

类别	全 K	全 N	全 P	水解 N	速效 K	速效 P	C/N
r	0.176	0.576^{**}	0.179	-0.347^{*}	0.057	0.479^{**}	0.512^{**}
P	0.278	<0.01	0.269	0.028	0.726	0.002	0.001

注：*表示 $P<0.05$；**表示 $P<0.01$。

果是必然的，因为土壤中的N绝大部分来自于有机质。有研究表明，土壤全N含量与有机质含量之间存在显著的线性关系，可以用有机质含量推算土壤全N含量，其最大误差约5%[32]。

有机质含量高的土壤其全N含量也必然高，二者呈正相关，水解N含量则有可能不同，因为它不够稳定，受土壤水热条件和生物活动的影响较大，但它能反映近期土壤的氮素供应能力。本例中所测土壤水解N含量就没有与土壤有机质含量呈现出很好的一致性，它在0.05水平上与腐朽程度显著负相关（表6-7）。

与土壤全N含量类似，土壤C/N和速效P含量也均与腐朽程度显著正相关（在0.01水平上），其中土壤C/N的相关程度稍高一些。这2个指标也与有机质有密切联系，用于计算土壤C/N的有机C和全N含量均主要来自于有机质，另外有研究表明速效P含量与有机质含量之间存在正相关性[33]，所以这2个指标的测定结果与有机质呈现了很好的一致性。

本研究中土壤有机质含量和全N含量、C/N及速效P含量之间的Pearson相关系数，可得分别为0.825、0.613和0.525，且均在0.01水平上显著，说明测定结果与前人的研究结果一致。在4个与腐朽程度显著正相关的指标中，除了有机质之外的3个变量之所以呈现出和有机质含量一样的变化规律，是因为决定它们取值的全N、有机C和速效P绝大部分来自于有机质，其含量均与有机质正相关。

腐朽程度越高的样木其立地土壤有机质及其他营养物的含量也越高，可能有两方面的原因。一是样木腐朽后生长受阻，枯枝落叶增多，给样木下面的土壤提供了更多的凋落物，凋落物分解后形成土壤中的有机质，使土壤养分更充足。这一原因只适用于腐朽接近枯死的活立木，因为在野外测试中发现，只有腐朽接近枯死的活立木才会有明显的枯枝落叶出现，这时活立木从心材到边材均被严重侵蚀，边材无法正常把养分水分输送到树冠用于生长，所以枝叶有枯萎的现象发生[34-35]，而大多数腐朽活立木边材并未遭到严重侵蚀或者保存完好，所以尽管心材腐朽严重甚至形成空洞，活立木生长并没有受到太大影响，依然枝繁叶茂。第二个原因是山形地势、小范围群落组成或者微气候造成腐朽样木生长处的土壤养分含量偏高[36-39]，而土壤养分含量偏高导致样木腐朽率和腐朽程度升高，这是因为有机质等养分充足的土壤中更易滋生各种菌，形成丰富的菌群落，在这种情况下，当活立木受到外伤使其边材甚至心材暴露，失去树皮保护的时候，创伤处被周围木腐菌侵蚀的可能性大大增加[40-41]，并且腐朽发生后，在较多木腐菌的参与下，腐朽速率也相应加快，容易形成严重的腐朽[42-45]。

（2）多元线性回归分析

以样木腐朽程度为因变量，土壤7项化学指标为自变量，建立多元线性回归方程，可得：

$$E_Z=-78.098-0.897X_1+14.041X_2+22.567X_3+0.009X_4-0.132X_5-1.885X_6+1.103X_7 \quad (6\text{-}14)$$

式中，E_Z表示样木腐朽程度；X_1~X_7依次表示土壤全K、全N、全P、水解N、速效K、速效P含量和碳氮比（C/N）。回归结果表明二者之间存在极显著的线性关系（$P<0.01$），且相关程度较高（r^2=0.559）。

为防止自变量之间的线性相关性影响回归分析的准确性和稳定性，对所有7个自变量进行共线性诊断，结果表明，土壤全N和速效K之间、全K和C/N之间分别存在多重共线性。另外，回归系数的显著性检验表明，只有土壤全N和C/N的回归系数显著不为零，与腐朽程度之间呈现出显著相关性，这一方面反映了多重共线性对回归分析的影响，即某些本来与腐朽程度显著相关的自变量无法通过回归系数显著性检验，另一方面也表明在回归自变量中确有部分变量与腐朽程度相关性较差。综上所述，需要剔除一些自变量重新建模。

使用逐步回归法筛选变量，去除与腐朽程度相关性较差的自变量，可得最佳方程为：

$$E_Z=-56.780+10.385X_2+1.147X_7\ (r^2=0.455,\ P<0.01) \tag{6-15}$$

只包含土壤全N和C/N两个自变量，r^2下降了0.104，显著性检验P值仍然小于0.01。可见剔除了5个自变量的最佳方程与包含所有7个自变量的方程相比，相关程度和显著性下降不大，剔除的自变量对方程的贡献很小。在前面的相关性分析中，土壤全N和C/N这2个变量与腐朽程度的相关系数最大，且在0.01水平上显著，所以逐步回归分析的结果与相关分析相符。在一定程度上，利用土壤全N和C/N可以估测样木腐朽程度（图6-2），估测的标准误差为18.85，如果只想定性的估计一株活立木腐朽的严重程度，这一结果可以满足要求。

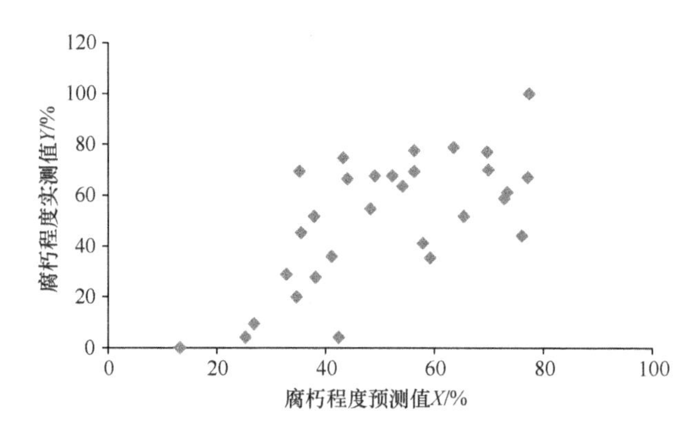

图6-2　最佳回归方程的腐朽程度预测值与实测值的散点图

（3）主成分回归分析

对立地土壤7项化学指标进行主成分分析，通过计算累计方差贡献率(cumulative contribution of variance)可得前5个主成分的贡献率已经达到89.071%>85%，说明前5个主成分已经包含了所有变量的绝大部分信息，所以提取前5

个主成分用于进一步分析。用普通最小二乘法建立腐朽程度（E_Z）与 5 个主成分（用 F_1~F_5 表示）的多元线性回归方程，得到标准化回归方程如下：

$$E_Z=0.523F_1+0.328F_2-0.142F_3+0.236F_4-0.130F_5 \tag{6-16}$$

然后分别以 5 个主成分为因变量，土壤化学指标为自变量，建立每个主成分与原始变量（即土壤化学指标）的多元线性回归方程，得到标准化回归方程如下：

$$F_1=0.305X_1+0.366X_2+0.207X_3-0.150X_4+0.169X_5+0.366X_6+0.113X_7 \tag{6-17}$$

$$F_2=-0.225X_1-0.216X_2+0.368X_3+0.071X_4-0.431X_5+0.256X_6+0.546X_7 \tag{6-18}$$

$$F_3=0.227X_1-0.150X_2+0.509X_3+0.634X_4+0.084X_5-0.006X_6-0.321X_7 \tag{6-19}$$

$$F_4=-0.439X_1+0.195X_2-0.081X_3+0.394X_4+0.626X_5-0.038X_6+0.412X_7 \tag{6-20}$$

$$F_5=0.22784X_1-0.425X_2+0.554X_3-0.545X_4+0.480X_5-0.675X_6+0.341X_7 \tag{6-21}$$

这 5 个方程分别为第一到第五主成分的得分表达式，把它们带入到式（6-15）中，得到用原始 7 个自变量表示的标准化回归方程：

$$E_Z=-0.087X_1+0.243X_2+0.065X_3+0.018X_4+0.021X_5+0.355X_6+0.337X_7 \tag{6-22}$$

标准化方程的回归系数都经过标准化，因此具有可比性，从式（6-21）的回归系数来看，X_2、X_6 和 X_7 的回归系数远远大于其他 4 个自变量的回归系数，说明土壤全 N、速效 P 含量和 C/N 与腐朽程度的相关程度较高，与多元线性回归和相关分析的结果相符。多元线性回归的最佳方程中包含土壤全 N 和 C/N 两个自变量，在相关分析中，土壤全 N、速效 P 含量和 C/N 都与腐朽程度在 0.01 水平上显著相关。

4. 干基处土壤化学指标在腐朽和健康样木之间的差异

部分干基处土壤化学指标在腐朽和健康样木之间呈现了显著的差异。健康样木立地土壤的全 N、速效 P 含量和 C/N 显著低于腐朽样木立地土壤，其中前者的全 N 含量平均值比后者低 24.6%，速效 P 含量和 C/N 分别低 0.734μg/g 和 9.536。健康样木立地土壤的水解 N 含量极显著高于腐朽样木立地土壤，平均值高出 358.741mg/kg（表 6-8）。从折线图上也可以看到，10 株健康样木立地土壤的全 N 和速效 P 含量明显整体低于 30 株腐朽样木的立地土壤，前者的最大值和最小值都低于后者，所以健康样木对应的曲线被“压”在了腐朽样木对应的曲线下面（图 6-3、图 6-4）。其余 3 项指标在两组值中的差异不显著。结合前面相关分析和回归分析的结果可以发现，这里的差异性分析结果与它们是一致的，总结起来即：健康样木立地土壤的全 N、速效 P 含量及 C/N 低于腐朽样木立地土壤，而在腐朽样木中，腐朽程度低的样木立地土壤的这 3 个指标又低于腐朽程度高的样木立地土壤。如前面所述，造成这一现象的原因是土壤养分和样木腐朽相互作用的结果，即较高的土壤养分含量滋生了真菌和细菌，提高了样木腐朽率并且加快了腐朽的进程，而样木腐朽后树下凋落物增多，增加了土壤中有机质的含量，从而提高了土壤养分含量。

表 6-8 腐朽和健康样木立地土壤指标的差异性分析

类别	全K/%	全N/%	全P/%	水解N/（mg/kg）	速效K/（μg/g）	速效P/（μg/g）	C/N
S_J	7.864	3.843	1.690	639.536	162.056	2.397	38.208
S_F	8.396	5.098	1.677	280.795	169.016	3.131	47.744
S_J与S_F相比/%	−6.336	−24.617	0.775	127.759	−4.118	−23.443	−19.973
P	0.528	0.012	0.838	<0.01	0.738	0.010	0.010

注：S_J、S_F分别表示腐朽和健康样木立地土壤指标的平均值，P 为土壤指标在腐朽和健康样木两组值之间的方差分析或非参数检验的显著性 P 值，其中第 5 列和第 7 列的 P 值来自于非参数检验，其余的来自于方差分析。

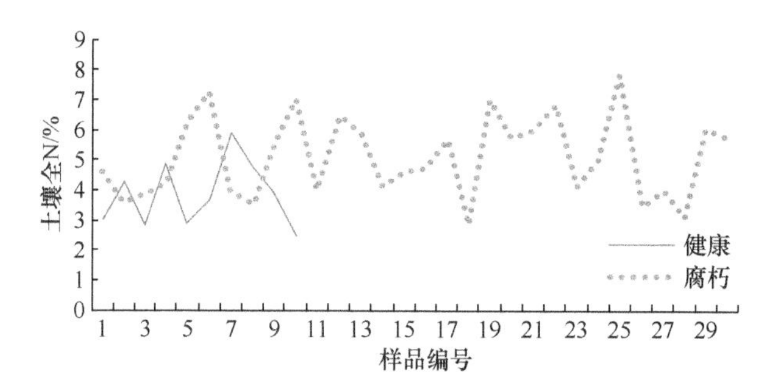

图 6-3 全 N 含量在健康（10 株）和腐朽（30 株）样木立地土壤中的比较

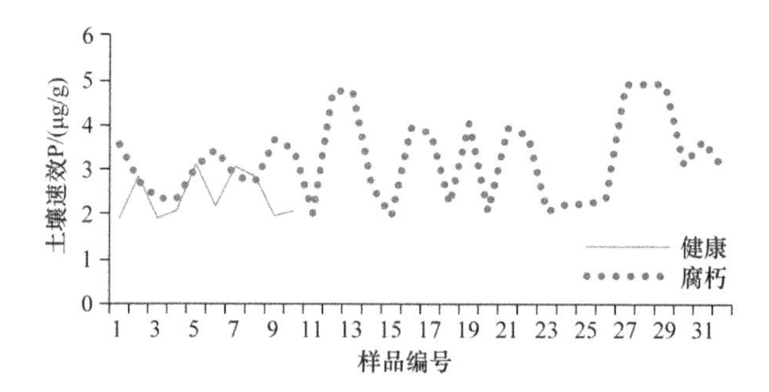

图 6-4 速效 P 含量在健康（10 株）和腐朽（30 株）样木立地土壤中的比较

6.1.4 小结

利用阻抗仪对红松样木树干腐朽程度进行测定，同时在样木树下不同位置（坡上距干基处 5m、干基处和坡下距干基处 5m）取土样分析部分理化性质（含水率、容重、总孔隙度、pH 和有机质含量），对腐朽程度与不同取样位置土壤理化指标的相关关系进行了统计分析，分别建立了相应的多元线性回归方程，并且比较了不同取样位置土壤指标在腐朽和健康样木中的差异。然后选择干基处土壤作为重点研究对象，用化学方法测定了土壤全/水解 N、全/速效 P 和全/速效 K 含量及 C/N，分析干基处土壤 7 项化学指标与样木腐朽程度之间的相关关系，以及土壤化学指标在腐朽和健康样木下的差异，主要结论如下。

（1）在坡上距干基处 5m、干基处和坡下距干基处 5m 三个取样位置土壤中，只有干基处土壤理化特性与样木腐朽程度（E_Z）之间有较强的相关性。样木腐朽程度（E_Z）与干基处土壤含水率和有机质含量的 Pearson 相关系数 r_P 在 0.6 以上，Spearman 等级相关系数 r_S 在 0.55 以上，E_Z 与土壤容重和 pH 的两种相关系数（r_P 和 r_S）均在 0.4 以上，且相关性均在 0.01 水平上显著，只有总孔隙度与 E_Z 之间没有显著相关性。

（2）不同取样位置土壤的理化指标在腐朽和健康样木中都有显著的差异。坡上距干基处 5m 土壤的容重和有机质含量分别在 0.05 和 0.01 水平上差异显著；干基处土壤理化指标中，除了总孔隙度外，其余指标在腐朽和健康样木中都有显著差异，其中容重和有机质含量的差异极显著（$P<0.01$），含水率和 pH 在 0.05 水平上差异显著；在坡下距干基处 5m 土壤中，容重、总孔隙度和 pH 在腐朽和健康样木中都有显著差异，其中总孔隙度的差异最显著（$P<0.01$）。

（3）干基处土壤全/水解 N、速效 P 含量和 C/N 在腐朽和健康样木立地土壤中也呈现显著差异。其中全 N、速效 P 含量和 C/N 在健康样木立地土壤中显著低于腐朽样木立地土壤（$P<0.05$），前者的平均值比后者分别低 1.255%、0.734 μg/g 和 9.536。水解 N 含量在健康样木立地土壤中极显著高于在腐朽样木立地土壤（$P<0.01$），平均值高出 358.741 mg/kg。

（4）在干基处土壤氮磷钾含量和 C/N 7 项化学指标中，全 N 含量与腐朽程度的相关程度最高（r=0.576），且相关性极其显著（$P<0.01$），相关类型属于正相关；其次是土壤 C/N（r=0.512），它与腐朽程度之间的相关系数只比土壤全 N 低 0.064，且相关性极显著（$P<0.01$），也是正相关；再次是速效 P 和水解 N，分别与腐朽程度显著正相关（r=0.479）和负相关（r=−0.347）。

（5）干基处土壤全 N 含量、C/N 和速效 P 含量与腐朽程度的关系跟有机质含量与腐朽程度的关系一致，原因是全 N、有机 C 和速效 P 均主要来自于有机质，所以与有机质含量正相关。本例中土壤有机质含量与全 N 含量、C/N 及速效 P 含量之间的 Pearson 相关系数分别为 0.825、0.613 和 0.525，且均在 0.01 水平上显著，测定结果与前人的研究结果相符。

6.2 土壤含水率及地形条件与腐朽程度

关于木材腐朽的发生机理及造成腐朽的病原菌——木腐菌的生活习性方面的研究表明[8,11]，木材腐朽的发生率和腐朽程度主要受木材体内和外部环境中温度、水分、营养物和酸碱度等因素的影响。水分条件（包括木材含水率和周围环境含水率）对木材腐朽的影响已经在相关研究中得到证实。Gonzalez 等[44]在研究山杨（*Populus davidiana*）木材的腐朽时发现，林地湿度不同时木材腐朽程度有显著差异：在北方和温带林地，潮湿林分内木材样本的腐朽程度显著高于干旱林分，而在热带林地，情况刚好相反，由此可见，水分条件与木材腐朽程度之间的关系可能是非线性的，水分过高或过低时都有可能抑制腐朽。对山毛榉和欧洲赤松腐朽的研究也表明，水分条件对木材腐朽有明显的影响，只不过水分和腐朽程度之间的关系随木材种类、木腐菌种类和氧气浓度的不同而有不同[46]。

与木材腐朽相比，活立木腐朽的影响机理更为复杂，因为活立木是一个活的生命体，有自己的生理活动，能够对外来刺激形成反应。当活立木受到外部伤害，树皮破损，边材甚至心材暴露时，创伤处就会遭受木腐菌侵袭。这时在活立木体内会自发地形成 4 道防线阻碍或阻止腐朽进一步扩散，这 4 道防线称为活立木内部腐朽区块化系统（compartmentalization of decay in trees system，CODIT 系统），能够在腐朽的不同阶段发挥作用，限制木腐菌的繁殖[3, 47]。不同的树种抵抗腐朽的能力不同，因为其体内木材的组织结构和内含化学成分不同，有的树种能生成对木腐菌有毒性的物质，所以不易被腐朽，黄檗、柳杉、柏木、槐树、枣树等都属于天然耐腐性强的树种[48]。

前面的研究表明，样木根部土壤理化特性对其腐朽程度有显著的影响，而山形地势、海拔等立地条件会影响土壤水分养分分布、气温和光照等条件，所以也会间接影响到样木的腐朽程度。有研究显示，黄土高原地区土壤有机 C 浓度在区域范围内表现为中等程度变异，在整个区域中心有一个土壤有机 C 含量相当低的区域，它被由中心向四周发散的含量递增的同心圆包围着；土壤全 N 和全 P 浓度与海拔高度、经纬度和坡度之间存在显著的相关关系；土壤全 K 浓度和 pH 也在空间上呈现出不同规律的分布[37]。在黄土高原水蚀风蚀交错带柠条幼林地进行的研究则发现，坡地土壤剖面储水量和水分消耗量均从坡顶到坡底呈逐渐增大的趋势，而且储水量与坡面位置和时间的关系可用一个二元三次多项式表示[49]。何志祥等[50]在雪峰山上对不同海拔梯度的土壤养分空间分布进行研究，发现海拔对土壤养分含量的空间异质性影响显著。运用地统计学和 GIS 技术对重庆市典型丘陵地区土壤养分空间分布的研究也表明，土壤中许多养分受海拔、坡向等地形因素影响，其中有机质、N、P 和 K 的含量与海拔显著正相关；Ca、Mg 和 S 与海拔负相关；此外坡度或坡向也与 Ca、Mg、N、P 和有机质等有显著的相关关系[51]。海拔、坡向、坡度等地形条件造成了水分和养分在土壤中分布的空间异质性，使不同位置活立木立地土壤的理化性质有明显不同，再加上不同地形条件下温度、光照等气候条件的差异，使腐朽的发生率和扩展速度有很大不同[52-54]。

本节主要研究红松活立木立地土壤含水率随立地海拔、坡度/向/位等地形条件的变化规律，立地土壤含水率与红松腐朽程度之间的关系，以及地形条件对红松腐朽程度的影响。

6.2.1 材料与方法

1. 样品采集

红松样木选取完成后，在其根部东南西北 4 个方向取约 30g 混合湿土样放进塑料密封袋内带回实验室，用于土壤含水率的测定，取样深度 6~20cm，代表 A1 层土壤。在样木距离地面 40~50cm 处选取一个横截面，用树木阻抗仪 Resistograph（德国 Rinntech 公司生产，型号 4453）沿着横截面上 2 个相互垂直的直径方向进行检测，然后在阻抗仪检测的邻近部位使用瑞典树木生长锥（取样直径 5.15mm，取样长度 30cm）钻取 2 段木芯，用于估测腐朽木芯质量损失率，确定样木树干腐朽程度。如果从样木上取得的某段木芯有腐朽，则在取木芯处临近的健康部位再取一段健康木芯，用于对照。

用 GPS（北京合众思壮科技股份有限公司，集思宝征程 300 手持 GPS 定位仪）和全站仪测出每株样木所在地的海拔和坡度/向/位。

2. 样品测量方法

1）样木腐朽程度

样木腐朽程度的确定利用生长锥钻取出的木芯来实现，通过估测腐朽木芯的质量损失率定量表示样木腐朽程度，具体分析方法见第 4 章。

2）立地土壤含水率

（1）把铝盒盖打开放在铝盒下，然后置于 105℃±2℃的烘箱内烘 3~5h，之后从烘箱中取出，盖好盖子放进干燥器冷却，达到室温后取出铝盒称重为 m；

（2）往铝盒中加约 20g 待测土样，称重为 m_5；

（3）把铝盒放入烘箱，盖子放在下面，在 105℃±2℃下烘干 12h，取出加盖放进干燥器中冷却，冷却 30min 后称重为 m_6，必要时再烘 3~5h，然后取出干燥后再次称重，两次质量之差不得超过 0.05g，取最低值作为 m_6。

土壤含水率 W_S 按下式计算[55]

$$W_S = \frac{m_5 - m_6}{m_6 - m} \times 100\% \tag{6-23}$$

式中，W_S 为土壤含水率，%；m 为干燥铝盒质量，g；m_5 为湿土样与铝盒合重，g；m_6 为烘干土样与铝盒合重，g。

3. 数据分析方法

使用 Pearson 相关分析法研究土壤含水率和地形条件中的数值型指标（海拔和坡度）之间的相关关系，以及它们同样木腐朽程度之间的关系。利用单因素方差分析或非参数检验法中的 Kruskal-Wallis 检验分析样木腐朽程度和土壤含水率在不同坡向和坡位上的大小差异，以及土壤含水率、海拔和坡度在腐朽和健康样木之间的差异。所有分析工作均在 SPSS19.0 上进行。

6.2.2 结果与分析

1. 土壤含水率对红松腐朽程度的影响

1）Pearson 相关分析

从描述性统计数据分析结果来看（表 6-9），腐朽样木的腐朽程度分布于 5.06%~49.70%，平均值为 28.34%，根据第 4 章的研究结果，这一平均值已经达到了中重度腐朽的水平，可见样木腐朽程度整体偏高。腐朽程度的变异系数为 41.2%，说明其离散程度较大，样木的腐朽程度是在极差范围内（44.64%）广泛分布的，并不是很集中。

表 6-9 腐朽程度等变量的描述性统计分析结果

统计类别	腐朽程度/%	土壤含水率/%	海拔/m	坡度/（°）
最大值	49.70	119.09	385	15
最小值	5.06	19.11	326	0
极差	44.64	99.98	59	15
平均值	28.34	66.42	362.11	7.
标准差	11.676	23.32	14.525	3.472
变异系数	41.2%	35.1%	4.0%	49.6%

注：腐朽程度的统计结果不包括健康样木，因为健康样木的腐朽程度均为零。

土壤含水率最高可达 119.09%，最低只有 19.11%，可见变动范围很大，变异系数为 35.1%，虽然比腐朽程度的变异系数低，但是依然很大，说明土壤含水率的分布也比较离散，在不同样木下的水平相差较大。

为进一步分析腐朽程度与土壤含水率之间的相关关系，计算它们之间的 Pearson 相关系数（表 6-10），结果表明，腐朽程度与土壤含水率之间呈现极显著正相关关系，相关系数 r=0.635，绘制二者之间的散点图也得到了类似的结果（图 6-5）。相关性分析结果表明，红松样木腐朽程度与土壤水分之间存在十分紧密的联系，即土壤含水率偏高的地方红松腐朽较严重，这与前人研究结果一致：在低凹潮湿、水分充足的区域发病较重，在干燥向阳的区域发病较轻。土壤含水率较高时，只要水分没有达到使木腐菌缺氧无法正常繁殖的地步，一般都会促进木腐菌生长，结果导致土壤中和活立木靠近根部的树干（基干）上滋生出大量的木腐菌[8,42]。这样当活立木基干处受到外伤，树皮破损时，伤口处被木腐菌侵袭的可能性就大大地增加了，而且在充足的水分条件下木腐菌分解木材的速度很快，活立木较易形成严重的腐朽[44]。本试验在野外测量中就发现许多腐朽的红松活立木在基干处有空洞，腐朽很可能是从该处开始，逐渐向上延伸的。土壤或木材中水分过高时也有可能抑制腐朽，如以欧洲山杨木材为研究对象时就发现，把试件置于热带森林中时，潮湿林分中试件的腐朽程度显著低于干燥林分，所以水分条件对木材腐朽的影响很可能是非线性的[44]。

表 6-10 腐朽程度与土壤含水率等的 Pearson 相关系数矩阵

	腐朽程度	土壤含水率	海拔	坡度
腐朽程度	1	0.635**	0.237	0.203
土壤含水率		1	–0.211	0.356*
海拔			1	–0.006
坡度				1

注：*表示 $P<0.05$；**表示 $P<0.01$。

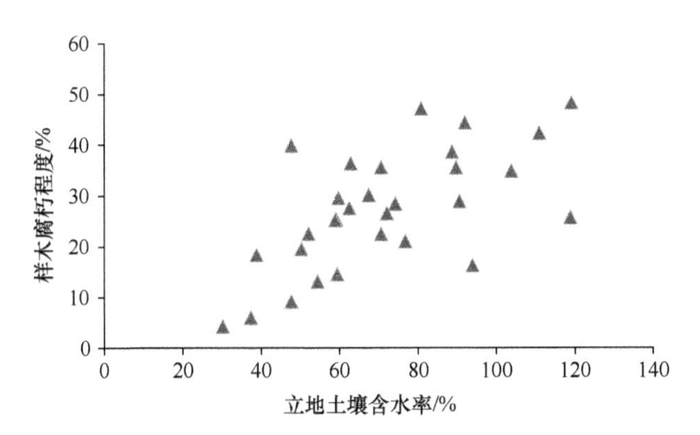

图 6-5 立地土壤含水率和样木腐朽程度之间的散点图

2）方差分析

为了对比腐朽和健康样木在立地土壤含水率上的差异，把含水率数据按照样木健康状况分为腐朽和健康 2 组，然后对数据在 2 组中的正态性和方差齐性进行检验，结果通过了检验，因此可以用单因素方差分析判断它们在 2 组中的差异。方差分析结果表明，土壤含水率在腐朽和健康样木中的差异在 0.05 水平上显著[53]。比较土壤含水率在腐朽和健康 2 组中取值的平均值可以发现（表 6-11），健康样木的立地土壤含水率平均值比腐朽样木要低 19.82%。方差分析和平均值比较都表明，健康和腐朽样木在立地土壤含水率上有十分明显的差异，把这些差异同前面相关分析的结果联系起来，可以总结为：健康样木立地土壤含水率显著低于腐朽样木立地土壤，并且随着样木腐朽程度的升高，土壤含水率也呈升高的趋势，这可能跟腐朽样木生长受阻，对土壤水分吸收减少有关[56]。

表 6-11　土壤含水率等指标在腐朽和健康样木中的差异性分析

	土壤含水率/%	海拔/m	坡度/（°）
M_J	51.56	365	6.05
M_F	71.38	361	7.90
M_J与 M_F 相比/%	–27.77	1.11	–23.42
P	0.018	0.696	0.147

注：M_J、M_F 分别表示各指标在健康和腐朽样木中取值的平均值，P 表示方差分析或非参数检验的 P 值。

2. 地形条件对红松腐朽程度的影响

所测的地形条件有海拔、坡度、坡向和坡位 4 个，其中海拔在 326~385m，平均值 362.11m，变异系数 4.0%，与含水率指标和坡度相比，海拔的变异系数很小，说明它的分布比较集中，没有太大的波动。所测样木立地坡度在 0°~15°，平均值 7°，坡度的变异系数是所有指标中最大的，接近 50%，可见其分布很离散，说明所测样地的坡度虽然整体偏缓，但是在缓坡范围内，不同样木立地的坡度之间有较大的差异。样木所在坡向主要集中于北、西、西北和东北，只有一株样木处于南坡，还有一株处于平地。坡位主要是坡上部和坡中部，只有 1 株处于坡下。

1）海拔对红松腐朽程度的影响

在相关分析中，海拔与腐朽程度之间的相关系数很小，仅为 0.237，并且显著性检验表明，相关系数在 0.05 水平上不显著（表 6-10），说明海拔与红松腐朽程度之间不存在显著的相关关系。为对比腐朽和健康样木在立地海拔上的差异，把海拔数据按照样木健康状况分为腐朽和健康 2 组，首先进行正态性和方差齐性检验，结果海拔未通过检验，不能使用方差分析，可以用非参数检验中的 Kruskal-Wallis 检验判断差异性。结果表明，海拔在 2 组中的差异不显著，显著性检验 P 值为 0.696（海拔），远远大于 0.05，说明在所测样地范围内，海拔的大小并没有对红松腐朽造成明显的影响，这可能跟海拔的变动幅度较小有关。在所测样木立地的海拔中，最大海拔和最小海拔之间仅差 59m，与海拔的平均值相比，这个落差显然不大，不足以造成气候上的明显差异，所以也不会对活立木腐朽产生显著的影响。如果海拔在更大的范围内变动，比如几百米到上千米，则会形成不同的气候带和森林类型，土壤养分含量也会相应地呈现出一定的垂直分布规律，这时红松及其他树种的腐朽率、腐朽程度等可能会有比较明显的差异。

2）坡面因素对红松腐朽程度的影响

（1）坡度

与海拔类似，坡度与腐朽程度之间的相关系数也很小，仅为 0.203，并且显著性检验表明，相关系数在 0.05 水平上不显著（表 6-10），说明坡度与红松腐朽程度之间也不存在显著的相关关系。把坡度数据按照样木健康状况分为腐朽和健康 2 组，首先进行正态性和方差齐性检验，结果通过了检验，所以用方差分析判断其在 2 组中的差异。方差分析的显著性检验 P 值为 0.147，远远大于 0.05，说明在所测样地内，坡度的大小对样木腐朽没有显著的影响。坡度对腐朽程度的影响还跟坡向和坡位有关，而且在本研究的样地内，坡度普遍较缓，坡向和坡位的影响可能比坡度更大一些。

（2）坡向

由于南坡和平地上都只有一株样木，所以在分析坡向对红松腐朽程度的影响时不考虑这两个位置（表 6-12）。把腐朽程度等变量按照样木立地的坡向分为 6 组，每组分别取平均值，比较可得，除了南坡和平地两个位置外，其余 4 个坡向上样木腐朽程度平均值的大小顺序为：西北＞西＞东北＞北。方差分析表明，腐朽程度在不同坡向上的差异不显著，但是西北坡上样木的腐朽程度均值明显比北坡上样木腐朽程度的均值高出许多，西北坡上样木立地土壤含水率均值也比北坡明显高很多，由此可见土壤水分含量对样木腐朽程度的重要作用。

表 6-12　不同坡向上样木腐朽程度等的平均值

坡向	样木腐朽程度均值/%	土壤含水率均值/%	坡度均值/（°）	腐朽样木株数
北	21.57	67.72	6.86	11
西	28.93	66.89	8.50	4
南	14.56	59.52	12	1
西北	34.50	91.81	9.50	8
东北	27.616	54.36	7.9	5
平地	36.36	62.89	0	1

注：表中的统计数据不包括健康样木对应的数据，表 6-13 同。

北坡上样木的腐朽程度虽然不是最高的，但是调查得到的腐朽样木的数量是最高的，这反映出北坡的腐朽率是所有坡向中最高的。北坡是被阴面，光照少、气温低，所以林区湿度较大，土壤含水率也偏高，由前面的研究已经知道，环境中水分含量偏高时，一般会促进木材或活立木的腐朽，所以北坡的腐朽率最高也就不足为奇了。本研究中北坡样木立地土壤含水率较低是因为受到了坡位的影响，从北坡中检测出来的腐朽样木大多处于坡上部，所以土壤含水率较低，而西北坡上的样木大多处于坡中部，所以土壤含水率较高。西北坡上的样木不仅腐朽程度和土壤含水率最高，坡度也是最大的，但是由于坡位的影响，坡度对腐朽程度和含水率的影响根本无法从测量数据上看出来。正常情况下坡度较大的坡面水分流失较多，坡面土壤含水率会偏低，但是由于本研究中处于较大坡度的样木大都生长在坡中部，所以土壤含水率反而会比较高。

（3）坡位

本研究涉及的 30 株腐朽样木绝大多数位于坡中部和坡上部，坡下部只有 2 株，平地上只有 1 株（表 6-13），从统计学角度考虑，坡下部和平地上的样木数量过少，不便于进行统计分析，因为过少的样本量难以反映出整体的实际情况，而且受偶然性因素的影响，可能会得出完全错误的结论。探索性分析表明腐朽程度、土壤含水率和坡度在坡上部和坡中部 2 组中的取值均符合正态性和方差齐性条件，所以可用方差分析判断差异的显著性。方差分析的结果表明，这 3 个指标在坡上部和坡中部两组中的取值均有显著的差异，其中坡中部样木的腐朽程度（P=0.018＜0.05）和立地土壤含水率（P=0.016＜0.05）显著大于坡上部，坡中部样木所处的坡度也显著大于坡上部样木所处的坡度（P=0.038＜0.05）。这也就解释了处于较大坡度上的样木立地土壤含水率反而偏高的原因，即这些样木处于坡中部，因此比那些处于较小坡度且在坡上部的样木立地土壤含水率高。

表 6-13　不同坡位上样木腐朽程度等的平均值

坡位	样木腐朽程度均值/%	土壤含水率均值/%	坡度均值/（°）	腐朽样木株数
上	21.31	68.38	7.04	13
中	32.84	77.15	9.36	14
下	22.45	54.72	7.25	2
平地	36.36	62.89	0	1

在本研究的 3 个坡面因素中（坡度/向/位），坡位的影响是最大的，它把坡度和坡向对腐朽程度和土壤含水率的影响都抵消掉了。研究晋西黄土高原坡面时发现，不同坡向上土壤含水率从大到小的顺序为：北坡＞东坡＞西坡＞南坡，该顺序与不同坡向上的光照条件刚好吻合，即北坡光照弱，光照时间短，所以土壤含水率高，南坡相反[57-58]。本研究中不同坡面上样木立地土壤含水率的大小顺序与此有很大不同，究其原因，主要跟样木所处的坡位不同有关。处于坡中部的样木不管是在什么坡向上，其立地土壤含水率都高于任一坡向上处于坡上部样木的立地土壤含水率。同样，处于较大坡度上的样木由于是在坡中部，其立地土壤含水率比处在较小坡度上、坡上部的样木立地土壤含水率要高，而实际上坡度较大时，坡面土壤水分流失较多，整体含水率是偏低的，只是因为坡位不同，没有体现出

相应的大小规律。

6.2.3 小结

本节研究了土壤水分和地形两方面条件对红松活立木腐朽程度的影响。对土壤含水率和样木腐朽程度之间的相关关系进行了统计分析，并且对比了腐朽和健康样木下立地土壤含水率的差异，然后从理论上论述了数据背后的深层次原理。观测的地形条件包括海拔和3个坡面因素（坡度/向/位），分析坡面因素对腐朽程度的影响时考虑了它们之间的相互作用关系，使得分析结果更加准确可靠。得到的结论有以下几点：

（1）样木的腐朽程度整体达到中重度水平，平均腐朽程度为28.34%，分布比较离散，变异系数达到41.2%，说明腐朽程度在5.06%~49.70%大范围波动。

（2）所测样木立地海拔在326~385m，平均值362.11m，变异系数4.0%，与含水率指标和坡度相比，海拔的变异系数很小，说明它的分布比较集中，没有太大的波动。所测样木立地坡度在0°~15°，平均值7°，变异系数是所有指标中最大的，接近50%，可见其分布很离散，说明所测样地的坡度虽然整体偏缓，但是在缓坡范围内，不同样木立地的坡度之间有较大的差异。样木所在坡向主要集中于北、西、西北和东北，只有一株样木处于南坡，还有一株处于平地。坡位主要是坡上部和坡中部，只有1株处于坡下。

（3）健康样木立地土壤含水率显著低于（在0.05水平上）腐朽样木立地土壤，并且随着样木腐朽程度的升高，土壤含水率也呈升高的趋势，相关分析结果表明，样木腐朽程度与土壤含水率之间有极显著的正相关关系（r=0.635），这可能跟腐朽样木生长受阻，对土壤水分吸收减少有关。

（4）相关分析表明，海拔与腐朽程度之间的相关系数为0.237，并且在0.05水平上不显著，说明海拔与红松腐朽程度之间不存在显著的相关关系。腐朽和健康样木立地海拔之间也没有显著的差异。这可能跟海拔的变动范围太小有关，最大最小海拔之间仅差59m，不足以造成气候上的明显差异，所以也不会对活立木腐朽产生显著的影响。

（5）在调查得到的腐朽样木中，位于北坡上的样木数量是最多的，反映出北坡的腐朽率在所有坡向中最高。这跟北坡是被阴面，光照少、气温低，所以林地湿度较大，土壤含水率偏高有关。

（6）在本研究的3个坡面因素中（坡度/向/位），坡位对样木腐朽程度的影响是最大的，处于坡中部样木的腐朽程度（P=0.018＜0.05）和立地土壤含水率（P=0.016＜0.05）显著大于坡上部。坡度和坡向对样木腐朽程度和土壤含水率的影响都没有达到显著的水平。

6.3 立地土壤微生物特性与腐朽程度

影响活立木腐朽的因素复杂多样，包括木材含水率、树龄等自身因素，降水、风向、风速等气候因素，土壤有机质含量、含水率、pH 等土壤理化因素，以及其他因素。由于木腐菌侵染部位不同，可以将活立木腐朽分为根腐，干基腐朽和枝干腐朽。有研究表明，造成活立木根腐和干基腐朽的木腐菌主要来自土壤，它们在土壤中从根部侵入木材，然后通过菌丝不断蔓延，使腐朽延树木根部向上扩散，使活立木发生根腐或干基腐朽。因此，为了研究土壤微生物与红松活立木腐朽的关系，首先要对土壤微生物的特性进行研究，主要包括微生物数量和物种多样性的研究。而土壤理化性质对土壤微生物的生长和繁殖有着不可忽视的作用，甚至通过影响微生物的活动而影响活立木的生长，因此将土壤理化性质和土壤微生物特性作为主要研究对象，并通过统计学方法对二者之间的关系进行分析，以便能更清晰的认识活立木腐朽进程中微生物的作用机制。

通过传统培养法和高通量测序技术对土壤微生物的数量和多样性进行了测定，并对土壤的部分理化性质进行了测定，分析了土壤理化性质与土壤微生物特性的关系，从而为土壤微生物特性与红松活立木腐朽程度关系的分析奠定基础。

6.3.1 材料与方法

试验主要包括三个部分：土壤微生物数量的测定、土壤微生物物种多样性的测定和土壤理化性质的测定。

1. 土壤样品的采集

试验需要的材料有铁锹、土钻、无菌乙烯袋、记号笔、土筛、铝盒。在所选的红松样木根部 10cm 范围内，除去地表的植被和枯落物，将土钻垂直插入土壤中往下钻取（图 6-6a），直到土钻 20cm 刻度处，取出土钻，将土钻中的土样分别装入 2 个无菌乙烯袋中密封，立即放入液氮进行冷冻保存，带回实验室用于微生物的培养计数和多样性实验。在土钻取样的位置，用铁锹挖一个“V”形的土坑，深度（H）20cm，在土坑内用铁锹倾斜向下切取一片土壤（图 6-6b），然后从上到下取一部分土片装入铝盒密封编号记录，用于土壤含水率的测定，其余部分装入无菌袋编号记录，带回实验室自然风干后，过 2mm 筛进行土壤理化性质的分析。

2. 土壤微生物数量的测定

土壤微生物三大类群的数量测定采用稀释平板分离法进行。真菌采用马丁氏

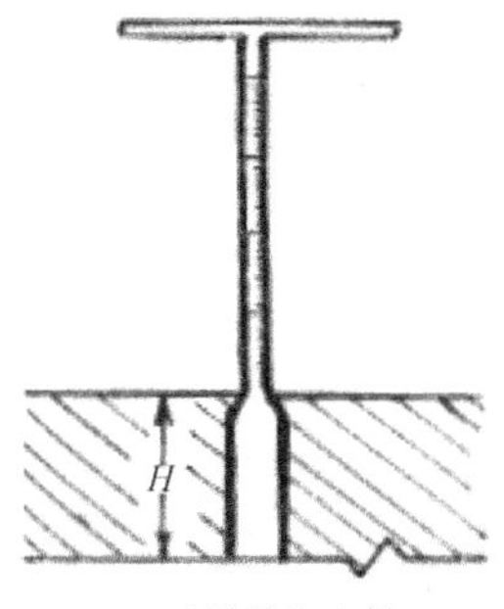

a. 土钻钻取土样

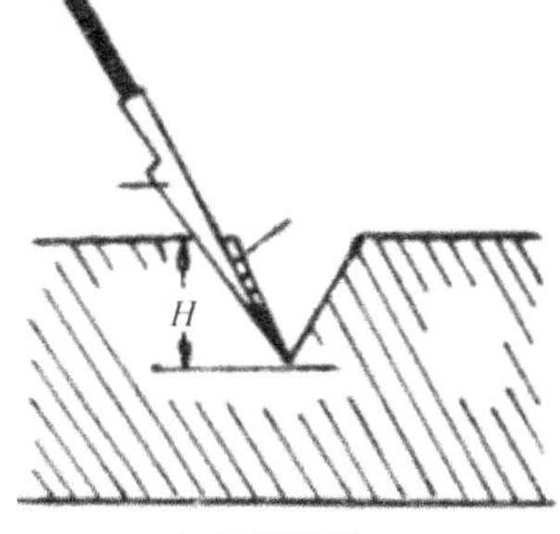

b. 铁锹取样

图 6-6 土样采集方法

H 为取土深度，单位：cm

培养基分离培养，细菌采用牛肉膏蛋白胨培养基分离培养，放线菌采用高氏一号培养基分离培养，培养基配制成分分别见表 6-14~表 6-16。配制好的培养基如图 6-7 所示。实验具体步骤为：称取新鲜土样 1g，在无菌操作台上加入 99ml 蒸馏水于 100ml 的三角瓶中，震荡 15~20min，制成 10^{-2} 的土壤稀释液。再用移液枪在 10^{-2} 的土壤稀释液吹吸 3 次，然后从 10^{-2} 的稀释液里取 0.5ml 加入 4.5ml 的蒸馏水中，上下翻转 20~30 次，制成 10^{-3} 倍液。然后按相同的方法依次制成 10^{-4}、10^{-5}、10^{-6}、10^{-7} 倍稀释液。

表 6-14 马丁氏培养基成分

成分	质量/g	体积/ml
KH_2PO_4	1.0	
葡萄糖	10.0	
琼脂粉	15	
$MgSO_4·7H_2O$	0.5	
蛋白胨	5	
1/3000 孟加拉红水溶液		100
蒸馏水		900

注：自然 pH，使用时，高温灭菌后冷却至 55℃左右时，加入链霉素（30μg/ml）。

表 6-15 牛肉膏蛋白胨培养基成分

	质量/g	体积/ml
牛肉膏	3.0	
蛋白胨	10.0	
琼脂粉	15	
NaCl	5.0	
蒸馏水		1000

注：pH 7.4~7.6。

表 6-16　高氏一号培养基成分

	质量/g	体积/ml
可溶性淀粉	20	
KNO_3	1.0	
$K_2HPO_4 \cdot 3H_2O$	0.5	
琼脂粉	15	
$MgSO_4 \cdot 7H_2O$	0.5	
NaCl	0.5	
$FeSO_4 \cdot 7H_2O$	0.01	
蒸馏水		1000

注：pH 7.4~7.6。先将淀粉用冷水调匀再加入培养基。

图 6-7　配制培养基（彩图请扫封底二维码）

取高压灭菌后的培养基倒入培养皿，培养皿贴上标签，分别标上微生物种类、接种浓度、接种时间等信息（图 6-8）。待培养基冷却凝固后，将土壤稀释液用涂布法接种到细菌、真菌和放线菌对应的培养基中，接种浓度为：细菌为 10^{-5} 倍、10^{-6} 倍、10^{-7} 倍稀释液，真菌为 10^{-3} 倍、10^{-4} 倍、10^{-5} 倍稀释液，放线菌为 10^{-2} 倍、10^{-3} 倍、10^{-4} 倍稀释液，每个浓度设三个重复。接种量为 0.1ml/平皿。

接种后将平板倒置培养，培养基上将会长出微生物群落，如图 6-9 所示。微生物的培养时间为细菌 2 天，真菌 3 天，放线菌 7 天，然后进行菌落计数。计数采用 Interscience Scan300 全自动菌落计数器。计数后按照式（6-24）[59]，计算出每克鲜土中的菌落数。计算时，首先选择平均菌落数在 30~300 范围内的平板进行。

图 6-8 接种土壤溶液（彩图请扫封底二维码）

$$每克样品中微生物活细胞数（CFU/g）=\frac{某一稀释度的平板上菌落平均数\times稀释倍数}{每个平板加入的稀释液毫升数\times含菌样品克数} \quad (6\text{-}24)$$

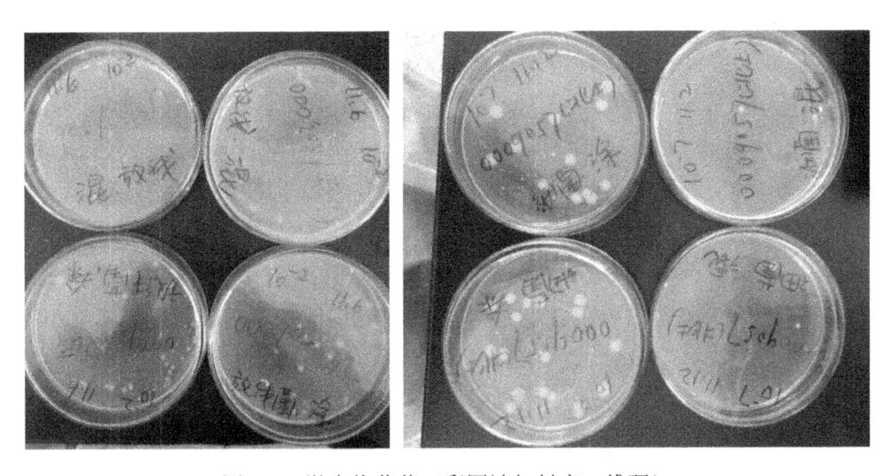

图 6-9 微生物菌落（彩图请扫封底二维码）

3. 土壤微生物多样性的测定

土壤微生物多样性包括真菌多样性和细菌多样性，其中真菌多样性的测定采用 ITS 测序，细菌多样性的测定采用 16S rDNA 测序。测序过程主要包括土壤微生物 DNA 的提取，目的基因的 PCR 扩增，上机测序和数据的生物信息学分析。主要用到的仪器设备有美国 MP 土壤 DNA 提取试剂盒、德国 Eppendorf 离心机（图

6-10）、试管、移液枪、美国 MP Fastprep 仪。

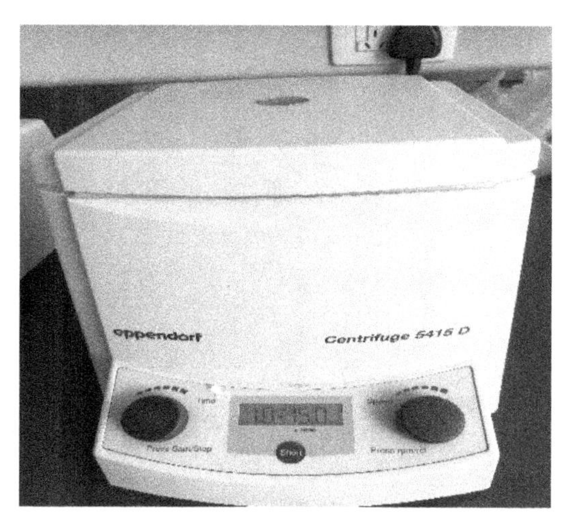

图 6-10 德国 Eppendorf 离心机（彩图请扫封底二维码）

1）土壤总 DNA 的提取

土壤总 DNA 的提取采用美国 MP Biomedicals 生物医学公司生产的 FastDNA Spin Kit for Soil 试剂盒，具体操作步骤如下。

（1）称取 500mg 土样放入 Lysing Matrix E 裂解管，加入 978μl 磷酸钠缓冲液和 122μl MT 缓冲液进行混合；

（2）将 Lysing Matrix E 裂解管放在 Fastprep 仪中，以 6.0m/s 的速度混合 40s，然后放入 Eppendort 离心机以 14 000xg 的离心力离心 10min；

（3）将离心后的上清液转移到 2.0ml 的捕捉管中，加入 250μl 聚苯硫醚（PPS）使二者混匀，然后放入离心机以 14 000xg 的离心力离心 5min 使蛋白质沉淀；

（4）待蛋白质沉淀后，将上清液转移至 15ml 的干净试管中，加入 1ml 结合液放进旋转器中旋转 2min，然后静置 3min，让硅胶基质沉淀；

（5）除去 500μl 上清液，轻轻重悬剩余的沉淀物和上清液，混匀后转移约 600μl 的混合物于 SPIN™ 过滤管中，以 14 000xg 的离心力离心 1min，将离心后的沉淀物转移至新的 SPIN™ 过滤管中再离心 1min，清空管中的液体；

（6）加入 500μl 准备好的 SEWS-M，用移液枪轻轻将溶液和沉淀物混匀，以 14 000xg 离心力离心 1min，弃去离心液，沉淀物转移至新的捕捉管中（图 6-11）；

（7）将管子放进离心机再离心 2min，放置室温下风干 5min；

（8）风干后用移液管吸取 100μl 硫酸二乙酯（DES）轻轻加入 SPIN™ 过滤管中以洗脱 DNA，然后在 14 000xg 离心力作用下离心 1min，弃去旋转过滤器，将洗脱的 DNA 放置–20℃冰箱保存。

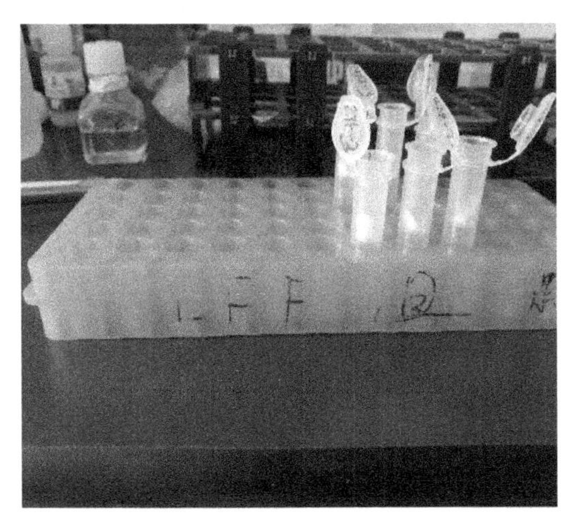

图 6-11 SEWS-M 洗脱后的沉淀物（彩图请扫封底二维码）

2）PCR 扩增

DNA 提取完成之后，用 1%的琼脂糖凝胶电泳检测提取的 DNA 是否符合测序要求（图 6-12）。然后对细菌 16S V3~V4 区域和真菌 ITS1~ITS2 区域进行 PCR 扩增，合成带有条形码的特异引物，或合成带有错位碱基的融合引物。PCR 扩增体系见表 6-17，采用的 DNA 聚合酶为北京 TransGen 生物公司的 TransStart Fastpfu DNA 聚合酶。

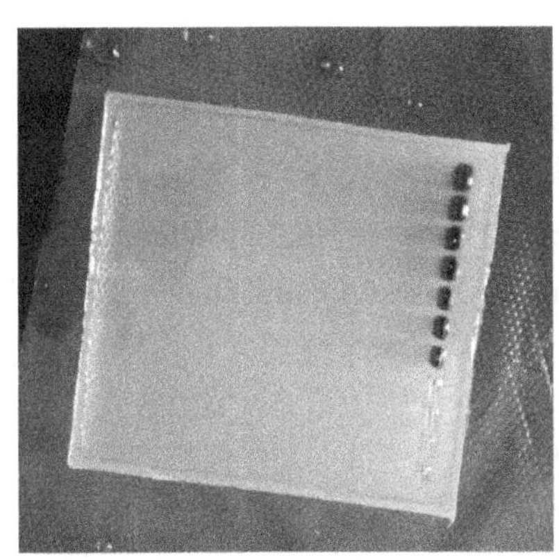

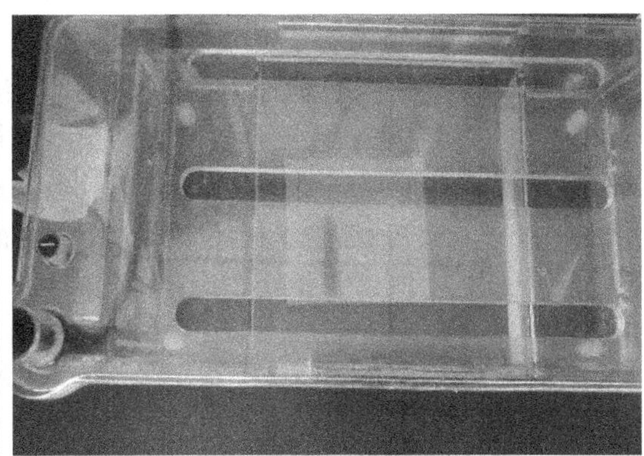

图 6-12 琼脂糖凝胶电泳（彩图请扫封底二维码）

细菌基因扩增采用的引物是 338F（ACTCCTACGGGAGGCAGCAG）和 806R（GGACTACHVGGGTWTCTAAT）。真菌基因扩增采用的引物是 ITS1-F（CTTGG TCATTTAGAGGAAGTAA）和 ITS2（TGCGTTCTTCATCGATGC）。PCR 扩增程序见表 6-18。

表 6-17 PCR 扩增体系

试剂成分	数量
DNA 样品	30ng
前向引物（5μmol/L）	1μl
反向引物（5μmol/L）	1μl
牛血清蛋白 BSA（2ng/μl）	3μl
2×*Taq* PCR MasterMix	12.5μl
ddH_2O	7.5μl
总量	25μl

表 6-18 PCR 扩增程序

程序	温度/℃	时间	循环数
预变性	95	5min	
变性	95	45s	
引物退火	55	50s	30 个循环
延伸	72	45s	
延伸	72	10min	
结束	4	至结束	

为了保证后续数据分析的准确性和可靠性，在 PCR 扩增过程中，要尽量使用低循环数进行扩增，同时还要保证所有样本的扩增循环数一致。在目的基因扩增前，先随机选取一个 DNA 样品，检验在最低循环数条件下，样品能否扩增出满足后续实验要求的产物，然后再严格按照实验要求对全部样品进行扩增。扩增时，每个样品进行 3 次重复实验，然后将 3 次重复实验的产物进行混合，并用 AXYGEN 公司生产的 AxyPrepDNA 凝胶回收试剂盒进行切胶，回收 PCR 产物，接着用 Tris-HCl 洗脱，然后用 2%的琼脂糖凝胶电泳进行检测，电泳时间 30min，电压 170V。根据电泳初步检测的定量结果，用 Promega 公司的 QuantiFluor™-ST 蓝色荧光定量系统对 PCR 扩增产物进行检测定量，然后根据测序量要求，将样品进行相应比例的混合。

3）高通量测序

经电泳检测和质检合格后的 DNA 进行 Miseq 文库构建。构建文库的具体步骤为：①连接“Y”形接头；②使用磁珠对接头自连片段进行筛选和去除；③利用 PCR 扩增进行文库模板的富集；④氢氧化钠变性，产生单链 DNA 片段。

建好 Miseq 文库后上机测序：①首先将 DNA 片段的一端和引物碱基进行互补，并固定在芯片上，DNA 片段的另一端与附近的另一个引物进行随机互补，也进行固定，形成“桥”；②PCR 扩增产生的 DNA 簇线性化成为单链，然后加入改造过的 DNA 聚合酶和带有 4 种荧光标记的 dNTP，每次循环合成一个碱基；③激光扫描反应板表面，读取每条模板序列第一轮反应所聚合上去的核苷酸种类；④对“荧光基团”和“终止基团”进行化学切割，使 3'端恢复黏性，保证核苷酸聚合反应的继续；⑤统计每一轮反应得到的荧光信号结果，从而得出模板 DNA 片段的序列。原始数据下机后，结果以 Fastq 格式存储。

6.3.2 土壤微生物与土壤理化性质的关系

1. 土壤理化性质测定结果

土壤理化指标的计算结果见表 6-19。由表可知，土壤中的全 N 含量较高，但它们并不能被植物直接利用，土壤全 P 和全 K 含量相对较低，这可能与调查时间、气候状况及水热条件有关。土壤中 N、P、K 元素主要是以水解 N、速效 P、速效 K 的方式被树木吸收利用，测定结果显示，土壤中速效 P 含量很低，速效 K 含量也较低。P 元素在土壤中的行为较复杂，微生物矿化分解作用的范围也有限。土壤速效 K 水热耦合效应研究表明，速效 K 含量会随着土壤温度的升高和含水率的增加而增加，因此，水热条件可能是导致本试验速效 K 含量较低的重要原因。

表 6-19 土壤理化指标计算结果

样品编号	含水率/%	全 N/（g/kg）	全 P/（g/kg）	全 K/（g/kg）	水解 N/(mg/kg)	速效 P/（mg/kg）	速效 K/（mg/kg）
A2	67.89	3.95	1.57	6.51	517.52	2.858	140.89
B2	47.68	3.90	1.27	7.23	258.72	2.358	82.72
C2	43.82	2.90	1.71	5.02	676.96	3.096	169.68
D3	39.13	3.90	1.27	7.23	258.72	2.358	82.72
E3	37.81	5.56	1.74	5.12	431.28	3.649	260.75
F3	47.77	4.73	2.06	7.55	704.40	3.954	100.96
G1	55.53	7.01	1.85	11.00	416.88	3.457	230.14
H3	52.13	4.01	1.56	6.92	437.18	2.014	127.90
R3	35.85	6.99	1.75	11.92	556.94	4.025	230.41
S2	44.77	6.29	1.67	7.69	431.28	3.052	180.91

2. 土壤微生物数量测定结果

采用平板涂布法对微生物进行恒温培养并计数。由实验结果（表 6-20）发现，不同腐朽程度的红松活立木根部，其土微生物数量分布规律均为细菌＞放线菌＞真菌，其中，细菌数量比放线菌数量高出了 $10\sim10^4$ 倍，比真菌数量高出了 $10^3\sim10^5$ 倍，在数量上占绝对优势，同时也说明细菌是维持土壤微生物活性的中坚力量。

表 6-20 红松活立木根部可培养土壤微生物数量（CFU/g）

样品编号	细菌数量	真菌数量	放线菌数量
A2	3.46×10^{7}	3.40×10^{4}	8.04×10^{5}
B2	1.62×10^{8}	1.75×10^{4}	3.93×10^{6}
C2	5.83×10^{7}	7.45×10^{4}	2.85×10^{5}
D3	2.50×10^{8}	2.03×10^{4}	1.48×10^{6}
E3	2.38×10^{9}	8.38×10^{4}	2.50×10^{5}
F3	6.77×10^{8}	3.17×10^{5}	2.45×10^{6}
G1	1.77×10^{9}	5.90×10^{5}	6.28×10^{6}
H3	2.81×10^{7}	1.60×10^{5}	4.02×10^{5}
R3	3.87×10^{9}	6.13×10^{5}	8.30×10^{6}
S2	2.34×10^{9}	7.02×10^{5}	3.75×10^{6}

3. 土壤微生物多样性测定结果

DNA 测序完成后，对 10 个土样的下机数据进行质控，过滤并除去 read 尾部质量值小于 20 的碱基，设置 50bp 的窗口，若窗口内的平均质量值小于 20，则从窗口开始截去后端碱基，过滤质控后 50bp 以下的 read，通过 FLASH 将成对的 reads 拼接成一条序列，拼接得到原始真菌序列（raw tag）总数为 421 801 条，原始细菌序列总数为 352 221 条。利用 USEARCH 软件去除嵌合体，通过 Mothur 去掉长度较小的 tag（图 6-13），得到优质真菌序列（clean tag）数为 403 512 条，优质细菌序列 344 272 条。

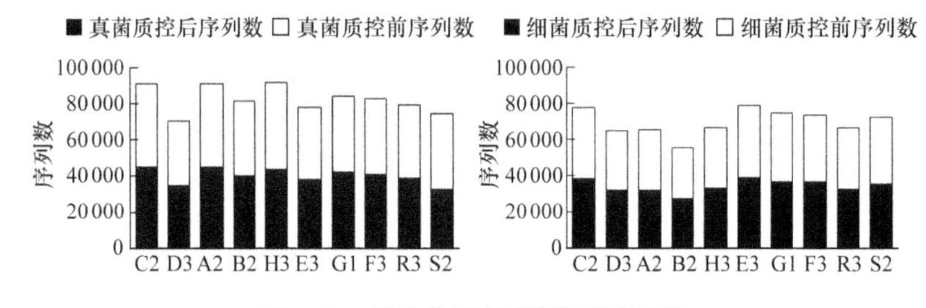

图 6-13 质控前后真菌和细菌序列数

对质控后的优质序列进行聚类划分，最终获得 1496 个真菌运算分类单元（operational taxonomic unit，OTU）和 1413 个细菌 OTU，其包含序列总数分别占最初参与 OTU 划分序列数的 97.05%和 68.78%，虽然细菌的一部分序列数据被舍弃了，但剩余数据仍高于其他同类基于 16S rRNA 基因的研究。图 6-14 显示了样品间特有和共有的 OTU 数目。随着样本测序深度的增加，样品的稀释曲线逐渐趋于平稳，说明测序结果能够较好地反映样品中微生物的丰富度和多样性（图 6-15）。

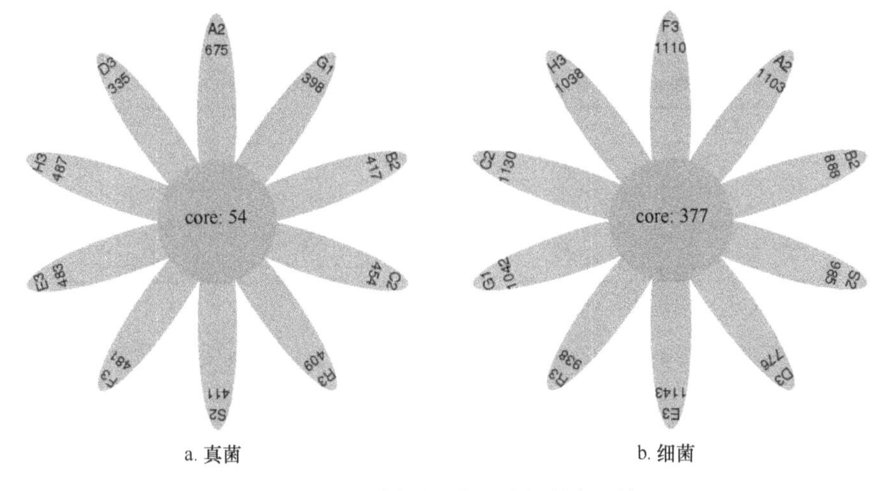

a. 真菌　　b. 细菌

图 6-14　OTU 花瓣图（彩图请扫封底二维码）

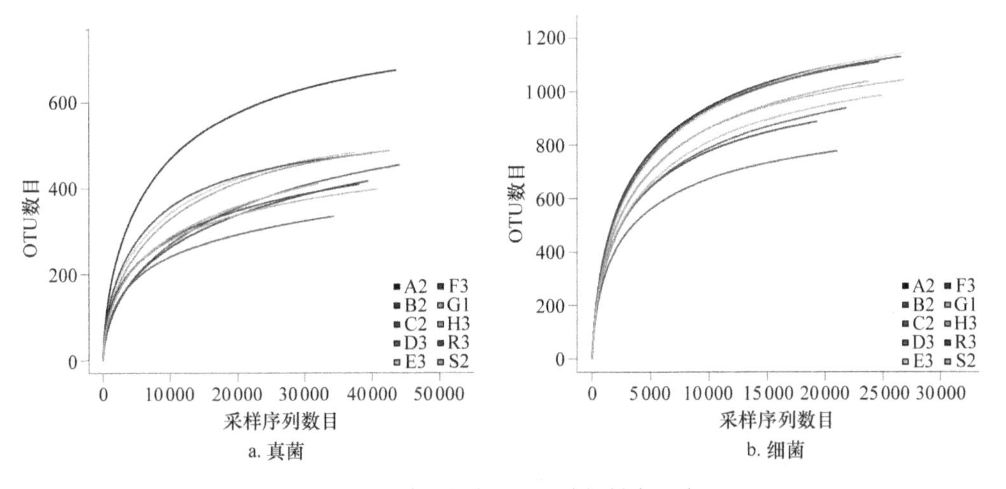

a. 真菌　　b. 细菌

图 6-15　样品稀释曲线（彩图请扫封底二维码）

4. 土壤微生物数量和土壤理化性质的关系

土壤微生物数量与土壤理化性质的 Pearson 相关性分析结果表明（表 6-21）：土壤真菌数量与全 N 呈极显著正相关，与全 K 呈显著正相关，与含水率、全 P、水解 N、速效 P 和速效 K 没有显著的相关性。其中，真菌数量与土壤全 N 在置信度为 99%时呈高度正相关（r=0.672）。这是由于土壤真菌大多为腐生型，必须从土壤中的有机物中获取碳源、氮源和能量，通过降解土壤中结构复杂的氮化物，提供自身生长繁殖所需要的物质，也为植物的生长提供能源。土壤含水率与真菌数量没有明显的相关性。国内相关研究表明，地表植被、土壤类型、采样时间等条件对研究结果都有不同程度的影响。

表 6-21　土壤微生物数量与土壤理化指标相关性

	含水率	全 N	全 P	全 K	水解 N	速效 P	速效 K
真菌数	0.075	0.672**	0.262	0.437*	–0.080	0.185	0.235
细菌数	–0.511*	0.572**	0.329	0.523*	–0.159	0.556**	0.392
放线菌数	–0.004	0.608*	0.302	0.819**	–0.265	0.624**	0.166
总菌数	–0.510*	0.573**	0.329	0.524*	–0.159	0.557**	0.392

注：*表示 $P<0.05$；**表示 $P<0.01$。

土壤细菌数量与全 N 和速效 P 呈极显著正相关，与全 K 呈显著正相关，与含水率呈显著负相关，与全 P、水解 N 和速效 K 没有显著相关性。

土壤细菌数量与含水率呈显著负相关，这与细菌喜湿的生长习性不符。通常认为，土壤细菌数量与含水率呈正相关。这可能是由于采样时样地内部分土壤尚未完全解冻，土壤温度偏低，且土壤通气性较差，使得相同含水率条件下土壤中细菌数量与常温时相差较大，进而导致细菌数量与土壤含水率的关系发生变化，呈负相关。

放线菌数量与全 K 和速效 P 呈极显著正相关，与全 N 呈显著正相关，与含水率、全 P、水解 N 和速效 K 无显著相关性。其中，放线菌数量与土壤全 K 含量在置信度为 99%时呈高度正相关（r=0.819）。放线菌适宜生长在含水量较低、有机物较丰富的土壤中，土壤中的钾对放线菌菌丝的生长和抗生素的产生具有不可或缺的作用。

总菌数（土壤三大类微生物数量的总和）和土壤理化性质的相关性与细菌与土壤理化性质的关系相同。这是由于土壤细菌数量所占总菌数比例均在 94%以上，是土壤活动力的主力军。

5. 土壤微生物多样性和土壤理化性质的关系

物种多样性是指生物种类的丰富程度，α 多样性则表示在特定区域或生态系统内生物的丰富性，常用的度量指标有 Chao1 指数、PD_whole_tree 指数和 Shannon 指数。

Chao1 指数是根据 Chao1 算法得出的群落丰富度指数，用来估计群落中 OTU 的数目，其值越大，表示样品中的物种数越多[10]。其计算公式如下：

$$S_{\text{Chao1}} = S_{\text{obs}} + \frac{n_1(n_1-1)}{2(n_2+1)} \tag{6-25}$$

式中，S_{Chao1} 为估计的 OTU 数目；S_{obs} 为实际观测到的 OTU 数目；n_1 为只含有一条序列的 OTU 数目；n_2 为含有 2 条及以上序列的 OTU 数目。

PD_whole_tree 指数表示样品中所有类群构建的系统进化树分枝长度的总和，

表示系统发育多样性，其值越大，表示样品中的物种越丰富[42]。

Shannon 指数的灵感来源于信息论，它通常用来预测群落多样性的高低。值越大，表示群落的复杂程度越高，群落多样性越高。其计算公式如下：

$$H_{\text{Shannon}} = \sum_{i=1}^{S_{\text{obs}}} \frac{n_i}{N} \ln \frac{n_i}{N} \tag{6-26}$$

式中，S_{obs} 为实际观测到的 OTU 数目；N 为所有序列数；n_i 为第 i 个 OTU 所含的序列数。

土壤微生物的种类十分丰富，它们的群落结构会对环境条件的变化做出迅速的响应。利用高通量测序技术对红松根部土壤微生物物种多样性进行了测定，测序结果见表 6-22。

表 6-22 土壤真菌和细菌 α 多样性

样品编号	真菌			细菌		
	Chao1 指数	PD_whole_tree 指数	Shannon 指数	Chao1 指数	PD_whole_tree 指数	Shannon 指数
A2	712.295	158.590 04	5.622 29	1201.866	81.753 11	8.452 29
B2	501.239	105.544 00	3.688 48	1006.516	69.568 20	8.098 66
C2	516.150	157.268 72	4.463 86	1204.536	78.731 17	8.211 73
D3	406.689	74.616 74	4.188 51	850.355	60.755 18	7.693 27
E3	519.301	145.960 20	5.383 36	1223.357	83.081 01	8.186 84
F3	507.832	179.808 32	5.542 98	1170.292	83.999 35	8.208 71
G1	446.171	91.544 38	4.106 57	1108.906	77.211 49	8.223 09
H3	514.487	176.891 61	5.080 54	1135.677	79.950 23	8.135 45
R3	467.688	77.233 48	5.110 48	1051.803	67.791 22	7.724 07
S2	527.832	86.646 99	4.648 86	1047.014	69.931 99	7.937 59

Chao1 指数、PD_whole_tree 指数、Shannon 指数是根据不同的算法计算得到的，其中 Chao1 指数和 Shannon 指数均为估算值，因此将 PD_whole_tree 指数作为主要分析指标。利用 Pearson 相关性分析，对真菌和细菌的 α 多样性指数与土壤理化性质进行分析，结果见表 6-23。

表 6-23 真菌和细菌 α 多样性与土壤理化性质的 Pearson 相关性分析

	含水率	全 N	全 P	全 K	水解 N	速效 P	速效 K
真菌 PD_whole_tree 指数	r=0.460	r=−0.526	r=0.334	r=−0.548	r=0.575	r=−0.014	r=−0.162
	P=0.181	P=0.118	P=0.346	P=0.101	P=0.082	P=0.968	P=0.655
细菌 PD_whole_tree 指数	r=0.428	r=−0.107	r=0.642	r=−0.311	r=0.627	r=0.333	r=0.265
	P=0.217	P=0.769	P=0.045	P=0.382	P=0.052	P=0.348	P=0.459

从表 6-23 中可以看出，真菌多样性指数 PD_whole_tree 指数与土壤全 N、全

K、全 P、水解 N、速效 P、速效 K 含量及含水率之间都不存在显著的相关性。细菌多样性指数 PD_whole_tree 指数与土壤含水率、全 N、全 K、速效 P 和速效 K 含量不存在显著相关性，与全 P 含量存在显著的正相关关系（r=0.642，P=0.045），与水解 N 含量也存在相关性，但这种相关性并不显著（r=0.627，P=0.052）。

土壤微生物与环境之间的关系极其复杂，气候因素、土壤的通气条件、动植物分泌物的吸附作用都会不同程度的影响土壤理化性质，不同季节时间、地点、不同植被下土壤理化性质都会有所不同，微生物的生物量和多样性也存在差异，土壤微生物主要从土壤有机质中摄取碳源、氮源和必要的营养元素。因此，这些因素可能是造成研究结果差异的原因。

6. 小结

土壤是微生物赖以生存和发展的物质基础，在微生物的代谢活动中，土壤为它们提供了所需要的营养物质。土壤微生物作为土壤中食物链的分解者，对生态系统的物质转化和能量流动具有极其重要的作用。土壤微生物栖息于土壤中，必然会受土壤条件的影响，例如土壤的颗粒大小、有机质含量、水分、pH 等，因此，土壤微生物对土壤质量的变化十分敏感，往往被作为指示土壤质量变化的重要指标。

研究结果表明，在数量上，土壤细菌主要受土壤全 N 含量、速效 P 含量和水分的影响，真菌主要受土壤全 N 含量和全 K 含量的影响。在多样性方面，真菌与土壤理化性质之间没有明显的相关性，细菌则主要受全 P 含量的影响。在草原生态系统 0~20cm 的土层中，土壤微生物量和土壤含水率、有机质含量及有效氮呈正相关关系。在甘蔗农场中，土壤细菌数量主要受土壤 pH 的影响（r=0.549），和土壤含水率及土壤温度无相关性。在东北原始红松林土壤微生物的相关研究中，对于微生物数量、生物量和多样性与土壤理化性质之间的关系，不同学者也得出了不同结论。即使在同一采样点，取样时间不同及其他条件的影响，研究结果也有所不同，因此本章研究结果与其他学者的研究结果没有可比性。

土壤微生物不仅和土壤理化性质有密切的关联，和植被之间也有着错综复杂的关系。当土壤中含量水较低时，植物根系分泌的黏液对土壤微生物会起保护作用，维持其正常的生命活动和酶活性。当土壤通气性变差，土壤氧含量降低时，土壤中的好氧微生物会停止其代谢活动，使土壤中能被植物直接利用的营养物质减少，影响植物的生长，一些致病性微生物也会在此时侵入植被内部，致其生病死亡。因此土壤理化性质对微生物的影响有助于我们理解土壤微生物与活立木腐朽之间的关系，这在下一节将展开具体的讨论。

综上所述，本节主要分析了土壤理化性质和土壤微生物两个特性之间的关系，一个是可培养土壤微生物数量，另一个是土壤微生物物种多样性，研究结论如下：

①土壤中，可培养真菌数量与土壤全N含量呈极显著正相关关系，与全K含量呈显著正相关关系，与含水率、全P、水解N、速效P和速效K没有显著的相关性。在置信度为99%时，真菌数量与土壤全N含量呈高度正相关（r=0.672）。可培养细菌数量与土壤全N含量和速效P含量呈极显著正相关关系，与全K含量呈显著正相关，与含水率呈显著负相关关系，与全P、水解N和速效K没有显著相关性。可培养放线菌数量与土壤全K和速效P含量呈极显著正相关关系，与全N含量呈显著正相关，与含水率、全P、水解N和速效K无显著相关性。其中，放线菌数量与土壤全K含量在置信度为99%时呈高度正相关（r=0.819）。总菌数（真菌、细菌、放线菌的总和）和土壤理化性质的相关性和细菌与土壤理化性质的关系相同。②对土壤微生物α多样性和土壤理化性质进行Pearson相关性分析得出，真菌多样性指数PD_whole_tree指数与土壤理化性质（全N、全K、全P、水解N、速效P、速效K含量及含水率）不存在显著的相关性。细菌多样性指数PD_whole_tree指数与土壤含水率、全N、全K、速效P和速效K含量不存在显著相关性，与全P含量存在显著的正相关关系（r=0.642，P=0.045），与水解N含量也存在相关性，但这种相关性并不显著（r=0.627，P=0.052）。

6.3.3 土壤微生物对红松干基腐朽程度的影响

森林土壤中含有丰富的有机物质，为土壤微生物的生长和繁殖提供了充足的营养物质。土壤中习居的腐朽菌在适宜的条件下，可以通过活立木地下部分侵入树干，引起活立木腐朽。根据前面研究得知，土壤理化性质对微生物的生命活动会产生影响，并且有可能进一步影响植被的健康和生长，因此下面将对红松活立木干基腐朽程度和立地土壤微生物的关系进行分析和探讨，以期为活立木腐朽的防治提供新思路，降低腐朽的发生率。

1. 可培养土壤微生物数量对红松活立木腐朽程度的影响

1）回归分析

线性回归分析是人们常用的一种定量统计分析方法，其中，由于逐步回归分析可以得到更优的分析模型而被广泛使用，因此采用逐步回归的方法对土壤微生物数量和红松腐朽程度进行分析。

以木芯质量损失率作为因变量（Y），土壤细菌数量（X_1）、真菌数量（X_2）和放线菌数量（X_3）作为自变量，得出回归方程式（6-27）：

$$Y=-20.121X_1+2.04\times10^{-4}X_2+6.122\times10^{-5}X_3 \quad (r^2=0.504，P=0.000) \tag{6-27}$$

从被引入回归方程的变量来看，红松腐朽程度主要与土壤真菌数量和放线菌数量有关，它们对红松活立木的腐朽存在一定的促进作用。研究表明，活立木致病菌大部分属于真菌，细菌和病毒占少数。其中，能够引起活立木腐朽的微生物则认为均属于真菌，如引起活立木白腐的松木层孔菌和引起褐腐的韦尔褐孔菌。细菌致病菌包括假单孢杆菌属和棒杆菌属等 5 个属，它们主要造成活立木花叶的黄化、萎缩、畸形等，而且其发病率远不及真菌普遍，也不会直接导致活立木腐朽。

从回归方程的决定系数来看，r^2=0.504，则剩余因子 $e=(1-r^2)^{1/2}$=0.496，该值较大，说明影响红松活立木腐朽进程的因素不仅有土壤微生物数量，本模型并不能很好的解释红松活立木的腐朽。除了土壤微生物数量，还存在其他因素对红松的腐朽程度具有影响，有待更深入的研究。

2）通径分析

通过逐步回归分析得出，红松活立木腐朽程度与土壤真菌数量和放线菌数量有关，而土壤微生物是一个复杂的体系，各类群之间存在直接或间接的交互作用，因此，采用通径分析的方法来进一步说明细菌、真菌、放线菌数量对红松活立木腐朽的相对重要性。通径分析是美国数量遗传学家 Sewall Wright 于 1921 年提出的，他认为在研究变量关系的过程中，通径分析比回归分析更灵活，能够反映变量之间的直接关系和间接关系[11]。通径分析的思路为：任一自变量 X_i 和因变量 Y 之间的直接通径系数（P_{iy}）是线性回归方程的标准系数，任一自变量 X_i 对 Y 的间接通径系数（$P_{xi\text{-}xj}$）= Pearson 相关系数（r_{ij}）×直接通径系数（P_{jy}）。因此，只要求出回归方程的标准系数和各自变量之间的 Pearson 相关系数即可求出通径系数。红松腐朽程度和土壤微生物数量的回归分析的标准系数结果见表 6-24，土壤微细菌、真菌和放线菌数量间的 Pearson 相关系数见表 6-25。

表 6-24 回归系数输出结果

模型	标准化系数	显著性
X_1	–0.312	0.106
X_2	0.413	0.026
X_3	0.407	0.028

表 6-25 土壤微生物数量间的 Pearson 相关系数矩阵

变量	X_1	X_2	X_3
X_1	1	–0.618**	–0.387
X_2		1	0.496*
X_3			1

注：*表示 $P<0.05$；**表示 $P<0.01$。

由表 6-24 可知，土壤细菌数量、真菌数量和放线菌数量对红松腐朽程度的直接通径系数分别为 P_{1y}=−0.312、P_{2y}=0.413、P_{3y}=0.407，说明土壤细菌数量对红松腐朽程度的直接影响为负效应，但这种直接效应不显著（P=0.106＞0.05）；土壤真菌数量和放线菌数量对红松腐朽程度的直接影响均为正效应，即土壤真菌和放线菌数量的增加可以在一定程度上加速红松活立木的腐朽，但真菌的作用要大于放线菌。

结合通径分析的思路和三大类群微生物数量之间的 Pearson 相关系数，计算出土壤微生物数量与红松腐朽程度的间接通径系数（表 6-26）。

表 6-26　土壤微生物数量对红松腐朽程度的间接通径分析

自变量	间接通径系数		
	X_1	X_2	X_3
X_1		−0.225	0.158
X_2	0.193		0.202
X_3	0.121	0.205	

由表 6-26 可知，土壤细菌数量-土壤真菌数量对红松腐朽程度的间接作用最大（$P_{x1\text{-}x2}$=−0.225），且这种作用为负的。也就是说，土壤细菌数量可以影响土壤中真菌的数量，从而间接地抑制红松的腐朽。除此之外，土壤微生物之间的相互作用对红松腐朽程度的影响均为正效应（$P_{x1\text{-}x3}$、$P_{x2\text{-}x1}$、$P_{x2\text{-}x3}$、$P_{x3\text{-}x1}$、$P_{x3\text{-}x2}$ 均大于 0）。其中，土壤放线菌数-土壤真菌数对红松腐朽程度的正效应最大（$P_{x3\text{-}x2}$=0.205），即土壤放线菌数量通过对真菌数量的影响，在一定程度上可以加速红松的腐朽。放线菌数量-细菌数量对红松腐朽程度的间接作用最小（$P_{x3\text{-}x1}$=0.121）。土壤微生物在一定条件下可以将土壤中的营养物质固定，这可能会妨碍植物对营养物质的吸收，不利于植物的生长，也可能是土壤真菌和放线菌促进红松腐朽的一个途径。

2. 土壤微生物多样性对红松腐朽程度的影响

1）真菌多样性对红松腐朽程度的影响

α 多样性是指样品内的物种丰富度和均匀度。用 PD_whole_tree 曲线（图 6-16）和 Rank_abundance 曲线（图 6-17）来表征土壤微生物的 α 多样性。

PD_whole_tree 指数表示系统发育多样性，其值越大，表示样品中的物种越丰富。从图 6-16 中可以看出，真菌物种丰富度最高的是样品 F3，其值超过 175，其次是样品 A2 和 H3，样品 D3 的真菌物种数最少。Rank_abundance 曲线的形状来反映了物种组成的均匀程度。曲线下降趋势越平缓，说明物种组成均匀度越高。图 6-17 中，真菌 Rank_abundance 曲线快速陡然下降，说明样本中优势菌群占比较高，物种分布不均匀。

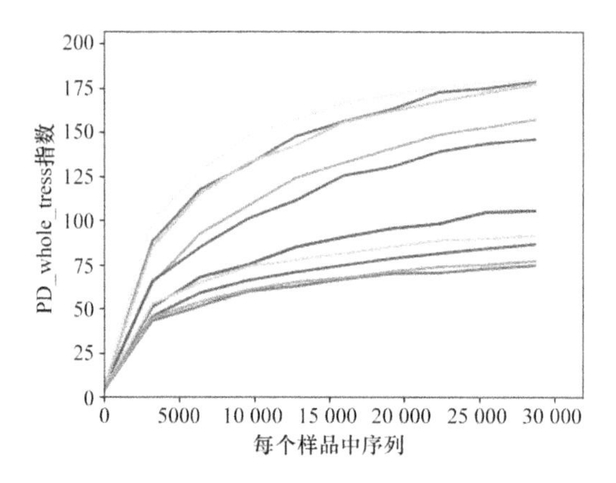

图 6-16 真菌 PD_whole_tree 曲线（彩图请扫封底二维码）

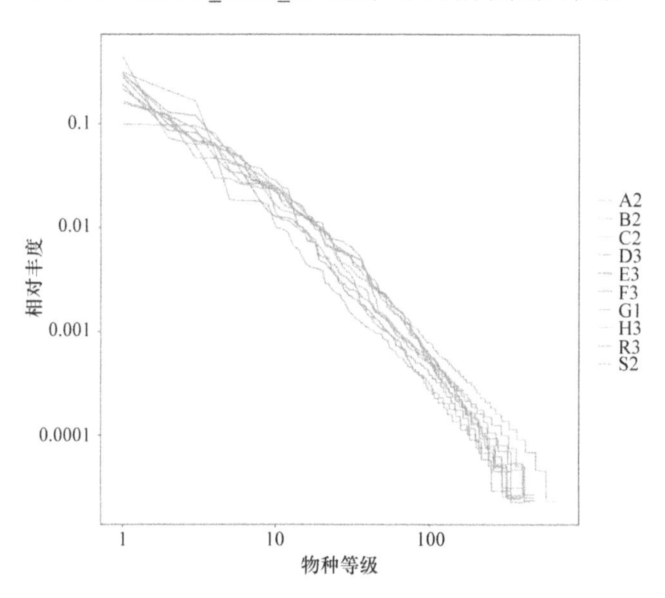

图 6-17 真菌 Rank_abundance 曲线（彩图请扫封底二维码）

为了研究红松活立木腐朽程度与其立地土壤微生物多样性的关系，用 Pearson 相关性分析对红松腐朽程度与真菌 α 多样性进行研究。分析结果表明，红松腐朽程度与真菌 α 多样性没有相关性（表 6-27）。

表 6-27 红松腐朽程度和真菌 α 多样性指数的 Pearson 相关性分析

	Chao1 指数	Shannon 指数	PD_whole_tree 指数
腐朽程度	r=–0.149	r=0.285	r=–0.279
	P=0.682	P=0.425	P=0.435

同时，对不同腐朽程度的红松根部真菌 PD_whole_tree 指数进行单样本 T 检

验，结果显示，腐朽程度不同的红松根部，其土壤真菌的 α 多样性并没有显著差异（Sig.(2-tailed)=0.062＞0.05）。

表 6-28 真菌 PD_whole_tree 指数单样本 *T* 检验

	T 检验值	自由度	双尾检验	均方差	偏差置信度 α=0.05 的置信区间	
					最低值	最高值
PD_whole_tree 指数	−2.173	8	0.062	−33.175 84	−68.389 51	2.037 83

Shortle 和 Dudzik[55]研究认为，活立木腐朽的起点是树木外伤。而另有学者认为，土壤中习居的腐朽菌会侵害树木根部和干基部，然后通过菌丝的生长和蔓延导致腐朽更加严重。大量研究表明[60]，引起木材分解腐朽的微生物是真菌，在引起木材腐朽的真菌中，绝大多数属于担子菌亚门中的非褶菌目，少数为子囊菌亚门球壳目炭角菌科中的一些种类。基于此，对健康红松根部土壤微生物的种类和数量与腐朽红松根部土壤微生物的种类和数量进行研究。

物种丰度是指样品中物种数目的多少，其值可以根据具有相同注释信息的 OTU 得到，而 OTU 的丰度则根据 OTU 中的序列数目计算得到。OTU 的丰度公式为 $\text{Abund}_{ij}=C_{ij}/M$，$M$ 为观察到的 OTU 总数，C_{ij} 为第 i 个 OTU 在第 j 个样品中出现的序列数。

10 个样品共检测到了 7 个已知门类，203 个已知物种。相对丰度大于 1%的真菌包括 Zygomycota（接合菌门，6.33%）、Ascomycota（子囊菌门，35.41%）、Basidiomycota（担子菌门，55.37%），三者占到了所有真菌门的 97.11%。研究发现，Agaricomycetes（担子菌门伞菌纲）相对丰度占到了所有真菌的 46.58%，占主导地位。对 10 个样品 Agaricomycetes 的相对丰度与红松腐朽程度进行相关性分析，分析结果表明，Agaricomycetes 的相对丰度与红松腐朽程度并不存在相关关系（r=−0.229，P=0.525）。从 UniFrac_distance 图（图 6-18）中也可以看出，虽然样品 A2 和 E3 的关系最为疏远，表明二者之间的差异最大，但是每个样品之间的物种组成却无明显差异，优势菌均为 Zygomycota、Ascomycota 和 Basidiomycota。

图 6-19 是真菌门类的分布热图，从图例中可知，图中的颜色从左到右（从深蓝色到深红色）表示群落的相对丰度是逐渐增大的。

从图 6-19 可以看出，10 个样品中 Zygomycota、Ascomycota 和 Basidiomycota 的相对丰度差异并不显著，而样品中相对丰度差异较大的菌种为 Chytridiomycota（壶菌门）、Glomeromycota（球囊菌门）和 Cercozoa（丝足虫类）。Chytridiomycota 是一种水生真菌，但是它们的生存环境并不只是水体。通常在土壤中、藻类和植物表面也可以分离出大量 Chytridiomycota，它们主要靠游动孢子繁殖。Chytridiomycota 门下的一些腐生类真菌能够侵入活立木，分解木材中的纤维素。

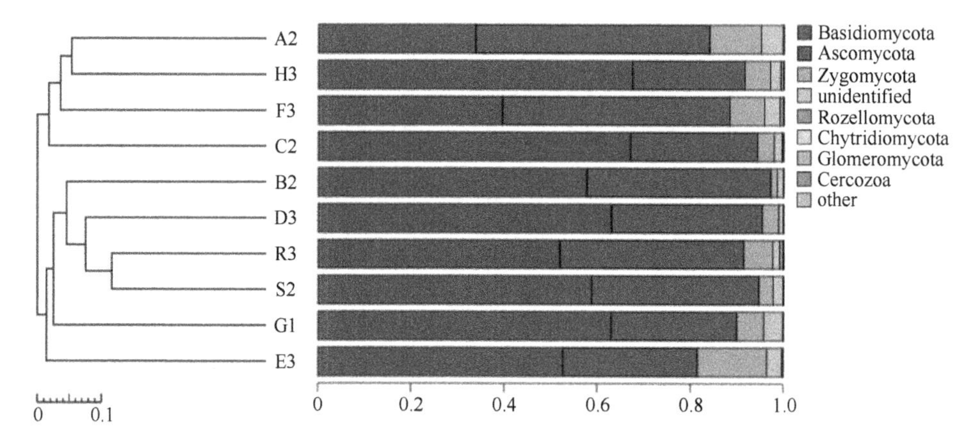

图 6-18　真菌门 UniFrac_distance 图（彩图请扫封底二维码）

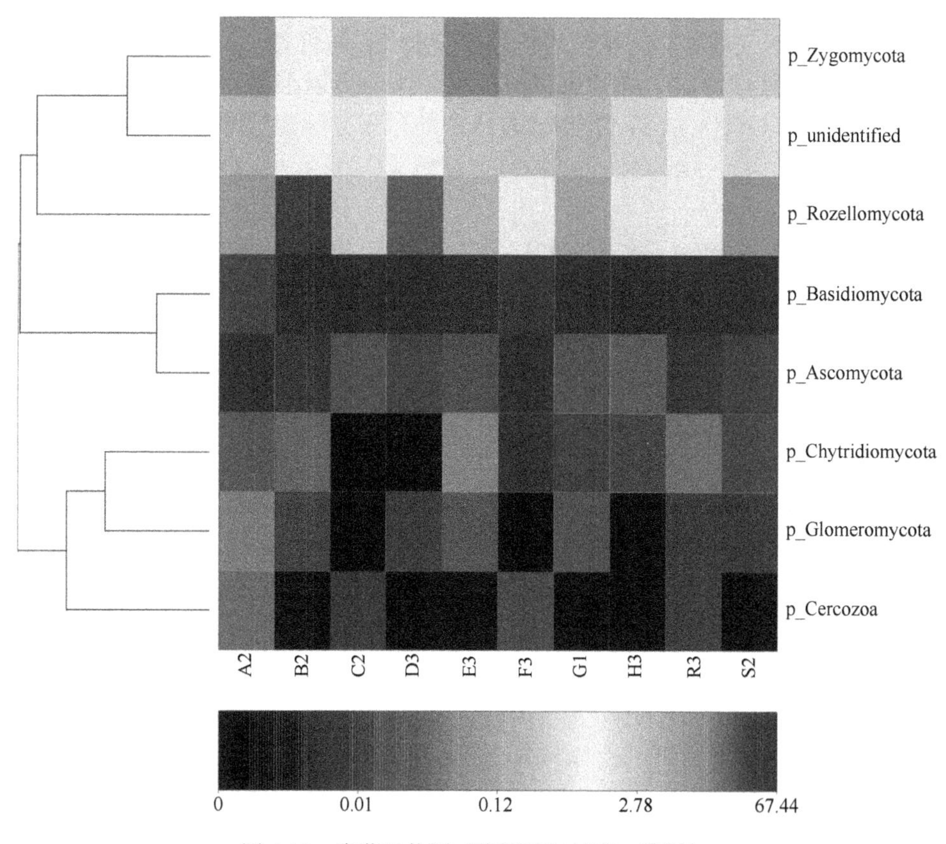

图 6-19　真菌门热图（彩图请扫封底二维码）

从图 6-19 可以看出，样品 C2 和 D3 中，Chytridiomycota 的相对丰度最低，而这两个样品对应的活立木腐朽程度也是最低的，分别为 0 和 9.18%。Glomeromycota

可以和 80%以上的陆生植物根部形成共生关系，靠植物根部的碳的营养物质生存繁殖。Cercozoa 是单细胞真核生物的一种，但是在微观水平上，它们不具有其他真核微生物共有的形态特征。虽然 Glomeromycota 和 Cercozoa 在不同样品中的相对丰度也存在差异，但是目前尚未有相关研究表明它们可以导致活立木腐朽。

进一步对 203 个物种的相对丰度和红松腐朽程度的关系进行分析。相对丰度大于 1%的真菌种类及其在每个样品中的相对丰度见表 6-29 和表 6-30。

表 6-29 10 个样本中丰度大于 1%的真菌种类及其相对丰度（1）

种类	C2	D3	A2	B2	H3
Amanita argentea	28.5066	0.0467	0.0643	0.0712	0.0000
Tricholoma terreum	4.5484	0.0146	0.0253	0.0356	0.1339
Russula aff. *integra* r03014	3.8724	0.0263	0.0298	0.0229	0.0000
Nectria ramulariae	3.7250	0.0963	2.8694	1.8280	3.9643
Cryptococcus podzolicus	2.8811	1.0683	4.8826	0.6686	2.2089
Tylospora fibrillosa	0.0363	11.9968	0.0321	0.0966	0.0047
Russula aff. *turci* r04101	0.0295	5.5226	0.0207	0.0254	0.0000
Piloderma byssinum	0.0295	3.4765	0.0161	0.0381	0.0000
Amphinema sp.6 UK 2011	0.0023	1.1997	0.0023	0.0051	0.0000
Cryptococcus terricola	0.3630	1.0129	1.4209	0.0458	0.3924
Mortierella humilis	0.3766	0.4145	2.5572	0.4119	1.2971
Mortierella camargensis	0.2858	0.1255	2.6467	0.4500	1.3230
Russula viscida	0.1066	0.1080	12.0309	0.1297	0.0047
Inocybe maculata	0.1089	0.0671	0.0803	32.0316	0.0047
Inocybe glabrodisca	0.0408	0.0292	0.0803	20.7917	0.0070
Inocybe rimosoides	0.3108	0.0029	0.0000	0.0025	6.5680
Humicola nigrescens	0.0181	0.0175	0.8080	0.0559	0.0775
Tomentella stuposa	0.0045	0.5517	0.0069	0.0025	0.0094
Lactarius flexuosus	0.0000	0.0029	0.0000	0.0000	0.0235
Thelephora palmata	0.0000	0.0000	0.0390	0.0000	0.0047
Oidiodendron chlamydosporicum	0.2064	0.0701	0.3581	0.0127	0.3830

研究发现，相对丰度大于 1%的所有真菌，有的习居在土壤中（*Cryptococcus podzolicus*），有的为植物外生菌根真菌（*Inocybe maculata*），也有植物致病菌（*Nectria ramulariae*），但是它们在 10 个样品中的分布无明显规律。在活立木腐朽过程中，由于木材有机组分和水分的变化，木腐菌的群落结构随着腐朽阶段的不同遵循着一定的规律不断进行演替。在健康活立木中，木材内部存在的微生物主要是细菌，木材腐朽前期出现的微生物通常是非担子菌类真菌，然后是腐生担子菌。在森林病理学的研究中，通常以担子菌类木腐菌为主要对象，此时已

表 6-30 10 个样本中丰度大于 1%的真菌种类及其相对丰度（2）

种类	E3	G1	F3	R3	S2
Amanita argentea	0.0000	0.0000	0.0000	0.0026	0.0031
Tricholoma terreum	0.0027	0.0000	0.0853	24.0095	0.1411
Russula aff. *integra* r03014	0.0000	0.0000	0.0000	0.0026	0.0000
Nectria ramulariae	1.1080	0.7216	9.7524	2.4210	0.5017
Cryptococcus podzolicus	2.8020	2.4939	2.3609	1.1855	0.9125
Tylospora fibrillosa	0.0054	0.0000	0.0000	0.0000	0.0031
Russula aff. *turci* r04101	8.9306	0.0933	0.0000	0.0026	0.0000
Piloderma byssinum	0.0000	0.0000	0.0000	0.0026	0.0000
Amphinema sp.6 UK 2011	0.0000	0.0000	0.0000	0.0000	0.0031
Cryptococcus terricola	0.7654	1.3991	0.5645	0.3030	1.3233
Mortierella humilis	4.5549	1.3157	2.9154	1.1960	1.4613
Mortierella camargensis	1.7155	0.2626	2.0523	2.5843	0.1662
Russula viscida	0.0000	0.0000	0.0000	0.0026	0.0000
Inocybe maculata	0.0000	0.0000	0.0075	0.0053	0.0031
Inocybe glabrodisca	0.0000	0.0000	0.0000	0.0000	0.0063
Inocybe rimosoides	0.0000	0.0000	0.0301	0.0342	0.0125
Humicola nigrescens	3.4550	0.6063	0.6323	0.5796	0.1098
Tomentella stuposa	0.0107	2.4153	0.0201	0.0000	0.0125
Lactarius flexuosus	0.0000	0.0000	3.5678	0.0184	0.0094
Thelephora palmata	0.0000	0.0000	0.0050	1.7940	0.0063
Oidiodendron chlamydosporicum	0.8136	0.1325	0.2534	0.6349	1.4738

经属于木材腐朽中后期。在木材腐朽的最终阶段，即腐殖化阶段，此时木腐菌的群落结构和土壤中的微生物群落才基本一致。本实验所选取的活立木腐朽程度不同，因此取自不同样木根部的土壤，可能会导致土壤微生物群落结构不存在明显的分布规律。

2）细菌多样性对红松腐朽程度的影响

图 6-20 为细菌 PD_whole_tree 曲线。从图中可以看出，细菌的多样性较低，且样品间的差异较小。图 6-21 为细菌 Rank_abundance 曲线，图中曲线下降快速陡然，说明样本中优势细菌群落占比较高，物种分布不均匀。

对红松腐朽程度和细菌 α 多样性进行 Pearson 相关性分析。分析结果表明（表 6-31），红松腐朽程度与细菌 α 多样性也不存在相关性。

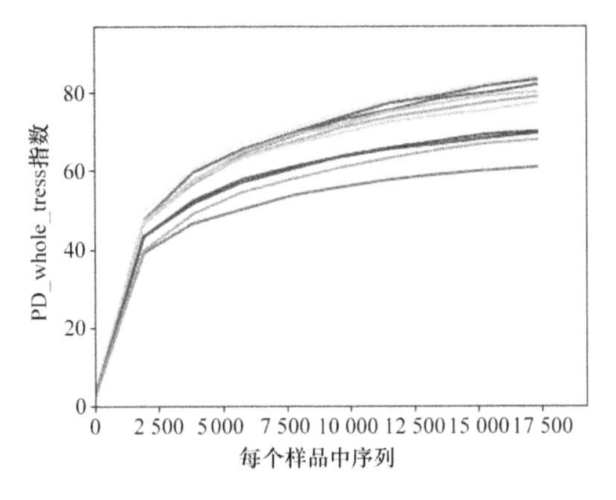

图 6-20 细菌 PD_whole_tree 曲线（彩图请扫封底二维码）

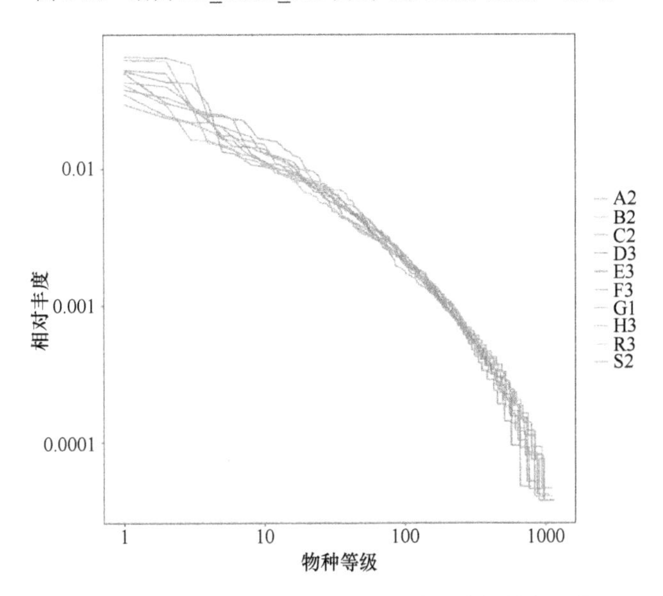

图 6-21 细菌 Rank_abundance 曲线（彩图请扫封底二维码）

表 6-31 红松腐朽程度和细菌 α 多样性的 Pearson 相关性分析

	Chao1 指数	Shannon 指数	PD_whole_tree 指数
腐朽程度	r=0.019	r=–0.250	r=0.010
	P=0.958	P=0.486	P=0.977

对不同腐朽程度红松根部细菌的 PD_whole_tree 指数进行单样本 T 检验，结果显示（表 6-32），不同腐朽程度的红松根部，其土壤细菌 α 多样性也不存在显著差异（Sig.(2-tailed)=0.195＞0.05）。

样品中，相对丰度大于 1%的细菌门包括 Nitrospirae（硝化螺旋菌门，1.78%）、Bacteroidetes（拟杆菌门，4.32%）、Gemmatimonadetes（芽单胞菌门，4.34%）、

表 6-32　细菌 PD_whole_tree 指数单样本 *T* 检验

	T 检验值	自由度	双尾检验	均方差	偏差置信度 α=0.05 的置信区间	
					最低值	最高值
PD_whole_tree 指数	−1.413	8	0.195	−3.837 64	−10.101 6	2.426 3

Chloroflexi（绿弯菌门，5.16%）、Verrucomicrobia（疣微菌门，7.36%）、Actinobacteria（放线菌门，10.82%）、Acidobacteria（酸杆菌门，30.03%）、Proteobacteria（变形菌门，33.34%），占所有细菌门的 97.15%。

图 6-22 为细菌门水平的 UniFrac_distance 图，从图中可以看出，样品 A2 和 H3 之间的物种差异最小，A2 和 D3 之间的物种差异最大。样木 A2 的腐朽程度为 14.56%，H3 的腐朽程度为 25.76%，D3 的腐朽程度为 9.18%，由此也可表明，不同腐朽程度的红松活立木根部，其土壤细菌多样性无明显规律，且 10 个样品中的优势菌群均为 Proteobacteria、Acidobacteria、Actinobacteria 和 Verrucomicrobia，并无显著差异。细菌门水平的热图也表明（图 6-23），10 个样品间的物种组成不存在明显差异。

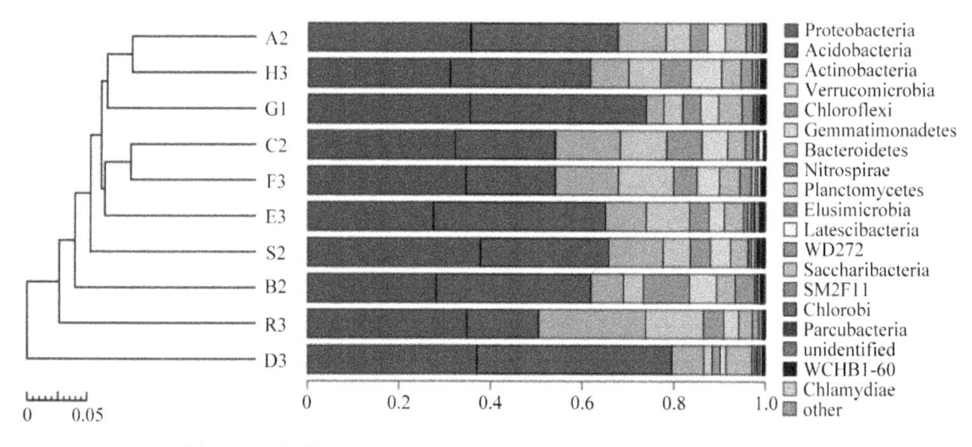

图 6-22　细菌门 UniFrac_distance 图（彩图请扫封底二维码）

尽管目前尚未有研究表明，细菌可以直接导致活立木腐朽，但是有研究发现，在木材腐朽初期，首先侵入的微生物也包括某些细菌，同时，细菌和其他一些非层担子菌类微生物对活立木腐朽过程中木材细胞的破坏具有重要作用，而且细菌可以促进真菌对活立木的变色作用[61-62]。因此，在未来活立木腐朽的研究中，应该重视细菌和其他微生物与真菌的交互作用。

3. 综合分析

红松活立木腐朽程度和立地土壤微生物数量的逐步回归分析和通经分析均表

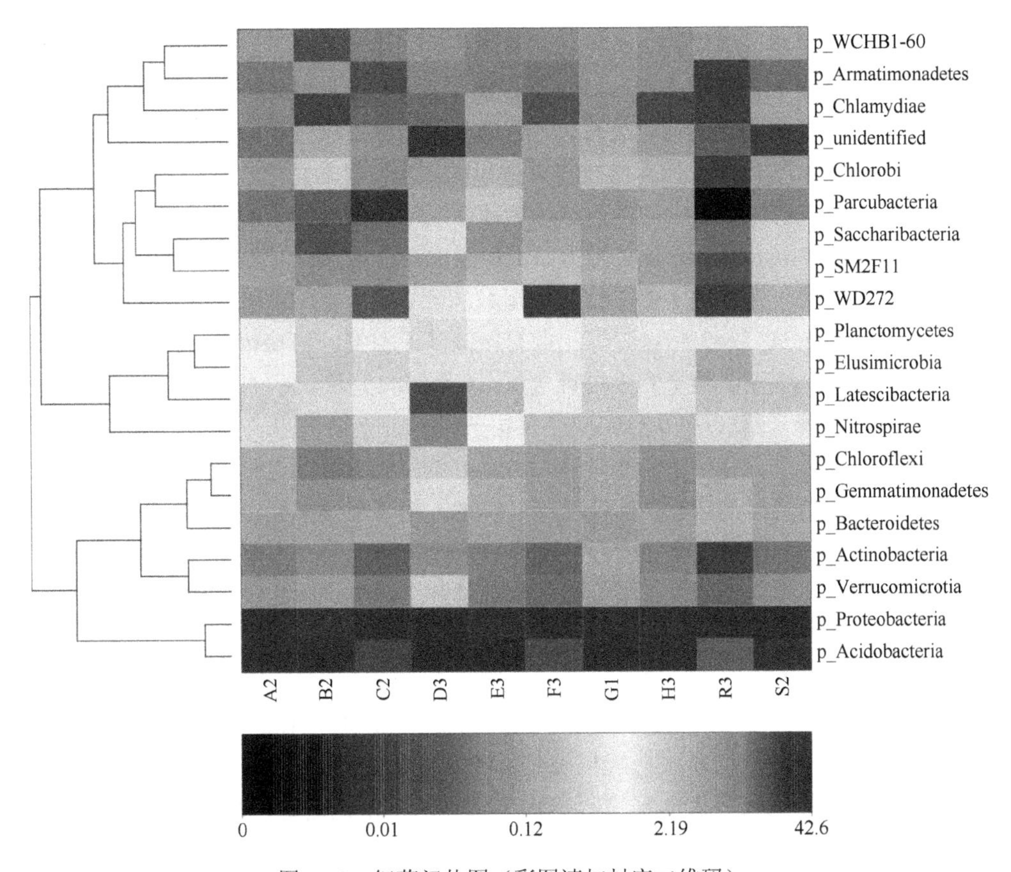

图 6-23 细菌门热图（彩图请扫封底二维码）

明，可培养真菌数量和放线菌数量对红松的腐朽程度有一定的贡献（r^2=0.504），但土壤微生物物种多样性和红松腐朽程度的相关性分析表明，二者之间并无显著的相关性，单样本 T 检验和热图分析也表明，不同腐朽程度样木根部，其土壤微生物不存在显著差异。由于土壤中可培养的微生物数量仅占微生物总数量的 1%左右，因此传统培养法只能作为辅助手段来研究红松腐朽和微生物的关系。

活立木作为生物体，其树干和枝叶表面都生活着大量的微生物，栖息在活立木体表的这些微生物，均来自大气，而空气中的这些微生物却主要来自土壤、水体和地表植被表面，它们借助气流、降水、动物活动等外力因素通过孢子的形式进行传播。这是因为空气是一个较为简单的生境，主要包括氮气、氧气、二氧化碳，以及一些微量气体，空气中的水分和营养物质也极少，来自太阳的紫外线还有可能导致微生物死亡，使得微生物并不能在空气中进行生长和繁殖。侵入活立木树干内部造成活立木腐朽的微生物通常也栖息在树干表面，以孢子或者潜伏菌丝等休眠体的形式存在，当树干表面的微环境发生改变，满足微生物繁殖的条件时，孢子便会萌发并通过菌丝的生长侵入活立木内部。由此可见，活立木的腐朽和土壤中的微生物有着十分复杂的关系，但是迄今为止，并没有相关研究表明土壤微生物和活立木腐朽存在确定的定量关系。一方面，因为除了微生物的影响，还有很多因素影响着活立木腐朽的进程。植被的类型和活立木自身的特性也会影响腐朽程度；另一方面，微生物在土壤中的群落结构和代谢活动受很多因素的影响和制约。当土壤 pH 低于 5 时，土壤中的金属元素如铝和锰含量会增加，对土壤中的某些微生物会产生毒害作用。在黏壤土中，土壤细菌数和土壤磷（r=0.9876）、钾（r=0.607）、钙（r=0.6133）、镁（r=0.5644）等元素的含量呈正相关，和 pH 呈负相关，而在砂质黏壤土中，土壤细菌数量和土壤钾含量（r=0.6784）和 pH（r=0.5513）呈显著正相关关系，和磷含量（r=−0.3356）呈负相关[63]。前期研究也表明，土壤微生物特性和土壤理化性质存在一定的相关性，由此可见，土壤微生物的生命活动对环境条件的变化会做出及时的响应，即使在同一样地，随着土壤类型、植被类型及其他环境条件的变化，土壤微生物也会存在差异。因此，对于活立木而言，其腐朽程度和土壤微生物的关系，不能仅仅根据微生物数量和多样性进行定量分析。

4. 小结

土壤微生物作为森林生态系统的重要组成部分，对森林的可持续发展有着重要的作用。土壤微生物通过分解植被枯落物和动植物残体，增加了土壤有机质的含量，为植被的生长提供丰富的营养物质。另外，植被通过根系向土壤释放可供微生物利用的碳源和氮源，二者之间的关系密切而复杂。土壤中习居的一些病原微生物会通过林木根部侵入活立木并蔓延扩散，危害活立木健康，导致林分质量下降。因此，本节从土壤微生物数量和物种多样性两方面考查了土壤微生物和红松活立木腐朽程度的关系。

通过平板涂布法对土壤中的微生物进行分离培养并计数，结果显示，土壤中可培养微生物的数量分布规律为细菌＞放线菌＞真菌。然后以红松活立木腐朽程度为因变量，细菌数量、放线菌数量和真菌数量作为自变量进行逐步回归分析，结果表明：土壤真菌数量和放线菌数量与红松腐朽程度呈正相关关系（r^2=0.504），同时回归方程的决定系数较小又说明还存在其他比因素对红松的腐朽程度具有影响。土壤微生物是一个复杂的体系，各类群之间存在直接或间接的交互作用，因此采用通径分析方法进一步说明细菌、真菌、放线菌数量对红松活立木腐朽的相对重要性。直接通径系数结果表明，土壤细菌数量对红松腐朽程度的直接作用为负效应，但这种直接效应不显著（P_{1y}=−0.312，P=0.106＞0.05）；真菌数量和放线菌数量对红松腐朽程度的直接作用均为正效应。间接通径系数结果表明，土壤细菌数量通过对真菌数量的影响，可以间接地抑制红松的腐朽（$P_{x1\text{-}x2}$=−0.225）。

尽管逐步回归分析和通经分析均表明，土壤可培养微生物对红松的腐朽程度有一定的贡献，但土壤中可培养的微生物数量仅占微生物总数量的1%左右，且相关研究表明，影响活立木腐朽的因素方方面面，因此，本研究结果有待进一步探讨。

另外，通过内转录间隔区（ITS）和16S rRNA基因测序对土壤真菌和细菌总DNA进行序列测定和聚类划分，最终获得1496个真菌OTU和1413个细菌OTU，共鉴定出7个已知真菌门类，203个已知物种，28个已知细菌门类，34个已知种。其中，相对丰度大于1%的真菌包括Zygomycota（接合菌门，6.33%）、Ascomycota（子囊菌门，35.41%）、Basidiomycota（担子菌门，55.37%），三者占到了所有真菌门的97.11%。相关研究表明，大部分木腐菌属于担子菌门。相对丰度大于1%的细菌包括Nitrospirae（硝化螺旋菌门，1.78%）、Bacteroidetes（拟杆菌门，4.32%）、Gemmatimonadetes（芽单胞菌门，4.34%），Chloroflexi（绿弯菌门，5.16%），Verrucomicrobia（疣微菌门，7.36%），Actinobacteria（放线菌门，10.82%），Acidobacteria（酸杆菌门，30.03%），Proteobacteria（变形菌门，33.34%），占所有细菌门的97.15%。虽然尚未有研究表明细菌可以直接造成活立木腐朽，但是在活立木腐朽初期出现的微生物群落中，也包含一些细菌。

通过观察真菌和细菌PD_whole_tree曲线和Rank_abundance曲线发现，真菌的物种丰富度高于细菌，它们在样品中的物种分布不均匀，优势种所占比例较高。用统计学软件SPSS22.0对红松腐朽程度与真菌和细菌的α多样性指数进行Pearson相关性分析得出，红松腐朽程度与真菌多样性指数不存在相关关系，细菌多样性指数和红松腐朽程度也没有相关性。单样本T检验结果也表明，不同腐朽程度的红松根部，其土壤微生物多样性指数没有显著差异。由于在活立木的生物腐朽过程中，木腐菌的群落结构会随着腐朽阶段的不同而发生变化。本实验所选取的活立木腐朽程度不同，所属腐朽阶段不同，可能会导致土壤微生物群落结构不存在明显的规律。在未来活立木腐朽与土壤微生物关系的研究中，应该分阶段研究土壤微生物群落结构和分布规律，并重视细菌和真菌在腐朽过程中的交互作用。

6.4 森林微气候与腐朽程度

森林微气候是在森林植被影响下形成的特殊小气候，是森林中水、气、热等各种气象要素综合作用的结果。森林微气候受多种因素的影响，如树种组成、植被覆盖率、林木生长状况、土壤水分养分、天气状况、山形地势、保护和经营措施等。在森林生态系统的作用下，与林外空旷地相比，林内水分和热量的交换无论是时间上还是空间上都发生了显著的变化，它们在林内得到了重新分配，从而使得温度和湿度发生显著的变化。光照和降水进入森林后也进行了重新分配[64]。森林群落无时无刻不在与周围环境进行物质和能量的交换，森林的温度湿度状况等气象要素既是在这种交换中形成的现象结果，又是影响着未来交换的条件。树木生长过程中的各种生理活动如光合蒸腾作用、边心材形成、水分养分吸收和输送等受到微气候气象因子的限制，另一方面，树木等生物的生命活动也强烈地改变着森林的微气候条件[65-66]。因此，森林微气候对林木生长发育和健康状况具有重要的作用，研究森林微气候与红松腐朽程度的关系将有助于弄清引起腐朽的驱动气象因子，为红松腐朽的防治和合理经营提供理论依据。

我国自 1952 年开始对森林微气候开始研究，中国科学院的研究人员在海南岛上进行橡胶林和防护林微气候的观测[67-68]。观测方法主要采用小气候常规观测[69-70]，按照《地面气象观测规范》《森林生态系统定位研究方法》《森林生态系统长期定位观测方法》进行[70-72]。直到 20 世纪末小气候梯度观测方法才被用来进行森林微气候的研究[73]。森林微气候的观测项目比较广泛，从林内的地表温度、土壤湿度、气温、空气湿度、风速、CO_2 浓度、蒸发量到森林上部的太阳辐射、降水和雾露等。许多研究表明，森林微气候与林外气候相比存在很大差异，具有十分明显的特殊性。对天山中段天山云杉（*Picea schrenkiana* var. *tianshanica*）林 2005 年和 2006 年森林微气候的研究表明，林内的光照强度、辐射强度、土壤温度、大气温度和蒸发量明显比林外小，而相对湿度明显比林外大，其中土壤温度和蒸发量的差异比大气温度和相对湿度的差异显著[74]。研究西双版纳望天树（*Parashorea chinensis*）林林缘微气候时，选择了 4 个不同大小的雨林斑块，对比分析小气候边缘效应，结果发现，4 个雨林斑块均存在明显的小气候边缘效应，并且在干季晴天最为明显；小气候边缘效应的强度和影响深度随雨林斑块面积的减小而增强[75]。刘文杰等[76]研究了林窗微气候与林内的差异，结果表明，大林窗的中央光照强度可达林内的 10 倍以上，净辐射量和太阳总辐射量可达林内 5 倍以上，林窗中央因蒸发而消耗的热量也大于林内。

当林地处于山坡上不同位置时，其对应的森林微气候有明显的不同。对青冈林微气候的研究表明，山顶青冈林群落内的相对湿度日平均值为 71.6%，而山中部青冈林群落的相对湿度日平均值则高达 91%，二者差值可达 19.4%；山顶部和中部的大气温度差值高达 5℃；山中部接受的光量只有山顶部的 5.4%，相对光照强度比山顶部低 35.55%[77]。森林群落组成不同时，微气候也有明显的差异。研究广西岩溶植被在演替过程中微气候的变化时就发现，灌丛阶段时，灌层下面的气温和照度均较低，随时间变化幅度也不大，但是灌层以上的气温和照度均有大幅度的升高，而且随着时间有较大幅度的变化；到了落叶阔叶林阶段以后，林区内的土壤温度、气温和照度均大幅降低，空气相对湿度升高，主要微气候因子变化比较平缓[78]。

森林微气候的特殊条件和时空变化规律对林木生长有着重要的影响，但是在这方面还缺乏专门的、系统的研究[79-81]。周璋研究了海南尖峰岭热带山地雨林的微气候特征，结果表明影响原始林林木生长的环境因子主要由 3 个，分别为光、水和热（累计贡献率为 89%），影响次生林林木生长的环境因子主要有 2 个，分别是热量及辐射和水分综合因子（累计贡献率为 84%）[79]。红松腐朽率和腐朽扩展速度的高低必然和生境微气候有很大的关联，本章将以带岭林区红松针阔叶混交林里的红松活立木为研究对象，一方面使用生长锥钻取木芯测定活立木腐朽程度；另一方面对活立木立地的微气候进行动态观测，观测指标包括：地表温度、气温、空气相对湿度和光照强度，最后分析红松腐朽程度与微气候因子之间的关系，旨在找出影响腐朽的主要微气候因子。

6.4.1 材料与方法

1. 样木的选取和检测

使用目测法和阻抗仪检测在样地内对所有的红松活立木展开调查，选择出腐朽的活立木和少数用于对照的健康活立木作为样木，具体操作方法见第 4 章。经过调查，一共有 30 株红松活立木被测定出有腐朽，选为样木，这些腐朽样木与第 4 章所选的相同，可见在两次调查之间的这段时间（从 2012 年 5 月~2014 年 5 月）红松没有发生新的明显的腐朽。然后从样地中心和东西南北 4 个方向的典型地区分别各选取 2 株健康样木作为对照，这 10 株健康样木与第 4 章所选的不同。

样木腐朽程度的定量检测使用生长锥钻取木芯的方法测定，通过估测腐朽木芯的质量损失率定量表示腐朽程度。

2. 样木生境的微气候观测

从 2012~2014 年每年 5 月初选择 3 个晴朗的天气进行微气候观测，用红外测温仪 SMART SENSOR（型号 AR320）测量地表温度，金属温湿计测量气温和空气相对湿度，照度计 VICTOR（深圳市胜利高电子科技有限公司生产，型号 1010A）测定光照强度，其中气温、空气相对湿度和光照强度的测量均在距离地面 1.5m 高处。每天的观测时间为 8:00~16:00，每隔 2h 测量一次，在 13:00 和 15:00 各加密测量一次，一共 7 次，每次测量时使用多组测量仪器同时对所有样木（40 株）下的微气候指标进行测定。在测定一株样木下的各项指标时，选取东西南北 4 个方向距离树干约 20cm 处的 4 点分别测定，然后取平均值作为最终测定结果。

3. 数据处理方法

将 3 年的测定结果取算术平均值，作为地表温度、气温、空气相对湿度和光照强度 4 项指标日变化的平均测定结果。由观测方法可以知道，把 3 年的观测值取平均值后，每个指标有 7 组值（分别对应每天的 7 次观测），每组值中包含 40 个测点的测量结果（分别对应 40 株样木）。为分析各指标在一天中 7 个时段的变化情况，再把每组值中 40 个观测点的数据取算术平均值，得到每个指标一天各个时段的平均观测值。然后使用 SPSS 统计分析软件对各项指标的日变化情况进行初步分析，包括日平均值、最大值、最小值、日较差（日最高值和最低值之差）和变异系数（标准差与平均值之比，反映分布离散程度）。随后使用 Pearson 相关分析确定 4 项指标之间的相关关系，最后应用单因素方差分析、非参数检验、Pearson 相关分析、逐步回归和主成分回归研究红松样木腐朽与微气候指标之间的联系。

在最后一步分析中，首先分析腐朽和健康样木微气候生境之间的差异，然后研究腐朽程度与各指标日平均值的相关关系，最后分析腐朽程度与各指标不同时间段观测值的相关关系。

6.4.2 结果与分析

1. 腐朽程度测定结果

对腐朽木芯进行质量损失率估测，作为样木腐朽程度的定量表示，腐朽程度的平均水平为 28.34%，依然属于中重度腐朽，变动范围在 5.06%~49.70%，变异系数 41.2%，可见腐朽程度的分布依然很不集中。逐个对比每株样木两次测定的腐朽程度发现，两次的结果很接近，均在同一水平上。

2. 微气候因子的日变化分析

在所观测的林区内，地表温度和气温呈现出相同的变化趋势（图 6-24），即从上午 8:00 开始，随着太阳升起，温度逐渐上升，一直到下午 13:00 升至最高温度，然后温度开始下降，一直到下午 16:00 降至观测时间段内的最低温度。从折线图来看，气温和地表温度下降的速度均比上升时的速度高，地表温度从最低值 4.3℃升至最高值 12.2℃用了 5 个小时，平均一小时升 1.58℃，而从 12.2℃降至 6.4℃只用了 3 个小时，平均一小时降 1.97℃；同样气温上升时的速度为 1.58℃/h，下降时的速度为 1.93℃/h。地表温度从上午 8:00 到上午 10:00 上升的速度明显大于从上午 10:00 到下午 13:00 上升的速度，而气温上升的速度一直很平稳，没有明显变化。日较差和变异系数反映了指标的变动幅度和离散程度，地表温度的日较差为 7.9℃，变异系数为 31.3%，可见变动幅度较大，在一天中的分布也很离散。气温的变化相对平稳得多，日较差只有 4.8℃，变异系数只有 13.0%（表 6-33）。在相同的变化趋势下，气温整体比地表温度要高，日平均高出 4.9℃，最高值高 4.0℃，最低值高 7.1℃。

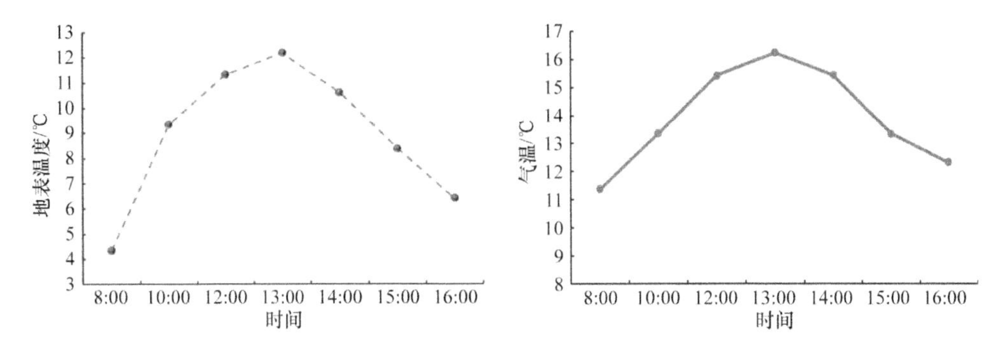

图 6-24 观测区地表温度和气温的日变化情况

表 6-33 微气候指标的日变化情况

统计项目	地表温度/℃	气温/℃	空气相对湿度/%	光照强度/lx
日平均	9.0	13.9	31.2	8 512
最高	12.2	16.2	35.5	14 679
最低	4.3	11.4	27.6	2344
日较差	7.9	4.8	7.9	12335
变异系数	31.3%	13.0%	9.1%	49.8%

空气相对湿度的日变化趋势与气温和地表温度刚好相反（图 6-25）。上午 8:00 时空气相对湿度最高，达到 35.5%（表 6-33），从这时开始到下午 14:00 逐渐下降，并在 14:00 时降至最低值 27.6%。空气相对湿度在 4 个观测时段的下降速度有明显不同，第 1 时段从上午 8:00 到 10:00，下降速度为 1.75%/h，第 2 时段从上午 10:00 到中午 12:00，变化较为平缓，下降速度为 0.60%/h，第 3 时段从中午 12:00 到下午 13:00，变化最为迅速，下降速度 2.90%/h，第 4 时段从下午 13:00 到 14:00，变化最为微弱，下降速度 0.30%/h。从 14:00 到 15:00 空气相对湿度迅速上升，平均 3.70%/h，最后从 15:00 到 16:00 上升稍稍平缓了一些，平均 2.10%/h。相对于空气相对湿度的平均值而言，它的日较差并不大，仅为 7.9%，说明空气相对湿度

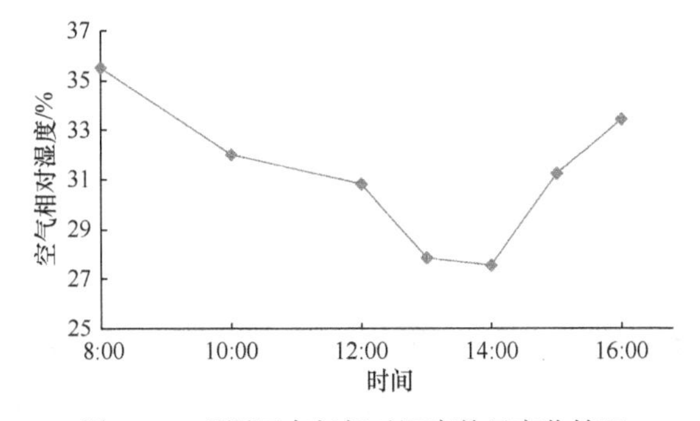

图 6-25 观测区空气相对湿度的日变化情况

的变动幅度较小。空气相对湿度在一天中的分布也比较集中，在所有 4 个观测的微气候指标中，它的变异系数是最小的，说明它在一天中的变化相对平缓。

地表温度、气温和空气相对湿度的变化主要是由太阳光照引起的，衡量太阳光照的直接指标之一是光照强度。从折线图上可以看出，光照强度的日变化十分陡峭（图 6-26），日较差高达 11 661lx，在一天中的分布也十分离散，变异系数接近 50%，是所有 4 项指标中最高的。早上 8:00 时，太阳刚升起不久，光照强度为 5840lx，从 8:00 到 13:00 以平稳的速度上升，从 13:00 到 14:00 以更快的速度升至最高值 14 679lx。从 14:00 到 15:00 光照强度急剧下降，在 1 小时时间里下降了 9317lx，最后从 15:00 到 16:00 光照强度又下降了 2478lx，降至最低值 2344lx。

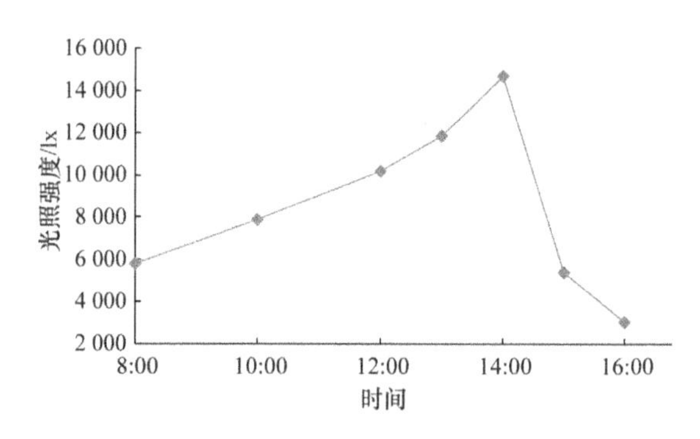

图 6-26　观测区光照强度的日变化情况

光照强度从下午 14:00 以后开始急剧下降，此时地表温度和气温也以较快的速度下降，空气相对湿度以较快的速度上升，4 项指标的变化呈现出很好的一致性。总的来看，不论上升还是下降，下午 13:00 以后各指标的变化趋势更加陡峭，除了空气相对湿度在 13:00 到 14:00 之间只有微弱的变化，说明所观测林区的微气候因子在下午变化较剧烈，上午变化较平缓。

通过以上分析可以看出，微气候因子在一天中有明显的动态变化，其中以光照强度和地表温度较为剧烈，下午的变化较上午更为陡峭。由于活立木的生理活动也是不断变化着的，所以不同时段的微气候可能会对活立木生长起到不同的作用，并因此产生不同的联系，这样在分析腐朽程度与微气候指标的关系时，有必要针对不同时段的测量结果分别进行分析。

3. 微气候因子之间的相关性分析

在分析微气候指标的日变化趋势时可以发现，所测 4 项指标的变化情况呈现出很好的一致性，说明它们之间存在某种相关关系。计算指标间的 Pearson 相关系数，从系数矩阵中可以看出（表 6-34），所测指标两两之间都存在显著的相关关系，其中光照强度与其他 3 个指标之间的相关关系在 0.05 水平上显著，其他 3 个指标两两之间的相关关系均在 0.01 水平上显著。

表 6-34　微气候因子之间的相关系数矩阵

	地表温度	气温	空气相对湿度	光照强度
地表温度	1			
气温	0.971**	1		
空气相对湿度	–0.908**	–0.942**	1	
光照强度	0.782*	0.859*	–0.843*	1

注：*表示 $P<0.05$；**表示 $P<0.01$。

地表温度、气温和光照强度三者之间均呈正相关，它们与空气相对湿度之间均呈负相关。这与微气候因子的日变化分析结果相符合，即随着光照强度的升高，地表温度和气温会逐渐上升，空气相对湿度逐渐下降，反之亦然。由于微气候因子之间存在显著的相关关系，在使用回归分析法研究腐朽程度与微气候因子之间的相关性时，有必要使用逐步回归和主成分回归消除或减少自变量之间的多重共线性。

4. 红松腐朽与微气候生境的关系

1）腐朽和健康样木微气候生境的差异

把所测的 4 项微气候指标按照样木健康状况分为腐朽和健康 2 组（表 6-35），然后对它们在两组中的正态性和方差齐性进行检验，结果表明，只有气温和空气相对湿度既满足正态性又满足方差齐性条件，可以用方差分析判断它们在两组中的差异性，其余 2 项指标采用非参数检验中的 Kruskal-Wallis 检验。分析结果表明，这 4 项指标在两组中的差异均达到极显著水平（表 6-36），说明红松样木健康状况与微气候生境之间关系密切。健康样木下的地表温度、气温和光照强度的平均值均比腐朽样木下的高，而空气相对湿度比腐朽样木下的低，说明在光照较弱，温度偏低和比较潮湿的微气候生境下，红松活立木更易发生腐朽。

表 6-35　样木（30 株）下微气候因子观测的日平均值

样木状况	样木数目	统计量	地表温度/℃	气温/℃	湿度/%	光照强度/lx
腐朽	20	平均值	8.66	13.65	32.29	7 875.86
		最大值	9.70	14.37	36.71	12 349.00
		最小值	7.93	13.06	28.43	5 575.71
健康	10	平均值	9.84	14.58	28.37	10 816.64
		最大值	10.43	14.84	32.00	12 209.71
		最小值	9.23	14.33	24.86	9 332.14

表 6-36　微气候因子在腐朽和健康样木生境之间的差异性分析

	地表温度/℃	气温/℃	空气相对湿度/%	光照强度/lx
M_J	9.8	14.6	28.4	10 817
M_F	8.7	13.7	32.4	7 495
M_J-M_F	1.1	0.9	−4.0	3 322.0
P	<0.01	<0.01	<0.01	<0.01

注：M_J、M_F 分别表示各指标在健康和腐朽样木生境中取值的平均值，P 表示方差分析或非参数检验的 P 值。

2）样木腐朽程度与微气候因子的关系

（1）Pearson 相关分析

首先使用 Pearson 相关分析法研究腐朽程度与不同时段气候指标的相关关系，以及与气候指标日平均值的相关关系。分析结果表明（表 6-37），气候指标的日平均值与腐朽程度的相关性最强，所有 4 项指标的日平均值都与腐朽程度极显著相关（$P<0.01$），相关系数绝对值均在 0.56 以上，其中地表温度与腐朽程度的相关系数 r 的绝对值最大，$r=-0.753$，说明二者的相关程度最高，并且是负相关，气温和光照强度也与腐朽程度呈负相关，空气相对湿度与腐朽程度呈正相关。各气候指标在 8:00 和 14:00 的观测值也与腐朽程度有较强的相关关系。在 8:00 的观测值中，气温与腐朽程度呈显著负相关（$P<0.05$），地表温度和光照强度与腐朽程度极显著负相关（$P<0.01$），空气相对湿度与腐朽程度极显著正相关（$P<0.01$）。与日平均值相比，8:00 观测值中各指标与腐朽程度之间的相关系数整体较低一些。各指标在 14:00 的观测值也都与腐朽程度呈显著或极显著相关关系，其中地表温度和气温与腐朽程度的相关系数在 0.05 水平上显著，其余 2 个指标与腐朽程度的相关系数在 0.01 水平上显著。在其余 5 个时段的观测值中，每个时段只有部分指标的观测值与腐朽程度之间呈现出显著的相关关系，其中在 10:00、12:00 和 13:00 的观测值中只有地表温度和光照强度与腐朽程度之间存在显著或极显著相关关系，在 15:00 观测值中气温与腐朽程度之间没有呈现出显著的相关性，在 16:00 观测值中，气温和光照强度均与腐朽程度之间没有显著的相关性。

表 6-37　腐朽程度与微气候因子不同时段观测值的 Pearson 相关系数

观测时段	8:00	10:00	12:00	13:00	14:00	15:00	16:00	日平均值
地表温度/℃	−0.494**	−0.534**	−0.488**	−0.387*	−0.430*	−0.423*	−0.575**	−0.753**
气温/℃	−0.437*	−0.334	−0.280	−0.313	−0.443*	−0.306	−0.312	−0.627**
空气相对湿度/%	0.498**	0.296	0.288	0.344	0.500**	0.440*	0.438*	0.560**
光照强度/lx	−0.609**	−0.526**	−0.559**	−0.428*	−0.517**	−0.497**	−0.234	−0.580**

注：*表示 $P<0.05$；**表示 $P<0.01$。

比较 4 个微气候指标与腐朽程度之间的 Pearson 相关系数可以发现，地表温度在各个时段的观测值均与腐朽程度呈显著或极显著相关关系，光照强度除了在 16:00 的观测值外，在其余时段的观测值均与腐朽程度显著或极显著负相关。气温只在 8:00 和 14:00 的观测值与腐朽程度显著负相关，空气相对湿度在 10:00、12:00 和 13:00 的观测值与腐朽程度没有显著的相关关系，在其余时段的观测值均与腐朽程度显著正相关。造成各气候指标在不同时段的观测值与腐朽程度的相关关系有明显差异的原因是气候因子在不同时段之间有明显的变化，并且不同样木下的变化趋势并不完全一致。通过以上分析可以知道，就观测时段而言，8:00 和 14:00 的微气候因子观测值与腐朽程度之间相关性最强，就微气候指标而言，地表温度和光照强度与腐朽程度之间的相关性最稳定，在几乎各个时段的观测值都与腐朽程度显著或极显著负相关，相关程度也较高。另外，除了光照强度外，微气候指标的日平均值与腐朽程度的相关关系比任何时段的观测值与腐朽程度的相关关系都强，可见取日平均值是分析微气候因子与腐朽程度相关关系的合适方法。

（2）逐步回归分析

逐步回归分析在迭代过程中逐渐剔除掉对因变量影响不显著的自变量，同时加入影响显著的自变量，在最终得到的回归方程中，包含的自变量都是与因变量有显著线性关系的，而且由于剔除了部分自变量，可以有效地减少自变量间的多重共线性。分别建立腐朽程度与不同观测时段微气候指标的逐步回归方程，以及腐朽程度与微气候指标日平均值的逐步回归方程，一共得到 8 个方程（表 6-38）。从显著性检验 P 值来看，各个时段建立的方程及用日平均值建立的方程均在 0.05 或 0.01 水平上显著，说明方程的线性相关性均达到显著或极显著水平。决定系数 r^2 表示方程的拟合优度，其值越大，说明方程的拟合优度越好，即用该方程表示变量之间相关关系的准确性越好，也说明变量之间的线性相关程度越高。用微气候指标的日平均值建立的方程 r^2 是最大的（r^2=0.628），说明微气候指标的日平均值与腐朽程度相关性最强，其次是 14:00 和 8:00 观测值建立的方程，r^2 分别达到 0.484 和 0.37，剩下 5 个方程的 r^2 均在 0.35 以下。观察各个方程中包含的自变量不难发现，X_4 出现的次数最多（6 次），说明光照强度与腐朽程度的线性相关关系最显著，并且二者之间的关系在不同时段保持得最为稳定。变量 X_1 在所有方程中出现了 3 次，X_3 只出现过 1 次，X_2 一次也没出现，说明地表温度与腐朽程度之间的线性相关性仅次于光照强度，其余 2 个指标与腐朽程度的相关性较弱。

腐朽程度与微气候指标日平均值建立的逐步回归方程包括地表温度和光照强度 2 个自变量，对相关系数的显著性检验表明，地表温度与腐朽程度的线性关系在 0.01 水平上显著，光照强度与腐朽程度的线性关系在 0.05 水平上显著，该方程

表 6-38 腐朽程度与不同时段微气候指标观测值的逐步回归结果

观测时段	回归方程	r^2	P
8:00	E_S=51.92–0.005X_4	0.37	<0.01
10:00	E_S=109.48–9.05X_1	0.285	0.002
12:00	E_S=65.51–0.004X_4	0.313	0.001
13:00	E_S=64.39–0.003X_4	0.183	0.018
14:00	E_S=–27.224+2.523 X_3–0.001X_4	0.484	<0.01
15:00	E_S=47.86–0.004X_4	0.247	0.005
16:00	E_S=80.28–8.67X_1	0.33	0.001
日平均值	E_S=181.52–15.99 X_1–0.002X_4	0.628	<0.01

注：E_S 表示样木腐朽程度，X_1~X_4 分别表示地表温度、气温、空气相对湿度和光照强度。

的估计标准差为 7.39，与腐朽程度 E_S 的平均值 27.27 相比显然不算大，说明回归方程可以实现较准确的腐朽程度预测（图 6-27）。

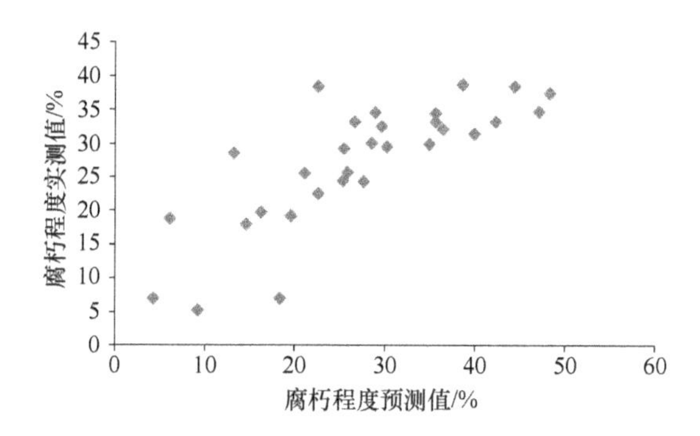

图 6-27 微气候因子日平均值建立的回归方程预测值与腐朽程度实测值的散点图

（3）主成分回归分析

主成分回归分析可以消除自变量间的多重共线性，使回归方程的参数估计更加准确和稳定，显著性检验结果也能够排除共线性的影响，如实反映自变量与因变量之间相关关系的显著性水平。使用主成分回归建立的标准化回归方程的回归系数消除了量纲的影响，具有可比性，通过比较回归系数绝对值的大小可以定性判断系数对应的变量与因变量之间相关关系的强弱[38, 75]。

一共建立了 8 个主成分回归方程（表 6-39），不同观测时段分析过程中提取主成分个数为 2~3 个，提取主成分的累计方差贡献率均在 85%以上，包含了原始变量的绝大部分信息。从显著性检验 P 值可以看出，在 12:00、13:00、15:00 和 16:00 建立的方程线性相关性在 0.05 水平上显著，其余时段及日平均值建立的方程线性相关性在 0.01 水平上显著。同逐步回归分析结果类似，主成分回归建立的方程中拟合优度最高的也是日平均值对应的方程，其次是 8:00 和 14:00 对应的方程，说明微气候因子的日平均值与腐朽程度的相关性最强，其次是 8:00 和 14:00 的观测值。比较各自变量的回归系数不难发现，每个自变量的回归系数绝对值都在 8 个方程的某几个中较其他系数明显偏大，因此难以判断自变量对因变量影响的强弱。为此分别统计 4 个自变量在 8 个回归方程中回归系数的平均值，可得 X_1~X_4 回归系数的平均值分别为−0.170、−0.135、0.151 和−0.259，比较绝对值可以发现，X_1 和 X_4 回归系数的绝对值最大，说明综合考虑 8 次主成分回归分析的结果，这两个自变量对因变量的影响最大，即地表温度和光照强度对腐朽程度的影响最大。

表 6-39　腐朽程度与不同时段微气候因子观测值的主成分回归分析结果

观测时段	提取主成分个数	提取主成分的累计方差贡献率	标准化主成分回归方程	r^2	P
8:00	3	93.547%	$E_S=-0.249X_1+0.006X_2+0.122X_3-0.437X_4$	0.459	0.001
10:00	2	85.52%	$E_S=-0.192X_1-0.191X_2+0.102X_3-0.154X_4$	0.293	0.009
12:00	2	87.097%	$E_S=-0.156X_1-0.156X_2+0.115X_3-0.134X_4$	0.243	0.023
13:00	3	94.011%	$E_S=-0.047X_1-0.100X_2+0.139X_3-0.351X_4$	0.255	0.050
14:00	3	93.183%	$E_S=-0.108X_1-0.043X_2+0.426X_3-0.400X_4$	0.546	<0.01
15:00	3	93.037%	$E_S=-0.051X_1-0.044X_2+0.157X_3-0.412X_4$	0.306	0.022
16:00	2	86.237%	$E_S=-0.268X_1-0.273X_2+0.066X_3+0.053X_4$	0.253	0.019
日平均值	2	88.671%	$E_S=-0.285X_1-0.278X_2+0.079X_3-0.235X_4$	0.612	<0.01

从回归系数也可看出自变量和因变量之间线性相关的形式。地表温度的回归系数在所有 8 个方程中均为负数，说明它与腐朽程度的线性关系是负相关；空气相对湿度的回归系数在所有 8 个方程中均为正数，说明它与腐朽程度的线性关系是正相关；同理可得气温和光照强度与腐朽程度之间是负相关。

6.4.3　小结

使用生长锥钻取木芯的方法定量检测了红松样木的腐朽程度，同时选择晴朗的天气动态观测（每日 8:00~16:00）了每株样木下微气候因子的变化情况，包括地表温度、气温、湿度和光照强度 4 项指标，然后分析了微气候因子的日变化趋势，微气候因子之间的相关关系，腐朽和健康样木下微气候的差异，以及腐朽程度与微气候因子之间线性相关关系的形式和相关程度，得出的主要结论如下。

（1）所测林地中的微气候因子在一天中有明显的动态变化，其中以光照强度和地表温度较为剧烈，下午的变化较上午更为陡峭。光照强度从下午 14:00 以后开始急剧下降，此时地表温度和气温也以较快的速度下降，空气相对湿度以较快的速度上升，4 项指标的变化呈现出很好的一致性。

（2）Pearson 相关分析表明，所测 4 项微气候指标两两之间都存在显著的相关关系，其中光照强度与其他 3 个指标之间的相关关系在 0.05 水平上显著，其他 3 个指标两两之间的相关关系均在 0.01 水平上显著。地表温度、气温和光照强度三者之间均呈正相关，它们与空气相对湿度之间均呈负相关。

（3）腐朽和健康样木下的微气候指标存在显著差异（$P<0.01$），健康样木下的地表温度、气温和光照强度的平均值均比腐朽样木下的高，而空气相对湿度比腐朽样木下的低，说明在光照较弱，温度偏低和比较潮湿的微气候生境下，红松活立木更易发生腐朽。

（4）不同观测时段的微气候因子与腐朽程度之间的相关关系有明显不同，其中 8:00 和 14:00 的微气候因子观测值与腐朽程度之间的相关系数最大。就微气候指标而言，地表温度和光照强度与腐朽程度之间的相关性最稳定，在几乎各个时段的观测值都与腐朽程度显著或极显著负相关，相关程度也较高（r 最高分别达到−0.753 和−0.609）。空气相对湿度和气温在部分时段的观测值分别与腐朽程度显著正相关和负相关。

（5）逐步回归分析表明，用微气候指标的日平均值与腐朽程度建立的回归方程拟合优度最高（r^2=0.628），其次是 14:00 和 8:00 观测值建立的方程，r^2 分别达到 0.484 和 0.37，说明日平均值和 14:00、18:00 观测值与腐朽程度的相关性最强。在所建立的 8 个方程中，自变量 X_4 出现的次数最多（6 次），说明光照强度与腐朽程度的线性关系最显著，并且二者之间的关系在不同时段保持得最为稳定；变量 X_1 出现了 3 次，X_3 只出现 1 次，X_2 一次也没出现，说明地表温度与腐朽程度之间的线性相关程度仅次于光照强度，其余 2 个指标与腐朽程度的相关性较弱。

（6）主成分回归建立的方程中拟合优度最高的也是日平均值对应的方程，其次是 8:00 和 14:00 对应的方程。自变量 X_1~X_4 的回归系数在所有 8 个标准化回归方程中的平均值分别为−0.170、−0.135、0.151 和−0.259，比较它们的绝对值表明，X_1 和 X_4 回归系数的绝对值最大，说明综合考虑 8 次主成分回归分析的结果，地表温度和光照强度对腐朽程度的影响最大。

（7）综合 Pearson 相关分析、逐步回归分析和主成分回归分析的结果，微气候因子的日平均值与腐朽程度的线性相关程度最高，其次是 8:00 和 14:00 的观测值，所有微气候指标的日平均值及在 8:00 和 14:00 的观测值均与腐朽程度显著相关；地表温度和光照强度在不同时段均与腐朽程度呈现显著或极显著线性关系（均为负相关），且相关程度较高，其余 2 项指标与腐朽程度的线性关系并不稳定，仅在部分时段与腐朽程度显著相关（气温与腐朽程度负相关，空气相对湿度与腐朽程度正相关）。

6.5 多因素综合分析

木材腐朽是一个很复杂的过程，主要是由多种细菌和真菌协同作用和彼此竞争完成的，它们的分解活动受木材内部化学变化过程、养分等环境条件和生物交互作用的影响[82-86]。能够分解木材细胞壁的真菌称为木材腐朽菌（简称木腐菌），木腐菌有许多种类，多为真菌中的高等担子菌，能产生大量子实体，如革菌、伞菌、多孔菌等。木腐菌的生存和繁殖需要适宜的环境条件，有研究表明，对大多数木腐菌而言，适宜的温度条件在 21~32℃，适宜的木材含水率在纤维饱和点（25%~30%）以上、饱和含水率（木材水分达到饱和时的含水率）以下[10]。另外，适宜的氧气浓度、酸碱度和足够的营养物也是木腐菌生存的必要条件，木腐菌一般适合在弱酸性的环境中生长[45]。当环境条件不利于木腐菌繁殖时，就能有效地抑制木材腐朽，如木制家具的含水率一般在纤维饱和点以下，不适合木腐菌生存，所以基本不会腐朽。活立木由于在生长过程中存在各种各样的生理活动（水分输送、养分吸收、光合作用等），并且受到木腐菌侵袭后能产生抵御机制，它的腐朽跟自身生物特性还有很大关系[3]。

影响活立木腐朽的环境因素有很多，如水分、温度、光照、地形、土壤养分、林分结构和微生物群落等，不同环境因子之间还有相互作用关系，形成一个错综的网络，所以活立木腐朽的影响机制很复杂，需要全面考虑才能得出准确的结果。使用木材（木果柯 *Lithocarpus xylocarpus*）含水率和温度预测木材腐朽速率（用 CO_2 释放速率表示），r^2 最高可达 0.57，使用两个条件中的一个预测，r^2 最高可达 0.35，可见水分和温度条件与木材腐朽关系密切[87]。在研究欧洲赤松（*Pinus sylvestris*）和花旗松（*Pseudotsuga menziesii*）心材腐朽时也有类似结果，即木材含水率和温度与腐朽程度显著相关[88]。把白腐菌和褐腐菌接种于柠檬树枝上观察腐朽，结果表明，对两种菌种而言，树枝上腐朽圆柱的长度均与气温之间存在显著的线性关系[43]。除了水分和温度外，也有研究表明，光照和地形对活立木腐朽有显著的影响，如红松根朽病，它在光照充足的阳坡发病率较轻，在阴暗潮湿的阴坡发病就重[14]。在研究挪威云杉的根腐时发现，对于径级在 100cm 以上的活立木，腐朽率与海拔显著负相关[89]。关于养分条件对木材腐朽的影响也有相关研究，主要针对 N 元素。有的研究表明，在环境中增加 N 元素会加速木材的腐朽，因为这时木腐菌不受该条件的限制，有充足的 N 元素资源去分解木材[9]。也有研究表明，增加 N 元素会抑制木材腐朽，因为过多的 N 元素改变了木腐菌群落的竞争结果，阻碍了某些酶的产生，生成了一些对木腐菌有毒性的物质等[90]。造成结论不一致的原因是 N 元素影响木材腐朽的机理很复杂，还需要进一步研究。树龄、胸径和树种相对丰度（某一树种株数占林区树木总株数的比例）等与活立木腐朽之间也有显著的关系，树龄和胸径越大、树种相对丰度越高，活立木腐朽率就越高[89]。

本章将综合研究红松活立木腐朽程度与土壤理化特性、地形条件和微气候的关系，利用因子分析把多项立地条件指标综合成少数几个因子，确定它们的实际意义并与红松腐朽程度进行回归和相关分析，深入探索立地条件对红松活立木腐朽程度的影响，最后利用相关系数法分析不同立地条件之间的相互关系和影响。

6.5.1 数据处理方法

从众多地形条件因子中筛选出与红松腐朽程度相关性较强的指标，然后采用因子分析（factor analysis）对筛选出的指标做降维处理，把多个指标综合成少数几个因子，根据因子载荷大小确定各因子的实际意义。然后利用汤姆孙回归法估算出因子得分，用多元线性回归建立红松腐朽程度与因子之间的数学模型，计算它们之间的 Pearson 相关系数，分析腐朽程度与不同因子之间的关系[91]。通过计算不同立地条件指标之间的 Pearson 相关系数分析它们的相互联系和影响。数据分析工作在 SPSS19.0 上进行。

6.5.2 结果与分析

1. 因子分析

从观测的所有立地条件指标（共 17 个）中筛选出 10 个与红松腐朽程度相关性较强的指标（表 6-40），筛选出的指标均与腐朽程度在 0.01 或 0.05 水平上显著相关，且相关系数在 0.4 以上（定性指标除外）。坡位只有坡上和坡中两个取值，分别赋值 1 和 0，转化为定量指标，与其余 9 个指标一起进行因子分析。

表 6-40　立地条件指标的筛选结果

指标分类	所测指标	筛选出的指标
土壤理化特性	含水率、容重、总孔隙度、pH、有机质和营养元素（N、P 和 K）含量、碳氮比（C/N）	含水率、容重、pH、有机质含量、全 N 和速效 P 含量、碳氮比
地形条件	海拔、坡度/向/位	坡位
微气候	地表温度、气温、湿度、光照强度	地表温度、光照强度

在提取出的 10 个因子中，前 3 个因子的特征值均大于 1，对应的方差贡献率也是最大的（10%以上），说明前 3 个因子包含原变量的信息较多；其余因子的特征值均在 1 以下，方差贡献率也较小，说明它们包含原变量的信息较少。前 5 个因子的累计方差贡献率为 87.913%＞85%，说明前 5 个因子包含了原变量的大部分信息，提取前 5 个因子用于进一步分析即可（表 6-41）。

表 6-41 因子分析的特征根和方差贡献率

因子编号	特征值	方差贡献率	累计方差贡献率
1	5.255	52.553	52.553
2	1.232	12.319	64.872
3	1.005	10.051	74.923
4	0.705	7.051	81.974
5	0.594	5.939	87.913
6	0.478	4.781	92.694
7	0.313	3.133	95.827
8	0.230	2.304	98.131
9	0.127	1.268	99.399
10	0.060	0.601	100

使用最大方差旋转法对原始载荷矩阵进行旋转，使旋转后的矩阵在同一列的载荷尽可能向 0 和 1 靠近，实现两极分离，从而每个因子只在部分原变量上有较大载荷（靠近 1），在其余原变量上载荷很小（靠近 0），容易判断因子的实际意义。从旋转后的载荷矩阵上可以看到（表 6-42），第 1 个因子在土壤 C/N、地表温度和光照强度上有较大载荷，说明该因子与这 3 个指标关系密切，其中土壤 C/N 是由土壤有机质和全 N 含量决定的，而它们与第 1 个因子并无太大关联，所以第 1 个因子应该是表示光照强度和温度的因子；第 2 个因子在土壤有机质、全 N 和速效 P 含量上有较大载荷，应该是表示土壤养分状况的因子；第 3 个因子在土壤含水率和 pH 上有较大载荷，是表示土壤水分和酸碱度条件的因子；第 4 个和第 5 个因子分别在坡位和土壤容重上有较大载荷，分别是表示坡位和土壤容重的因子。

表 6-42 旋转后的因子载荷矩阵

原变量	因子				
	1	2	3	4	5
土壤含水率	0.209	0.256	0.866	−0.060	−0.198
土壤容重	−0.406	−0.181	−0.188	0.217	0.762
土壤 pH	0.569	0.078	0.611	0.013	0.168
土壤有机质含量	0.419	0.794	0.215	−0.115	−0.083
土壤全 N 含量	0.147	0.943	0.141	−0.091	−0.088
土壤速效 P 含量	0.409	0.602	0.147	−0.069	0.548
土壤 C/N	0.743	0.373	0.306	−0.290	−0.227
地表温度	−0.845	−0.207	−0.295	0.146	0.031
光照强度	−0.794	−0.375	−0.103	0.005	0.260
坡位	−0.121	−0.114	−0.032	0.974	0.105

为了分析红松活立木腐朽程度与提取出的 5 个因子的相关关系，应用汤姆孙回归法估算出因子得分，即因子的取值。每个因子与原变量之间的关系见表 6-43

的系数矩阵，矩阵中每一列都是对应的因子用原变量表示的系数，根据因子用原变量表示的表达式（得分表达式）即可计算出因子得分。

表 6-43　因子得分系数矩阵

原变量	因子				
	1	2	3	4	5
土壤含水率	−0.410	0.021	0.947	0.010	−0.130
土壤容重	−0.041	−0.013	0.040	−0.032	0.695
土壤 pH	0.184	−0.252	0.477	0.037	0.298
土壤有机质含量	−0.073	0.421	−0.050	0.057	−0.063
土壤全 N 含量	−0.331	0.653	−0.021	0.069	−0.139
土壤速效 P 含量	0.135	0.223	−0.067	−0.077	0.609
土壤 C/N	0.281	−0.050	−0.053	−0.113	−0.068
地表温度	−0.495	0.218	0.095	0.013	−0.137
光照强度	−0.471	−0.002	0.355	−0.225	0.182
坡位	0.112	0.087	−0.001	10.008	−0.145

2. 腐朽程度与因子的相关分析

用多元线性回归建立红松腐朽程度（E_S）与 5 个因子（F_1~F_5）之间的回归方程，结果如下：

$$E_S=19.912+12.106F_1+5.992F_2+4.772F_3-4.503F_4-1.654F_5\ (r^2=0.767,\ P<0.01)\quad(6\text{-}28)$$

可见红松腐朽程度与 5 个因子之间存在极显著的线性关系，且相关程度较高，接近 0.8，对 5 个因子的系数进行显著性检验表明，除了第 5 个因子外，其余因子的相关系数均在 0.01 水平上显著，说明前 4 个因子均分别与红松腐朽程度极显著相关。回归方程的腐朽程度、预测值与实测值之间存在很强的相关关系（图 6-28），回归标准差为 6.502%，相对于红松腐朽程度的平均值 28.104%，这一误差并不大，可见模型的拟合效果良好。

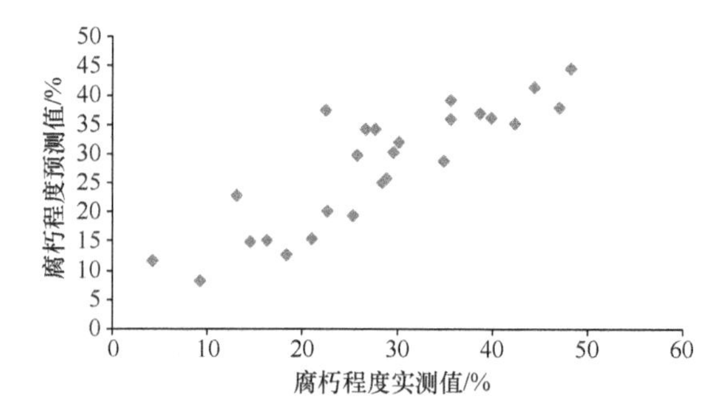

图 6-28　红松腐朽程度与因子之间建立方程的预测值和实测值散点图

分别计算红松腐朽程度与 5 个因子之间的 Pearson 相关系数（表 6-44），结果表明，第 1 个、第 3 个和第 4 个因子均与腐朽程度在 0.05 水平上显著相关，其中第 1 个因子的相关程度最高（r=0.488）；第 2 个和第 5 个因子与腐朽程度的相关关系尚未达到显著性水平。相关分析的结果与回归分析基本一致，只在第 2 个因子上有差异，综合两种方法的分析结果，可以肯定光照强度和温度因子（第 1 个因子）、土壤水分和酸碱度因子（第 3 个因子）及坡位因子（第 4 个因子）均与红松腐朽程度显著相关，其中第 1 个和第 3 个因子与腐朽程度正相关，第 4 个因子与腐朽程度负相关。由于因子得分系数矩阵中的系数有正有负，改变了因子的正负号，所以因子与腐朽程度之间的相关形式（正相关或负相关）并不一定与对应的原变量相同，如第 1 个因子对应的光照强度和地表温度均与腐朽程度负相关，但是因子却与腐朽程度正相关，因为这两个指标前面的因子得分系数均为负。

表 6-44 红松腐朽程度与因子之间的 Pearson 相关系数

因子	1	2	3	4	5
r	0.488**	0.327	0.385*	−0.400*	−0.033
P	0.010	0.096	0.047	0.039	0.872

注：*表示 $P<0.05$；**表示 $P<0.01$。

综上分析，所观测的红松立地条件可以分为光照强度和温度、土壤养分、土壤含水率和酸碱度、坡位和土壤容重 5 个方面，其中光照强度和温度、土壤水分和酸碱度及坡位与红松腐朽程度的关系最密切。

3. 立地条件之间的逻辑关系分析

为分析立地条件之间的相互关系，将前面筛选出的 10 个立地条件指标放在一起，计算它们的相关系数矩阵（表 6-45）。从矩阵中可以看到，指标中的大多数之间存在显著的相关关系。土壤理化指标一共有 7 个，其中有机质含量与含水率、pH、全 N 含量、速效 P 含量和 C/N 均呈正相关，而与容重呈负相关，这是由于土壤有机质对土壤理化性质有重要影响。有机质中含有大量的植物营养元素，是土壤 N、P 元素的主要来源，所以有机质含量高的土壤 N、P 含量也高；C 元素是有机质中含量最高的元素，所以 C/N 随着有机质含量升高而升高；有机质增加了土壤的疏松性，改善了土壤的通气性和透水性，提高土壤有效持水量，所以土壤有机质含量越高，含水率也越高，而容重越低；有机质对土壤多方面理化性质的影响最终使得 pH 也发生了明显改变[20, 32-33]。

地表温度和光照强度与土壤含水率显著负相关，这是因为光照强烈、地表温度高的时候，土壤水分蒸发得多，所以土壤含水率会下[74, 77, 79]。地表温度和光照强度与土壤其他理化指标之间也存在显著的正或负相关关系，这种关系一部分是

表 6-45　各立地条件指标之间的 Pearson 相关系数矩阵

	含水率	容重	pH	有机质含量	全 N 含量	速效 P 含量	C/N	地表温度	光照强度	坡位
含水率	1	–0.373*	0.495*	0.448*	0.334*	0.321*	0.546*	–0.494*	–0.428*	–0.155*
容重		1	–0.226	–0.379*	–0.353*	–0.006	–0.629*	0.498*	0.535*	0.351*
pH			1	0.444*	0.245	0.341*	0.488*	–0.510*	–0.450*	–0.095
有机质含量				1	0.825*	0.525*	0.655*	–0.574*	–0.665*	–0.280
全 N 含量					1	0.489*	0.558*	–0.379*	–0.520*	–0.230
速效 P						1	0.371*	–0.422*	–0.397*	–0.111
C/N							1	–0.858*	–0.795*	–0.433*
地表温度								1	0.696*	0.255
光照强度									1	0.208
坡位										1

注：*表示 $P<0.05$。

由于光照和温度条件通过影响水分循环而间接影响到土壤养分的分布和流失，还有一部分是由于温度影响土壤呼吸作用，从而改变土壤 C 循环速率，土壤 C 元素含量改变后，C/N 发生变化，土壤矿化能力随之改变，N 和其他微量元素的含量也会改变[22-23,26-31]。

用数字 0（坡中）和 1（坡上）表示的坡位与土壤含水率和 C/N 显著负相关，与容重显著正相关，使用单因素方差分析这 3 个变量在不同坡位上的差异，结果表明，坡中部的土壤含水率和 C/N 在 0.05 水平上显著高于坡上部，坡中部的土壤容重在 0.05 水平上显著低于坡上部，这说明坡位显著影响了土壤水分和养分的分布状况[36-49]。由此也可以发现，土壤水分和养分含量的高低是土壤有机质含量、温度和光照条件及坡位共同作用的结果，不同立地条件之间存在密切的联系。

6.5.3　小结

在前几节研究的基础上，把所有观测的立地条件指标汇总，根据相关分析结果筛选出与红松腐朽程度相关性较强的指标，然后用因子分析将它们综合成少数几个因子，确定各因子的实际意义，最后采用回归分析和相关分析研究腐朽程度与不同因子之间的相关关系，以下是本章主要结论。

（1）应用因子分析可将所观测的立地条件指标转化为 5 类因子，即光照强度和温度因子、土壤养分因子、土壤含水率和酸碱度因子、坡位因子和土壤容重因子，5 个因子的累计方贡献率为 87.913%＞85%，包含了原观测指标的大部分信息。

（2）多元线性回归分析表明红松腐朽程度与 5 个因子之间存在极显著的线性

关系，且相关程度较高（r^2=0.767，P＜0.01）。

（3）提取的 5 个因子中光照强度和温度因子与红松腐朽程度相关性最强（r=0.488，P＜0.05），其次是坡位因子（r=−0.400，P＜0.05），再次是土壤水分和酸碱度因子（r=0.385，P＜0.05），土壤养分因子和土壤容重因子与腐朽程度的相关关系尚未达到显著性水平。

（4）不同立地条件之间普遍存在显著相关关系，其中土壤有机质含量对土壤其他理化指标（含水率、pH、全 N 含量、C/N、速效 P 含量、容重）有显著的影响，地表温度和光照强度对含水率等 7 项土壤理化指标（其他 6 项分别为有机质含量、pH、全 N 含量、C/N、速效 P 含量、容重）均有显著影响，坡位对土壤含水率、土壤容重和 C/N 有显著的影响。

参 考 文 献

[1] 王立海, 杨学春, 孟春. 森林作业与森林环境. 哈尔滨: 东北林业大学出版社, 2004.

[2] 崔晓阳. 土壤资源学. 北京: 中国林业出版社, 2007.

[3] Fraedrich B R. Compartmentalization of Decay in Trees. Pineville: Bartlett Tree Research Laboratories, 1982.

[4] 张韫. 土壤水植物理化分析教程. 北京: 中国林业出版社, 2011.

[5] Saitta A, Bernicchia A, Gorjón S P, et al. Biodiversity of wood-decay fungi in Italy. Plant Biosystems, 2011, 145(4): 958-968.

[6] Marco S D, Calzarano F, Gams W, et al. A new wood decay of kiwifruit in Italy. New Zealand Journal of Crop and Horticultural Science, 2000, 28: 69-72.

[7] Rodriguez Y P, Morales L, Willför S, et al. Wood decay caused by *Heterobasidion parviporum* in Juvenile wood specimens from normal- and narrow-crowned Norway spruce, Scandinavian. Journal of Forest Research, 2013, 28(4): 331-339.

[8] Forest Products Laboratory(US). Factors Influencing Decay of Untreated Wood. Madison: Forest Service, 1967.

[9] Van der Wal A, De Boer, Smant W, et al. Initial decay of woody fragments in soil is influenced by size, vertical position, nitrogen availability and soil origin. Plant Soil, 2007, 301(1-2): 189-201.

[10] Carll C G, Highley T L. Decay of wood and wood-based products above ground in buildings. The Third ASTM Symposium on Exterior Insulation and Finish Systems(EIFS): Innovations and Solutions to Industry Challenges, 1998.

[11] 张旭红. 丛枝菌根真菌在不同土壤环境因子下的适应性研究. 河北农业大学硕士学位论文, 2003, 5-10.

[12] Agren G I, Bosatta E, Magill A H. Combining theory and experiment to understand effects of inorganic nitrogen on litter decomposition. Oecologia , 2001, 128: 94-98.

[13] Thiet R K, Frey S D, Six J. Do growth yield efficiencies differ between soil microbial communities differing in fungal: Bacterial ratios? Reality check and methodological issues. Soil Biology and Biochemistry, 2006, 38(4): 837-844.

[14] 宋微. 种子园落叶松、红松根朽病综合防治技术的研究. 东北林业大学硕士学位论文,

2003.
[15] 孙天用, 王立海, 孙墨珑. 小兴安岭红松活立木树干腐朽与立地土壤理化特性的关系. 应用生态学报, 2013, 24(7): 1837-1842.
[16] 孙天用, 王立海. 基于应力波与 X 射线二维 CT 图像原木内部腐朽无损检测. 森林工程, 2011, 27(6): 26-29.
[17] Axmon J, Hansson M, Sornmo L. Experimental study on the possibility of detecting internal decay in standing *Picea abies* by blind impact response analysis. Forestry, 2004, 77(3): 179-192.
[18] 李勇, 宋启亮, 纪浩, 等. 不同改造方式对大兴安岭低质林土壤理化性质及重金属影响. 东北林业大学学报, 2012, 40(4): 11-13.
[19] 谢克勇, 黄志辉, 周勇平, 等. 森林火灾与气象因子的相关性分析. 江西林业科技, 2008, (5): 53-55.
[20] 于天仁, 王振权. 土壤化学分析. 北京: 科学出版社, 1988.
[21] 武汉大学. 分析化学(第 5 版). 北京: 高等教育出版社, 2007.
[22] 齐雁冰, 黄标, 顾志权, 等. 长江三角洲典型区农田土壤碳氮比值的演变趋势及其环境意义. 矿物岩石地球化学通报, 2008, 01: 50-56.
[23] 张春华, 王宗明, 居为民, 等. 松嫩平原玉米带土壤碳氮比的时空变异特征. 环境科学, 2011, 05: 1407-1414.
[24] 朴河春, 朱建明, 余登利, 等. 影响 C4 草本植物 C/N 比值变化的因素与土壤有机 C 积累的关系. 第四纪研究, 2004, 06: 621-629.
[25] 高志勤, 傅懋毅. 毛竹林土壤 C/N 季节变化特征的比较//中国林学会竹子分会. 中国林学会首届竹业学术大会论文集. 北京: 中国林学会竹子分会, 2004: 9.
[26] Johnson D W. Effects of forest management on soil carbon storage. Water, Air, and Soil Pollution, 1992, 64: 83-120.
[27] Disea N B, Matzner E, Forsius M. Evaluation of organic horizon C: N ratio as an indicator of nitrate leaching in conifer forests across Europe. Environmental Pollution, 1998, 102: 453-456.
[28] Bengtsson G, Bengtson P, Mansson K E. Gross nitrogen mineralization, immobilization, and nitrification rates as a function of soil C/N ratio and microbial activity. Soil Biology & Biochemistry, 2003, 35: 143-154.
[29] Nave L E, Vance E D, Swanston C W, et al. Impacts of elevated N inputs on north temperate forest soil C storage, C/N, and net N-mineralization. Geoderma, 2009, 153: 231-240.
[30] Janssen B H. Nitrogen mineralization in relation to C: N ratio and decomposability of organic materials. Plant and Soil, 1996, 181: 39-45.
[31] Cheryl A P, Catherine N G, Robert J D, et al. Organic inputs for soil fertility management in tropical agroecosystems: Application of an organic resource database, agriculture. Ecosystems and Environment, 2001, 83: 27-42.
[32] 张启新, 李洁. 土壤有机质与全氮相关关系分析. 硅谷, 2010, 16: 122-162.
[33] 王莹. 土壤有机质与氮磷钾的相关性. 农业科技与信息, 2008, (17): 32-33.
[34] Masselter S, Zemann A, Bobleter O. Analysis of lignin degradation products by capillary electrophoresis. Chromatographia, 1995, 40(1/2): 51-57.
[35] 马钦彦, 马剑芳, 康峰峰, 等. 山西太岳山油松林木边材心材导水功能研究. 北京林业大学学报, 2005, S2: 156-159.

[36] 史志民. 局地土地利用对土壤养分的影响. 西南大学硕士学位论文, 2007.
[37] 刘志鹏. 黄土高原地区土壤养分的空间分布及其影响因素. 中国科学院研究生院(教育部水土保持与生态环境研究中心)博士学位论文, 2013.
[38] 张伟, 陈洪松, 王克林, 等. 喀斯特峰丛洼地土壤养分空间分异特征及影响因子分析. 中国农业科学, 2006, 09: 1828-1835.
[39] 郑姗姗, 吴鹏飞, 马祥庆. 森林土壤养分空间异质性研究进展. 世界林业研究, 2014, 04: 13-17.
[40] Erwin T. Shuhei H. Won-Joung, et al. Anatomical characterization of decayed wood in standing light red meranti and identification of the fungi isolated from the decayed area. The Japan Wood Research Society, 2008, 54: 233-241.
[41] Mohanan C. Decay of Standing Trees in Natural Forests. Peechi: Kerala Forest Research Institute, 1994.
[42] Brischke C, Rapp A O. Influence of wood moisture content and wood temperature on fungal decay in the field: Observations in different micro-climates. Wood Science and Technology, 2008, 42: 663-677.
[43] Matheron M E, Porchas M, Bigelow D M. Factors affecting the development of wood rot on lemon trees infected with *Antrodia sinuosa*, *Coniophora eremophila*, and a *Nodulisporium* sp. Plant Disease, 2006, 90(5): 554-558.
[44] Gonzalez G, Gould W A, Hudak A T, et al. Decay of aspen(*Populus tremuloides* Michx.) wood in moist and dry boreal, temperate, and tropical forest fragments. Ambio, 2008, 37(7): 588-597.
[45] Liu W J, Schaefer D, Qiao L, et al. What controls the variability of wood-decay rates? Forest Ecology and Management, 2013, 310: 623-631.
[46] Kazemi S M, Dickinson D J, Murphy R J. Effects of initial moisture content on wood decay at different levels of gaseous oxygen concentrations. Journal of Agricultural Science and Technology, 2001, 3: 293-304 .
[47] Baietto M, Wilson A D. Relative *in vitro* wood decay resistance of sapwood from landscape trees of southern temperate regions. Hort Science, 2010, 45(3): 401-408.
[48] 周明. 我国主要树种的木材(心材)天然耐腐性试验. 林业科学, 1981, 02: 145-154.
[49] 曾辰. 水蚀风蚀交错带不同植被覆盖条件坡面土壤水分循环的实验研究. 西北农林科技大学硕士学位论文, 2006 .
[50] 何志祥, 朱凡. 雪峰山不同海拔梯度土壤养分和微生物空间分布. 中国农学通报, 2011, 27(31): 73-78.
[51] 秦松, 樊燕, 刘洪斌, 等. 地形因子与土壤养分空间分布的相关性研究. 水土保持研究, 2008, 15(1): 46-49.
[52] 周志宇, 李锋瑞, 陈亚明, 等. 阿拉善荒漠不同密度白沙蒿人工种群生长、繁殖与土壤水分的关系. 生态学报, 2004, 5(24): 895-900.
[53] 章文波, 陈红艳. 实用数据统计分析和 SPSS12.0 应用. 北京: 中国邮电出版社, 2006 .
[54] 曾辰, 邵明安. 黄土高原水蚀风蚀交错带柠条幼林地土壤水分动态变化. 干旱地区农业研究, 2006, 24(6): 155-158.
[55] Shortle W C, Dudzik K R. Wood Decay in Living and Dead Trees: A Pictorial Overview. U.S. Forest Service, 2012.

[56] 王朝志, 张厚江. 应力波用于木材和活立木无损检测的研究进展. 林业机械与木工设备, 2006, 34(3): 9-13

[57] 孙中峰, 张学培, 朱金兆. 晋西黄土区坡面刺槐林分生长规律研究. 农业系统科学与综合研究, 2006, 26(2): 27-30.

[58] 蒋文惠. 地形和土地利用对山区土壤养分空间变异的影响. 山东农业大学硕士学位论文, 2014.

[59] Liang S Q, Wang X P, Wiedenbeck J, et al. Evaluation of acoustic tomography for tree decay detection//Ross R J, Wang X P, Brashaw B K. Proceedings of the 15th International Symposium on Nondestructive Testing of Wood, September 10-12, 2007. Duluth: Forest Products Society: 49-56.

[60] Stanton C R. Research on nondestructive testing of wood in Canada. The Forestry Chronicle, 1970, 46(2): 134-138.

[61] 张优茂, 沈光林, 孔浩辉, 等. 烟碱含量近红外光谱预测模型的评价. 中国烟草学报, 2007, 05: 6-9.

[62] 李耀翔, 张鸿富, 张亚朝, 等. 基于近红外技术的落叶松木材密度预测模型. 东北林业大学学报, 2010, 09: 27-30.

[63] 王敏. 红外光谱对混纺纤维的定性和定量方法研究. 浙江理工大学硕士学位论文, 2014.

[64] 邱治军. 海南尖峰岭热带山地雨林生态系统水文特征与演变规律. 中国林业科学研究院博士学位论文, 2011.

[65] 徐云蕾. 喀斯特峰丛洼地次生林小气候特征研究. 广西大学硕士学位论文, 2012.

[66] 沈运扩. 滨海盐碱地白蜡与柽柳人工林小气候效应研究. 山东农业大学硕士学位论文, 2014.

[67] 贺庆棠. 气象学. 北京: 中国林业出版社, 1993, 22-241.

[68] 张璐, 林伟强. 森林小气候观测研究概述. 广东林业科技, 2002, 18(4) : 52-56.

[69] 陈宏志, 胡庭兴, 龚伟, 等. 我国森林小气候的研究现状. 四川林业科技, 2007, 2: 29-33.

[70] 国家气象局. 地面气象观测规范. 北京: 气象出版社, 1979.

[71] 林业部科技司. 森林生态系统定位研究方法. 北京: 中国科学技术出版社, 1994.

[72] 中华人民共和国国家标准. 森林生态系统长期定位观测方法. GB/T 33027—2016.

[73] 常杰, 潘晓东, 葛滢, 等. 青冈常绿阔叶林内的小气候特征. 生态学报, 1999, 19(1) : 68-75.

[74] 郝帅, 刘萍, 张毓涛, 等. 天山中段天山云杉林森林小气候特征研究. 新疆农业大学学报, 2007, 30(1): 48-52.

[75] 刘文杰, 唐建维, 白坤甲. 西双版纳片断化望天树林小气候边缘效应比较研究. 植物生态学报, 2001, 25(5): 616-622.

[76] 刘文杰, 李庆军, 张光明, 等. 西双版纳望天树林林窗小气候特征研究. 植物生态学报, 2000, 3: 356-361.

[77] 邓艳, 蒋忠诚, 蓝芙宁, 等. 拉典型峰丛洼地生态系统中青冈林群落的小气候特征比较. 广西科学, 2004, 11(3): 236-242.

[78] 向悟生, 李先棍, 吕仕洪, 等. 广西岩溶植被演替过程中主要小气候因子日变化特征. 生态科学, 2004, 23(1): 25-31.

[79] 周璋. 海南尖峰岭热带山地雨林小气候特征研究. 中国林业科学研究院硕士学位论文, 2009.

[80] 解朦, 戴天虹, 李琳. 基于HSI空间的形态学单板缺陷检测. 森林工程, 2014, 30(2): 65-67.
[81] 张鹏, 李耀翔. 近红外光谱分析技术在木材机械性能检测中的研究进展. 森林工程, 2014, 30(3): 68-70.
[82] 王克奇, 马晓明, 白雪冰. 基于分形理论和数学形态学的木材表面缺陷识别的图像处理. 森林工程, 2013, 29(2): 48-50.
[83] 余斌, 高珊, 王立海, 等. 超声波在原木内部传播理论研究. 森林工程, 2014, 30(1): 92-95.
[84] 池玉杰. 木材腐朽与木材腐朽菌. 北京: 科学出版社, 2002.
[85] 徐庆, 阚江明, 郝志斌. 活立木生物电及其环境因子远程监测系统的设计. 森林工程, 2014, 30(4): 98-102.
[86] 戴天虹, 吴以. 基于OTSU算法与数学形态学的木材缺陷图像分割. 森林工程, 2014, 30(2): 52-55.
[87] Brischke C, Rapp A O. Dose-response relationships between wood moisture content, wood temperature and fungal decay determined for 23 european field test sites. Wood Sci Technol, 2008, 42: 507-518.
[88] Thor M, Stahl G, Stenlid J. Modelling root rot incidence in Sweden using tree, site and stand variables. Scandinavian Journal of Forest Research, 2005, 20: 165-176.
[89] Gonthier P, Brun F, Lione G, et al. Modelling The incidence of *Heterobasidion annosum* butt rots and related economic losses in alpine mixed naturally regenerated forests of northern Italy. Forest Pathology, 2012, 42: 57-68.
[90] Fog K. The effect of added nitrogen on the rate of decomposition of organic matter. Biological Reviews, 1988, 63: 433-462.
[91] 朱建平. 应用多元统计分析(第二版). 北京: 科学出版社, 2012.

7 红松腐朽综合防治技术研究

7.1 红松腐朽病原菌分离培养及鉴定

7.1.1 木材腐朽菌病原菌种类研究

木材腐朽是木材细胞壁被真菌分解时所引起的木材糟烂和解体的现象，能造成木材腐朽的真菌被称为木材腐朽菌。凡是有树木和木材的地方几乎都会有木材腐朽的现象发生。不论是活立木、倒木、枯木，还是原木、板材、方材，几乎都有腐朽菌的存在[1]。

根据木材腐朽时的状态可以将木材腐朽菌分为白腐朽菌、褐腐朽菌和软腐朽菌。白腐菌是木材腐朽菌中最大的类群，包括子囊菌、单子菌和半知菌的大多数种类。木质细胞壁中的木质素被分解时，仅留下纤维素，使腐朽材相较健康材为浅，呈白色，因此一般称为白腐[1]。褐腐菌主要分解木质部的纤维素，腐朽材显示红褐色，因此一般称为褐腐[1]。 其主要侵害各种针叶树种，是针叶树干基腐朽最严重的一种[2]。褐色腐朽会导致木材色泽加深，呈浅棕色至黑褐色，干燥时木材被纵横裂纹分割成长方形或菱形的小立方块，在皱缩的裂隙间常有白色菌膜。此时材质变松、变脆，甚至易用手捏成碎片或粉末[3]。木材软腐真菌多是真菌中的子囊菌、半知菌和接合菌。这些菌类在木质细胞的间隙活动，可以分解单宁、胶质物及其他的一些有机物，但一般并不真正的损坏木质细胞壁，因此把它们对木材的分解称作软腐朽[1]。

7.1.2 木材腐朽菌分离技术研究现状

木材腐朽菌的分离多使用组织分离的方法分离纯化腐朽菌再对其进行传统的形态学分类方法来鉴定菌种。李丽等[4]对黑龙江省大亮子河森林公园天然林进行了全面调查。将分离的纯菌种放入平面培养基中培养并观察其特性。采集鉴定了 8 种大亮子河森林公园针叶林、阔叶林及针阔叶混交林中常见的白腐真菌。它们是盘拟层孔菌、蔷红拟层孔菌、环纹革盖菌、全缘孔菌、小刺猴头、黄白卧孔菌、烟色刺耳和变红栓菌。

潘学仁等[5]通过子实体组织分离的菌种，接种于马铃薯葡萄糖琼脂（PDA）和 MEA 平板培养基上，在 25℃恒温下培养 1~6 周。根据菌落细胞外氧化酶检测反应、菌丝类型及分化、锁状联合分布、菌丝和菌落的颜色、产孢情况等特征，对中国东北针阔叶树 60 种主要多孔菌，进行了培养特性及鉴定分类系统的研究。分离出 9 种中国主要多孔菌并研究其培养特性。这 9 种多孔菌分别是火木层孔菌（*Phellinus igniarius*）、木蹄层孔菌（*Fomes fomentarius*）、彩绒革盖菌（*Coriolus versicolor*）、桦革裥菌（*Lenzites betulina*）、桦褐孔菌（*Fuscoporia obliqua*）、肉色栓菌（*Trametes dickinsii*）、香栓菌（*Trametes suaveolens*）、桦滴孔菌（*Piptoporus betulinus*）、杨锐孔菌（*Oxyporus populinus*）。

王亚珍等[6]在大、小兴安岭和长白山林区的红松（*Pinus koraiensis*）、欧洲赤松（*Pinus sylvestris*）、落叶松（*Larix* spp.）、云杉（*Picea* spp.）、冷杉（*Abies* spp.）活立木、枯立木、倒木、原木、伐桩等木材上，采集有生命的多孔菌子实体，据子实体外部形态和内部微观特征鉴定出种类后，分离培养获得纯菌种。通过多孔菌组织分离培养特性进行分类系统研究。根据菌落细胞外氧化酶检测反应、菌丝类型及分化、锁状联合分布、菌丝和菌落的颜色、产孢情况等培养特性，对中国东北针叶树上 12 种主要多孔菌，进行了培养特性及鉴定分类系统的研究。池玉杰[7]采用组织分离法研究了国内未见报道的 10 种针阔叶树上常见的非褶菌目木材腐朽菌的培养特性。

为了更有效地从基因角度对木材真菌进行鉴定及分类，很多学者近年来进行了大量的研究。孙婧等[8]建立了一种有效鉴定木腐真菌的分子生物学方法。以采集木腐真菌子实体为研究对象，通过分离和选择培养基筛选出目的菌株，并判断木腐真菌的木材腐朽类型。运用基于 PCR 技术的分子生物方法，通过提取基因组 DNA，Primer5 软件设计特异性引物对序列扩增，MEGA5.0 软件构建系统发育树，对木腐真菌进行分子水平的鉴定。并结合以往研究者运用的传统形态学鉴定方法，对木腐真菌形态等特征进行观察。鉴定出两种木腐真菌为红缘拟层孔菌（*Fomitopsis pinicola*）和木腐真菌木蹄层孔菌（*Fomes fomentarius*）。研究表明将分子生物学方法与传统形态学方法相结合，能够更加准确和可靠的对木腐真菌进行鉴定。冯璐和戚大伟[9]设计了 7 组引物，用 PCR 方法快速鉴定了木材腐朽菌 A 和木材腐朽菌 B，将分子生物学鉴定结果与传统的形态学鉴定方法相结合。通过对比和分析发现，两种方法得到的结果基本一致。并且基于 PCR 技术的分子水平的鉴定方法使鉴定结果更加精确，并精确到了种的水平。

戴玉成等[10]从 1993 年便开始对大兴安岭、小兴安岭、张广才岭、长白山及千山山脉林区的木腐菌进行了系统的研究，并对其中危害活立木的种类进行了特别的调查。在研究方法上应用了单孢分离、互交不育等实验技术[11]在野外调查时详细观察和记录了各种木腐菌的生态习性。在采集大量标本的基础上，查阅了大量文献，并核对了产于欧洲和北美的多种模式标本，发现了多种新的病害[12-15]，其中有的是新种或中国新记录种。

7.1.3 红松腐朽菌种类鉴定研究

池玉杰[7]采用组织分离法研究发现了几种典型造成红松腐朽的木材腐朽真菌并研究了其生长特性。蔷红拟层孔菌（*Fomitopsis rosea*）菌落生长中度较快，平板在 3~4 周内覆盖。菌落白色，渐变成淡黄绿色、淡粉桂皮色、淡红褐色，3~4 周后在菌落中间有渐变成更厚实的薄毡状或形成颗粒的区域，此区域呈不规则的辐射线状，以后在这些区域的表面产孢。愈疮木酚反应不变色。菌丝透明，节状分隔，少分枝或不分枝，直径 2.5~4.0μm。气生菌丝节状分隔，薄壁，内含物丰富，分枝，直径 2.5~4.0μm，担子棍棒形，直径 4.5μm 左右；纤维菌丝很多，厚壁，稀少分枝，无隔，壁上有小突起，无内含物，直径 2.0~3.0μm。红斑干酪菌（*Tyromyces fragilis*）生于红松等针叶树倒木、枯枝、伐桩上，引起木材褐色腐朽。菌落生长速度慢，新区锯齿状，透明和紧贴生。菌落呈白色，半透明，粉状到短羊毛状，接种点处稍厚。反面无变化。气味轻微，苦味。愈疮木酚反应不变色。

毕湘虹等[16]采用标准地调查和路线调查相结合的方法，对黑龙江省小兴安岭和张广才岭主要天然红松林进行了较全面调查，采集鉴定木腐菌 71 种，其中多孔菌科就有 50 种。由于该林区的代谢产物及枯枝落叶形成的腐殖质，为大型真菌生长提供了有利条件，特别在林下的倒木、树桩及松枝落叶层厚而湿润的地域，生长着大量的腐生真菌，有些种类是木材腐朽菌，引起木材白腐朽和褐腐朽。常见种类有树舌灵芝引起木材白色斑点腐朽或生于活树的基部引起树干基部腐朽，轮纹韧革菌导致木材白色腐朽，云芝导致木材白腐，木蹄层孔菌引起树干、倒木、伐根白色斑腐朽，篱边粘褶菌（*Gloeophyllum saepiarium*）在伐根、倒木、枕木上引起褐色腐朽，褐紫囊孔菌（*Hirschioporus fusco-violaceus*）在倒木、枯立木上引起白腐，皱皮孔菌引起木材白腐，松木层孔菌使木质部形成白色腐朽，松杉暗孔菌引起针叶树活立木干基块状褐色腐朽，糙皮侧耳（*Pleurotus ostreatus*）使木质部形成丝体状白色腐朽，黄伞导致木材杂斑状褐色腐朽等。

7.2 营林防治技术

近年来，伴随我国经济的高速发展和进一步的社会需求，林业资源储量仍然不足。如果森林资源严重匮乏，将不利于生态环境的建立与维护，也将影响到经济的进一步发展。如今，随着国家加大对森林资源的保护，人为破坏森林资源的比重逐渐降低。目前，林业资源面临的主要问题之一是天然林区活立木腐朽情况严重。因此，如何通过营林技术措施减少林区木材腐朽成为今后的研究热点。相应的营林技术措施与方法包括：

1. 改变传统的整地方式

传统的整地方式并不能长久保持土壤肥力并且对地表生态的松动较大。在新一轮的整地方式中对土地进行翻动不能影响造林工作的推进，应尽可能减少破坏原生的植被，土壤坚硬的地方可以进行多次旋翻以使土壤松软，保持肥力。

2. 注重营林和造林的科学性

传统的营林与造林技术比较落后，会拖慢正常条件下的林木成长的速度，而且培育出来的林木的质量也不高，降低营林的效益也挫伤营林工作者的积极性，产生不良后果，由此必须重视营林、造林的科学性。在造林时要树立新的营林、造林观念，营造培育混交林，合理搭配区域的树种，保持好的生态关联。

3. 合理的补种和采伐

以往无序的采伐不但造成了生态破坏，同时也是一种资源浪费。吸取以前的经验教训，在今后的营林工作中要合理规划，制定补种与采伐可持续的章程，并严格落实。要遵循《森林经营方案》，对采伐进行严格控制，在树木存活后也要及时管理，在树木遭受灾害或者破坏时进行及时的维护与补种，并且在适当周期进行除草、施肥，促进苗木健康成长。同时加强林区巡视，禁止滥砍滥伐，加强监督机制，促进林业的可持续发展。

4. 早期检查与及早防治

早期检查，及早防治，做好病虫害的测报工作。在条件允许的情况下，每年对林木进行一次详细调查，严密监视，并采取积极措施控制其扩散蔓延。

5. 建立隔离带

在林区，对有腐朽林分建立隔离带，清楚健康树木周边的枯死木、伐根，严禁堆放原木过夏。

在采取上述营林措施的同时，还应加强专业人才的引进。各行各业都需要精尖人才，造林行业也不例外，林业的培育与管理同样离不开新技术、新方法。林场需要加强引进营林、造林的专业人才，如专业的林业学科专业人才及管理人才，引进先进的营林技术及营林造林理念，引进先进的管理模式。只有如此，才能改善林业发展现存的问题与现状，通过人才的引进带来技术的更新、管理的变化，才能实现国有林场营林的可持续发展，带来长久的经济与社会效益。

营林技术措施对病害防治至关重要，对活立木腐朽的防治也是如此，通过上述新型营林技术措施的应用，可提高林区树种抵御腐朽菌的能力，并有效降低天然林区木材腐朽所造成的经济损失。

7.3 化学防治技术

7.3.1 木材化学防腐剂的分类及木材处理方法

木材是一种天然有机材料，具有明显的生物特性，易被菌、虫、海生钻孔虫等生物侵袭。在使用前，根据不同的应用环境，选用合适的防腐剂，进行恰当的处理，则可以有效地延缓木材腐朽。到目前为止，最为常用防止木材腐朽的方法还是用化学药剂防腐[17]。

目前木材化学防腐剂分类主要分为以下几种类型[18]。

1. 水载型（水溶性）防腐剂

能溶于水，以水为载体的木材防腐剂，如铜铬砷（CCA）、铜胺（氨）季铵盐（ACQ）、铜唑-B 型（CA-B）、铜唑-A 型（CB-A）、烷基铵化合物（AAC）、柠檬酸铜（CC）等。

2. 有机溶剂（油载型、油溶型）防腐剂

一种含有杀虫剂、杀菌剂或者二者的复合物，并溶解于有机溶剂中的木材防腐剂。如五氯酚、百菌清、环烷酸铜等、8 羟基喹啉酸铜。

3. 复合防腐剂

氟铬酚或氟酚合剂、硼酚合剂、酸性铬酸铜、铜铬砷（CCA）、铜胺（氨）季铵盐（ACQ）。

由于单一防腐剂抗木腐菌、虫的范围比较狭窄，如今一般将两种或几种防腐剂按一定比例混合，不但可以克服单一防腐剂使用时的不足之处，而且还会产生一些新的特性。如今，复合防腐剂已在世界各国得到了最广泛的应用，并取得了很好的效果。

由于传统防腐剂存在诸多不足，迫使人们研究和寻找对人畜无害、对环境无污染、仅对微生物有毒的新型防腐剂[17]。

木材防腐剂防腐效果的发挥很大程度上取决于防腐剂处理的方法，目前，木材防腐的处理方法主要有常压处理（non-pressure treatment）和压力处理（pressure treatment）两大类。其中常压处理方法主要包括扩散法、热冷槽法和真空法。压力处理的基本方法为满细胞法（贝塞尔法）、空细胞法（吕宾法）和半空细胞法（劳来法）由于常压处理法的处理时间长，生产率低，在工业上

大部分的木材防腐处理都采用压力处理法。防腐处理工艺的改进大都基于基本的压力处理方法，如震荡压力法、交替压力法、脉冲法、MSU 改良空细胞法、多相压力法等。

另外，不同的防腐剂处理方法在应用上也有针对性，其主要目的可以分为 3 类：①提高防腐液在木材内的渗透深度（即增强木材的可处理性）；②加速防腐剂在木材内的固着反应；③针对某类防腐剂采用的特定防腐处理方法。如震荡压力法用于处理难处理的木材树种，而交替压力法和脉冲法用于处理生材或部分风干的木材。MSU 改良空细胞法在半空细胞法的基础上增加了蒸汽后处理，目的是加速防腐剂和木材之间的反应。气相处理法（VBT）主要是针对硼类防腐剂的处理，主要用于处理不与地面接触的木材及木质材料[18]。

7.3.2 常用木材化学防腐剂的应用及性能

随着人们生活水平的提高，对木材的需求量也日益增加。我国可采伐使用的森林资源十分有限，寄希望于使用大量外汇进口木材也是不现实的。立足于国内，充分利用现有资源，走可持续发展之路，是我国木材工业发展的必由之路。对木材进行防腐处理，延长木制品的使用年限，是节约木材、保护森林资源的重要途径之一。我国如今经防腐处理后使用的木材很少，且大多使用的是对人类和环境危害大的传统的木材防腐剂。当前使用最多的是水溶性防腐剂，约占防腐剂使用总量的 3/4[19]。由于传统防腐剂存在诸多不足，迫使人们研究和寻找对人畜无害、对环境无污染、仅对微生物有毒的新型防腐剂。

现在主要的化学防腐剂有以下几种[18]。

1. 铜胺（氨）季铵盐（ACQ）

ACQ 是美国 CSI 公司研制的木材保护剂，通过了美国环保部门的认可，并进行了标准化工作，列入 AWPA 标准，主要在加拿大、美国等国生产，已作为新一代木材保护剂投入商业应用。根据 AWPA 标准所列，ACQ 有 3 种类型，即 ACQ-A、ACQ-B 和 ACQ-D。其中，ACQ-A 和 ACQ-B 于 1992 年列入 AWPA 标准 P5，ACQ-D 于 1995 年列入 AWPA 标准 P5。A 型和 B 型的差异仅是铜和季铵盐的比率不同。在 D 型中没有了氨气的挥发，改善了操作条件，降低了成本，并且处理材不变色[20]。

商品 ACQ 原液为深蓝色，在进行防腐处理时，会有刺激性的气体挥发出来。其较好的渗透性，对大规格木材处理十分有效。ACQ 具有如下优点：①具有良好的防霉、防腐、防虫的性能；②对木材具有良好的渗透性，可用来处理大规格、难处理的木材和木质品；③抗流失性，具有长效性；④低毒不含砷、铬、酚等对人畜有害的物质。ACQ 已成为取代目前在世界各国广泛使用的 CCA 的新一代木材保护剂，现已大量投入使用。

2. 硼化物

近年来，有关硼化合物的木材防腐剂日益增多。硼盐作为木材防腐剂，对危害木材的生物具有高毒性同时，但对人畜低毒。且价格经济，已成为一类较为重要的防腐剂。硼化物处理后的木材表面洁净，无刺激性气味，对人畜和环境安全，其 pH 接近中性，处理后木材不变色，对力学强度影响较低，便于着色、油漆和胶合。

硼化物优点突出，在国内外已被广泛使用。但它单独使用时，很容易流失，处理后尺寸不稳定。人们一般在硼化物防腐剂中加入一些助剂来帮助硼固着在木材上，这些助剂大多为一些高分子单体和聚合物，如用乙烯单体、聚乙二醇和脲醛预缩液、高沸点树脂等，复配能提高硼的固着性能，抑制硼的流失，并对木材的其他性能也有一定的改善。还有用 一些天然物（蛋白质）和植物提取物（如类黄酮单宁）使硼酸部分固定于木材上，提高了硼在木材中的持久性[21-22]。也有采用简单的物理方法，仅在木材表面涂上树脂、石蜡、醇酸树脂漆等防水剂，以防止或减少硼化物的流失。

3. CCA

CCA 是对环境有潜在危害的防腐剂，在日本已禁止使用，欧盟从 2004 年起禁止使用。2004 年 1 月 1 日，美国自愿放弃 CCA 的生产，标准中严格限制 CCA 的使用，其防腐木材不能用于民用建筑。

7.3.3 后处理技术对提高化学防腐剂在木材内部固着性的影响

木材防腐剂在木材内的固着反应是一个比较缓慢的过程，考虑到工人操作的安全性及使用的有效性等原因，在大部分的国际标准中对于防腐处理木材出厂之前必须放置的时间做出规定以保证防腐剂在木材中的固着程度。固着反应速度与温度和湿度有关，通过提高温度可以加速防腐剂在木材内的固着反应，如采用热空气干燥、热油处理等方法。在干燥的环境中，固着反应的速度将大大降低。因此，在加速固着反应方面，在保证提高温度的同时也需要使木材内保持一定的湿度。此外，东北林业大学的刘璐晨和徐国祺通过控制程序升温的方法对防腐剂进行固化处理[23]，该研究还在进行当中。除了以上提到的热空气干燥、热水处理、蒸汽处理和热油处理等方法外，目前研究者们对微波后处理在加速固着上的应用表现出了浓厚的兴趣，并在该方面展开了一定的研究[18]。

7.3.4 低毒高效新型防腐剂的研究进展

传统防腐剂存在诸多不足，对人畜及环境的危害很大，为此人们加强了无毒或低毒木材防腐剂的研究开发与推广应用[24-25]。

自 21 世纪以来，日本、美国对硼化物类木材防腐剂的分子结构通过化学装饰提高防腐剂在木材中的固着性能。美国 KoppersArch、Osmose、CSI、比利时 Janssen 及德国 Dr Wolman 等公司已研制出更 环保的新型木材防腐剂，并申报多项专利，其中，CuHDO、三唑、季胺铜系列（ACQ-D 及 ACQ-C）等已进入实际应用阶段。

除了这些化学防腐剂以外，植物源防腐剂逐渐引起了众多科研工作者的重视，植物提取物（plant extract，PE）是指以生物学、化学物理等分离手段纯化植物原料中某种或多种活性成分而产生的以生物分子为主体的植物产品。与传统防腐剂相比，植物提取物制备的木材 防腐剂具有取材天然、毒性污染少、活性物质可循环利用特点，质量安全有所提升。进行植物源提取物木材防腐研究，对节约和保护木材资源，降低环境污染，对推动木材保护科学进步具有重大意义。

植物源提取物中有效成分因植物的位置不同而不同，抗菌效果也随着提取物来源的不同而有所变化。目前常用的植物源提取物有树皮提取物，木材心材提取物，根茎叶、果实、草本提取物等[26]。树皮中单宁、树脂和树蜡等含量很高。王晓娴[27]研究大果紫檀心材提取 物的耐腐性、耐腐机理及在木材防腐中的应用，结果表明大果紫檀心材提取物属于 I 级强耐腐。Goktas 等[28]指出，野合欢根茎的乙醇提取物具有作为木材防腐剂的潜能。

由于植物源提取物具有易挥发，对酸碱、温度、紫外线非常敏感等缺陷，可将植物源提取物与化学药剂复配，制备成结构、性能稳定的微乳液形式或微囊结构的植物源木材防腐剂[29]，既可提高木材防腐剂的固着性能，又可降低挥发性，使提取物中活性成分具有缓释作用，具有生产应用前景。例如，邸向辉[30]将三聚氰胺改性脲醛树脂胶黏剂（MUF）与印楝提取物通过水浴搅拌方式混合复配，制备成印楝提取物木材防腐剂微囊，并检测其防腐性能。结果显示，木材经提取物微囊处理后，延长了防腐抑菌效果，徐国祺[31]将樟树叶提取物与三聚氰胺改性脲醛 树脂复配后，结果显示，提高了樟树叶提取物的稳定性，解决了樟树叶提取物易挥发问题，复配试剂处理后毛竹达到强耐腐等级。

综合整个木材防腐的技术与研究现状及发展趋势，始终围绕着环境保护这个核心，进行防腐处理的目的 是延长木制品的寿命，从而节约森林资源；在防腐处理的过程中，要增强防腐剂中有效成分与木材主成分之间的相互结合，一方面加强防腐剂的有效性；另一方面减少防腐剂对外界环境有可能造成的污染。理想的木材防腐处理需要满足以下几点：处理容易；防腐防虫蚁性能卓越；对人畜无毒；对环境无污染；处理后表面性能，物理性能及力学性能良好；对金属无腐蚀性。这也是木材防腐的技术和研究今后发展的目标。

7.4 生物防治技术

木材的防腐保护在过去很长的一段时间里，普遍采用化学防治手段。如使用水载型、油溶型等化学药剂的毒性来防治。对木制品加压注入或直接在木材表面喷雾涂布处理，进行木材的防腐、防霉、防变色。经过防腐处理的防腐材，其使用寿命大大延长。木材的防腐不仅减少了木材在加工、运输过程中由于变质降等造成的浪费和损失也节约了森林资源。

化学防治方法固然快捷有效，但不可避免的会对环境产生一定程度的负面影响[32]。在欧盟、日本已颁布相关规定禁止使用 CCA，美国也限制 CCA 防腐材用于居民建筑用材[33]。公众日益关注的问题和化学品使用环境条例促使人们需要开发和使用绿色环保的木材保护替代方法。

应用于木材的生物防治技术，利用拮抗性生物物种间的相互关系，即一种或一类生物抑制另一种或另一类生物，对腐朽菌的天敌进行有效的保护和利用，来与木材腐朽菌斗争，减少有害微生物在木材上接种的机会，降低侵入木材造成严重损害的能力，使之免遭蓝变菌或腐朽菌侵，从而抑制引起木材生物损害的微生物生长[34]。

木材生物防腐（biological wood preservation）法类同于农林意义上的生物防治，但两者是有区别的。在农林业，生物防治的措施一般分为：①利用微生物防治；②利用寄生性天敌防治；③利用捕食性天敌防治[35]，且农林业生物防治法的应用一般只在一个生长季，其目的是在一定的时间范围内保护好一种作物免遭病原体的侵害。

一般情况下，木材生物防腐可分为生物保护和生物防治两种情形。生物保护通过调整或改变木材生境使益菌健康生长并完全占据主导地位，从而有效地排除其他菌在木材表面的生殖。生物保护赋予木制品一种抵抗微生物侵害的能力，如同活的树木抵抗潜在的病菌一样。从狭义上讲，生物防治是通过直接抑制有害菌的生长来达到阻止蓝变或腐朽的发生的目的。有些人将两种方法均称为生物防治[36]。

木材腐朽是由于微生物侵入木材，并吸收木材营养，导致木材内有机物腐败。构成木材腐朽的微生物主要是担子菌类中的同担子菌亚纲，其中，伏革菌科、粉泡革菌科、多孔菌科、玉草科、卷边桩菇科在腐朽木材中存在最多。此外，细菌、放线菌、子囊菌、不完全菌等也参与了木材腐朽降解[37]。

为了以生物方法防止或控制木材腐朽，研究者们于 1963 年首次开展了有关以微生物系统对木质产品进行保护的一般可行性调查。室内短期琼脂板或小块样品试验指出，半知菌（Deuteromycotina）、木霉（*Trichoderma* spp.）这两属真菌具有良好的抑制木材腐朽的综合能力，是最有希望成为木材保护性或防治性益菌的[38]。除真菌外，细菌作为益菌，它对木材蓝变菌的抑制作用也是被肯定的。有报道指出，枯草芽孢杆菌（*Bacillus subtilis*）和假单胞菌（*Pseu-domonas cepacia*）能够抑制各种主要木材蓝变菌的生长，虽然不清楚是抗生素还是竞争机制在起作用。加拿大 Forintek 公司分离到的一株白化蓝变菌 Cartapip 97^{TM}，已经获得专利，并进行了野外试验，效果良好[38]。

广义的生物法防治木材蓝变的研究近年来也非常活跃，新西兰的 Bernhard Kreber 等采用茶油和丁香油等天然物质对辐射松原木进行了熏蒸处理试验，证实这些天然产物能有效地控制 *Leptographium procerum* 等蓝变菌的危害[38]。

由异担子菌（*Heterobasidion* spp.）引起的针叶树根腐病是北半球温带针叶树林最为严重的病害之一，该病害不但导致针叶树幼树大量死亡，而且也造成成年林木干基腐朽，造成巨大经济损失。据调查，该病害在我国东北、西北和西南林区普遍存在[39]。大伏革菌作为营养竞争者，通常和病原菌之间竞争碳、氮和铁等营养元素，进而限制其增长，营养竞争的关键在于其能够快速地在树桩上定殖，占领更多的生态位，致使异担子菌不能够继续侵染树桩[39]。Kaarik 和 Rennerfelt 在 1957 年证实大伏革菌比异担子菌能更快的侵染树桩，也能在已被病原菌侵染的树桩上代替异担子菌[40]。

木材蓝变生物防治也是木材生物防腐的一个内容[41]。很多关于不同的微生物防治木材变色的生物防治实验研究。木霉属（*Trichoderma*）、青霉属（*Penicillium*）和曲霉属（*Aspergillus*）等一些无色菌种，对木材变色菌、褐腐菌或白腐菌表现出良好的控制效果；木生柱链孢菌（*Scytalidium*）对蓝变菌（*Leptographium lundbergii*）具有抑制作用引用[42]。

为了防治根朽病变张丽洁和陈国义[43]在黑龙江省黑河市逊克县进行了对该病害发以菌治菌的生物防治，且研究试验结果效果显著。在充分了解各种菌对蜜环菌抑制作用的强弱后，其在落叶松伐根上采集到 5 种子实体进行组织分离并获得纯菌种。通过室内拮抗试验证明了 4 个菌种对于根朽病都有较强的抑制作用，将落叶松根朽病的生物防治从理论研究到扩大试验，证明生物防治的方法效果显著，具有科学性和可行性，能够挽回由根朽病带来的损失。

邹锦群[44]将 C3 菌剂应用于松木的防霉防腐。从霉变松木材中分离纯化了 13 种霉变菌，经形态学学及分子生物学鉴定，对分离的霉变菌测定其纤维素酶活和漆酶酶活，所有霉菌都呈现相应酶活，对松树有一定的降解能力。而 C3 菌剂对分离的松木霉菌都有较强的抑菌活性，可抑制这些松木分离的霉变菌生长，对松木的防霉效果明显。

7.5 面向红松腐朽防治的生物防腐剂研究

红松属针阔叶混交林建群基础树种之一。目前，主要分布在中国东北小兴安岭和长白山等森林林区。作为森林建群基础树种，它对森林生态系统的稳定起到至关重要的作用，红松木材具有材质轻软、断裂伸长率大、抗压力性强等物理特性，同时易于加工且不易开裂，因此，也是一种珍贵的用材树种[45]。红松属浅根系树种，主根不发达，对立地生态条件要求较高，导致其生长周期相较于其他树种较长，天然更新缓慢。近年来，许多研究学者发现天然林区中的红松活力木腐朽非常严重，造成林产业资源的极大浪费。因此，如何有效防治红松腐朽成为今后的研究热点[46-47]。

腐朽是木材细胞壁被木材腐朽菌分解时引起的木材变色、腐烂的现象[1]。活力木腐朽会降低木材的力学和物理性能，影响林区林木健康，导致森林质量下降，严重时会造成不可估量的损失[48]。因此，研发出可有效防治树木腐朽的木材防腐剂的重要性也突显而出。目前，常见的木材防腐剂分为熏剂型、焦油型、油溶型和水溶型等 4 种[49-50]。水溶型防腐剂是目前使用最多的防腐剂，常用的水溶型防腐剂包括铜铬砷（CCA）、氨溶季铵铜（ACQ-B、ACQ-D）、柠檬酸铜（CC）和铜唑等[20]。CCA 类防腐剂虽然防腐效果较好，但其含有大量重金属，影响人类健康及生态环境。ACQ 类主要应用于工业木材防腐剂，其中含有的少量重金属易对环境造成污染，同时会改变木材的外表颜色，影响美观[51]。鉴于以上化学类木材防腐剂存在的劣势，研究人员将研究重点转移到木材生物防腐剂方向。

木材生物防腐剂目前主要集中在从植物中提取具有防腐作用的植物源。植物源是指通过生物或者化学物理手段等分离技术分离纯化植物原料中某种或多种活性成分而产生的以植物分子为主体的植物产品。与传统化学类木材防腐剂相比，木材生物防腐剂具有取材天然、毒性污染少、生物活性物质能循环利用、良好的防腐抗菌性能等优点，为环保型木材防腐开辟了一条新的途径[24]。

7.5.1 植物源木材生物防腐剂研究概况

通过生物、化学物理等手段分离植物中具有抗腐朽成分的植物源起源于中医药行业，20 世纪 70 年代，Lotz 和 Hollayaw[52]用植物单宁提取物的水溶液浸渍木材，并用着剂进行处理防治单宁的流失。研究发现，当植物提取物中溴的含量在

4%~5%时，具有更强的耐候性、耐腐性和耐昆虫袭击性。Kamdem[53]选择耐久性的刺槐、北美红杉等的甲醇提取物对杨木进行处理，结果发现，处理后的杨木暴露在褐腐菌下，木材质量损失率降低 95%。通过研究蛋白质与多份的反应机理发现，植物中的多酚与蛋白质结合后，生物体内的原生质会发生凝固，具有抗病毒和酶抑制等功能[54-56]。此外，研究人员还发现，位于我国东北地区的暴马丁香等对木材腐朽菌有良好的抑菌效果，并初步分析抑菌活性成分主要为酚类物质[57]。

7.5.2 植物源木材生物防腐剂的提取方法

植物源木材生物防腐剂主要是应用植物中具有抗菌作用的物质达到防霉、防腐目的。很多活性物质对紫外线、温度极为敏感，生物活性容易下降，部分极性大、沸点高的物质，提取相对困难。不同方法提取得到的活性物质有效成分和含量差别较大，目前，实验室常用的提取方法主要有溶剂提取法、超声波提取法和酶提取法。

1. 溶剂提取法

溶剂提取法是指将具有生物防腐特性的植物原料放入反应容器中，加入提取溶剂，利用相似相溶原理，是有效成分溶解在溶剂中，在通过蒸发原理制得活性物质。研究发现，采用溶剂法提取可大大缩短提取时间、节约成本[58]。

2. 超声波提取法

超声波提取法是指利用超声波的超声效应产生强烈的震动和空化效应。使具有防腐活性的植物原材料细胞内的活性物质释放、扩散、溶解，且不影响被提取物质的生物活性和化学结构，与常规的提取方法相比，超声波法提取具有分散均匀、溶剂消耗量少、缩短提取时间等优点[59]。

3. 酶提取法

酶提取法主要是利用果胶酶、纤维素酶及蛋白酶等（主要是纤维素酶），将植物细胞壁破坏，使活性成分最大限度地溶解分离出来的方法。该法酶浓度、酶的选择、酶解温度、酶解时间、pH 等均可影响提取效率[60-61]。

7.5.3 植物源木材生物防腐剂的应用

国外研究人员对白云杉和香脂冷杉混合树皮热解提取的木醋液馏出物进行了

木材防腐性能研究，结果表明，木醋液提取物可以有效抑制木腐菌生长，而发挥主要抑菌作用的是酚类物质[62]。通过研究大果紫檀心材提取物的耐腐性、耐腐机理及在木材防腐中的应用，结果表明大果紫檀心材提取物属于Ⅰ级强耐腐[27]。Goktas 等[28]指出，野合欢根茎的乙醇提取物具有作为木材防腐剂的潜能。Lin[63]评价了肉桂叶苯醇提取物的木材防腐性能，表明肉桂叶提取物大大提高了木材的防腐能力。

7.5.4 植物源木材生物防腐剂研发中存在的问题与展望

化学类木材防腐剂含有大量重金属，对人类健康和生态环境都会产生不利影响。因此，从植物中提取原生态、可降解类的生物防腐剂必然成为今后木材防腐剂的发展趋势，但目前仍处于研究探索阶段。这主要是在于植物中各种原料复杂，不利于提取且纯化难度大，造成生产成本较高。当前大多还是一种药剂对单一目标的防腐性能的研究。但木材病原菌较多，采用成分单一的药剂处理在野外埋地试验中防治效果并不显著。因此，有必要进行植物源提取物复配，发挥复合药剂的协同药效，使其具有持续、广谱的防治效果；此外，可以根据处理材料的不同，制备不同结构的提取物防腐剂，增强药液的渗透性和持久性。由于植物源木材生物防腐剂存在易降解、药效期短、光热不稳定性等特点，在研究制备不同的植物源木材防腐时，可尝试开发新的材料处理工艺，以推动产业化和商业化应用。

总之，随着科学技术的进步、安全意识和生活水平的提高，新型、绿色环保的天然防腐剂已成为人们迫切的需求。海南地处中国热带地区，拥有丰富的热带植物资源，这些植物的活性成分大多具有药效性，可为植物源类木材生物防腐剂提供物质基础。随着生产工艺的成熟，木材防腐剂的发展也将迎来新的前景。

参 考 文 献

[1] 池玉杰. 木材腐朽与木材腐朽菌. 北京: 科学出版社, 2003.
[2] 曾祥谓, 崔宝凯, 徐梅卿, 等. 中国储木及建筑木材腐朽菌(Ⅱ). 林业科学研究, 2008, 21(6): 783-791.
[3] 李增宝. 黑龙江省林区常见的树木干基腐朽病. 林业勘查设计, 2015, (1): 48-49.
[4] 李丽, 李秀玲, 李春丰, 等. 黑龙江省大亮子河森林公园 8 种白腐真菌的培养特性研究. 科技信息, 2008(35): 807-808.
[5] 潘学仁, 王亚珍, 池玉杰, 等. 中国主要多孔菌培养特性. 东北林业大学学报, 1998, (3): 61-65.
[6] 王亚珍, 吴庆禹, 池玉杰, 等. 针叶树上主要多孔菌培养特性. 东北林业大学学报, 1998, (5):

27-30.
[7] 池玉杰. 10种针阔叶树上常见的木材腐朽菌的培养特性. 菌物系统, 2002, (1): 116-119.
[8] 孙婧, 戚大伟, 池玉杰, 等. 两种木腐真菌的分离及鉴定. 森林工程, 2017, 33(5): 45-49.
[9] 冯璐, 戚大伟. 基于PCR技术的木材腐朽菌鉴定方法的研究. 森林工程, 2016, 32(5): 35-39.
[10] 戴玉成, 秦国夫, 徐梅卿. 中国东北地区的立木腐朽菌. 林业科学研究, 2000, (1): 18-25.
[11] 赵俊, 田淑敏, 王玉玲, 等. 蜜环菌遗传测定的单孢分离和培养方法. 微生物学通报, 1999, (03): 207-209.
[12] Dai Y C, Qin G F. *Phellinidium sulphurascens*—a forest pathogen in China. Fungal Science, 1998, 13(1, 2): 101-107.
[13] 赵俊, 戴玉成. 长白山桦树上一新腐朽病害. 森林病虫通讯, 1998, (1): 9-10.
[14] Qin G F, Zhao J, Dai Y C, et al. The identification on root rot pathogen of *Armillaria* in North East China. Fungal Science, 1999, 14(1, 2): 53-62.
[15] Dai Y C. Changbai wood-rotting fungi 7. Achecklist of the polypores. Fungal Science, 1996, 11(3, 4): 79-105.
[16] 毕湘虹, 魏霞, 邓勋. 黑龙江省天然红松林大型真菌的生态分布与资源评价. 林业科技, 2006, (5): 26-30.
[17] 方桂珍, 任世学, 金钟玲. 木材防腐剂的研究进展. 东北林业大学学报, 2001, (5): 88-90.
[18] 曹金珍. 国外木材防腐技术和研究现状. 林业科学, 2006, (7): 120-126.
[19] 周慧明. 木材防腐. 北京: 中国林业出版社, 1991, 1-3.
[20] 岳孔, 夏炎. 木质材料防腐朽菌败坏研究综述. 木材加工机械, 2007, 18(6): 50-52.
[21] 宋桢, 尤纪雪. 硼化物抗流失性能的改善. 林产工业, 1997 , 24(4): 12 -14.
[22] Yalinkilic M K. Enhancement of biological and physical properties of wood by boric acid-vinyl monomer combination treatment. Holz Foschung, 1998, 52(6): 667-672.
[23] 刘露晨, 徐国祺. 印楝提取物制备的微囊防腐剂在木材中的固化规律. 北京林业大学学报, 2018, 40(4): 117-124.
[24] 李彤彤, 李冠君, 李晓文, 等. 植物源木材防腐剂的研究进展. 热带农业科学, 2018, 38(10): 85-88.
[25] 李玉栋. 美国宣布将限制CCA防腐剂处理木材. 国际木业, 2002, (4): 7-8.
[26] 苏文强. 槐树提取物对木材的防腐作用研究. 东北林业大学硕士学位论文, 2006.
[27] 王晓娴. 大果紫檀心材耐腐机理及其提取物防腐应用的研究. 福建农林大学硕士学位论文, 2015.
[28] Goktas O, Manmiadov R, Duru E M. Introduction and evaluation of the wood preservative potentials of the poisonous *Sternbergia candidum* extracts. African Journal of Biotechnology, 2007, 6(8): 131-134.
[29] 李权. 香樟木材提取物的成分及其防腐机理的研究. 福建农林大学硕士学位论文, 2014.
[30] 邸向辉. 以印楝提取物为基质的木材防腐剂微囊制备及性能研究. 东北林业大学硕士学位论文, 2014.
[31] 徐国祺. 樟树叶提取物复配及其处理毛竹抗菌性研究. 中国林业科学研究院硕士学位论文, 2011.
[32] Cserjesi A J, Roff J W. Toxicity tests of some chemicals against certain wood-staining fungi. Int Bio Bull, 1975, (11): 90-96.

[33] 蒋明亮. 国内外木材防腐新技术的开发与应用. 木材工业, 2006, (2): 23-25.
[34] 李小清. 白桦木材生物变色机理及防治研究. 北京林业大学博士学位论文, 2008.
[35] 吴有声. 林业病虫害生物防治措施. 现代农业科技, 2019, (7): 109+113.
[36] 张雨. 木材蓝变菌的分离及其控制菌种的筛选与对蓝变菌拮抗性的研究. 广西大学硕士学位论文, 2008.
[37] 耿冰. 浅谈木材腐朽防治方法. 科技创新与应用, 2017, (4): 278.
[38] 邢嘉琪. 木材生物防腐研究的现状与展望. 世界林业研究, 2004, (3): 32-35.
[39] 李杏春. 小孔异担子菌及其引起腐朽病害的生物防治研究. 北京林业大学硕士学位论文, 2014.
[40] Kaarik A, Rennerfelt E. Investigations on the flora of spruce and pine stumps. Meddelanden fran Statens Skogsforskningsinstitut, 1957, 47: 1-88.
[41] 杨卫君. 杨木变色菌及其生物防治研究. 甘肃农业大学硕士学位论文, 2009.
[42] Chad J. Behrendt and Robert A. Blachette. Biological processing of pine logs for pulp and paper production with *Phlebiopsis gigantea*. Applied and Environmental Microbiology, 1997, (5): 1995-2000.
[43] 张丽洁, 陈国义. 落叶松根朽病生物防治技术研究. 黑河科技, 1998, (3): 11-15.
[44] 邹锦群. 产酶溶杆菌 C3 脱色防霉菌剂制备及应用. 福建师范大学硕士学位论文, 2015.
[45] 徐华东, 狄亚楠, 曹延珺, 等. 可培养微生物数量与红松活立木腐朽程度的关系. 东北林业大学学报, 2019, 47(1), 52-55.
[46] 王玉婷, 徐华东, 王立海, 等. 小兴安岭天然林红松活立木腐朽率的调查研究. 北京林业大学学报, 2015, 37(8): 97-104.
[47] 李雪燕, 董双波, 王剑南. 红松根朽病的发生与防治. 中国科技信息, 2014, (12): 164.
[48] Larsson B, Bengtsson B, Gustafsson M. Nondestructive detection of decay in living trees. Tree Physiology, 2004, 24: 853-858.
[49] 王蓓. 己唑醇衍生物的合成及其木材防腐性能研究. 南京林业大学硕士学位论文, 2015.
[50] 徐阳, 杜管本, 周晓剑. 木材防腐剂用单宁树脂的研究进展. 中国胶黏剂, 2017, 26(11), 55-58.
[51] 黄涛. 苯并咪唑类化合物的合成及防腐性能研究. 南京林业大学硕士学位论文, 2012.
[52] Lotz W R, Hollayaw D F. Wood preservation. US, 4732817. 1988-03-22.
[53] Kamdem D F. Fungal decay resistance of aspen blocks treated with heart wood extracts. Forest Products Journal, 1994, 44(1): 30-32.
[54] Haslma E. Tannins polyphenolsand molecular conplexion. Chemistry and Industry of Forest Products, 1992, 12(1): l-23.
[55] Song L J, Di Y, Shi B. The significance and development trend in research of plant polyphenols. Progress in Chemistry, 2002, 12(2): 161-170.
[56] Spencer C, Cai Y, Martin R, et al. Polyphenol complexion—some thoughts and observation. Phytochemistry, 1988, 27(8): 2397-2409.
[57] 于文喜, 朱洪坤, 彭晓伟, 等. 几种天然耐腐材在腐朽过程中化学成分的变化. 林业科技, 1994, 19(3): 19-22.
[58] 周璐丽, 周汉林, 王定发. 3 种姜科植物提取物的体外抗菌活性. 热带农业科学, 2016, 36(5): 90-92.
[59] 梁治齐. 微胶囊技术及其应用. 北京: 中国轻工业出版社, 1994.

[60] 缪玉莲, 张婉萍, 贾红娇, 等. 植物提取物在化妆品中的应用. 中国化妆品, 2014, (6): 80-84.

[61] 苏东林, 单杨, 李高阳, 等. 酶法辅助提取柑桔皮总黄酮的工艺优化研究. 农业工程学报, 2008, 24(4): 240-245.

[62] Daniel M, Qing Y D, Xiao L, et al. Anti-fungal properties of the pyroligneous liquors from the pyrolysis of softwood bark. Wood and Fiber Science, 2005, 37(3): 542-548.

[63] Lin C Y, Wu C L, Chang S T. Evaluating of *Lantana camara* Linn weed against wood destroying fungi. Indian Forester, 2009, 135(3): 403.